教育部高等学校电子信息类专业教学指导委员会规划教材
高等学校电子信息类专业系列教材

通信原理
学习辅导与实验指导

陈树新　于龙强　李勇军　编著

清华大学出版社
北京

内 容 简 介

本书是清华大学出版社出版的微课视频版教材《通信原理》的配套学习辅导,编者从学习者的学习需求出发,将各章节内容梳理为基本要求、核心内容、知识体系、思考题解答和习题详解等模块。同时结合基于软件无线电技术的课程实验内容,给出了相关 MATLAB 仿真实验程序。本书结构合理,思路清晰,内容精炼,解题详尽,既可作为学生课程学习的辅导,又有助于教师对课程核心内容的梳理与把握,同时还对通信建模仿真进行了初探。

本书可作为高等院校本科生"通信原理"等课程学习的参考教材,也可作为研究生考试备考人员的学习辅导材料。

图书在版编目(CIP)数据

通信原理学习辅导与实验指导/陈树新,于龙强,李勇军编著.—北京:清华大学出版社,2022.9(2025.2重印)
高等学校电子信息类专业系列教材
ISBN 978-7-302-61029-8

Ⅰ.①通… Ⅱ.①陈… ②于… ③李… Ⅲ.①通信理论-高等学校-教材 Ⅳ.①TN911

中国版本图书馆 CIP 数据核字(2022)第 098445 号

责任编辑:刘向威
封面设计:李召霞
责任校对:郝美丽
责任印制:宋 林

出版发行:清华大学出版社
      网　　址:https://www.tup.com.cn,https://www.wqxuetang.com
      地　　址:北京清华大学学研大厦 A 座　　　邮　　编:100084
      社 总 机:010-83470000　　　　　　　　邮　　购:010-62786544
      投稿与读者服务:010-62776969,c-service@tup.tsinghua.edu.cn
      质量反馈:010-62772015,zhiliang@tup.tsinghua.edu.cn
      课件下载:https://www.tup.com.cn,010-83470236
印 装 者:涿州市般润文化传播有限公司
经　　销:全国新华书店
开　　本:185mm×260mm　　印　张:15.75　　　　　　字　　数:387 千字
版　　次:2022 年 9 月第 1 版　　　　　　　　　　　印　　次:2025 年 2 月第 3 次印刷
印　　数:2001~2500
定　　价:49.00 元

产品编号:094855-01

前言
PREFACE

本书对应的主教材《通信原理》一书是国内首批微课视频版教材,全书围绕 52 学时的理论教学,录制了 136 段、共计 847 分钟的微课资源,为学生课前的知识学习和课后的知识巩固提供了丰富的线上资源支撑,也为教师开展混合教学提供了条件。同时依据现代学习理论,结合课程涉及的内容特点,以及各章节内容之间的相互联系,构建了"三模块,一保障"内容结构体系,得到广大教师和学生的认可。为此,2020 年 8 月 5 日受邀在"清华科技大讲堂"上进行了直播授课,授课的题目就是"《通信原理》教材与使用",在线听课人数众多,反响热烈。

但是不可否认,作为电子信息类专业知识体系的核心课程,"通信原理"具有原理性概念多、内容涉及面广、描述过于抽象、与实际联系紧等特点,这些特点给教师的教和学生的学都带来不少困难。为此,本书从学习者的学习需求出发,将学习辅导部分的各章节内容梳理为基本要求、核心内容、知识体系、思考题解答和习题详解五个模块,辅助学生准确把握课程内涵,深入理解知识内容,有效提升学习效率,从容应对考试考核,最终实现高效有益、轻松愉悦的学习目标。

在"基本要求"部分,以培养合格电子信息类专业人才为原则,兼顾后续即将开设的专业方向类课程,以及前期已经学过的专业通识类课程,按课程章节内容给出了"了解""理解""掌握"三个不同层次的学习要求,梳理了重点、难点知识,为教师的教和学生的学指明了方向,厘清了思路。基本要求部分中标注" * "的内容为重点内容,标注"△"的内容为难点内容。

在"核心内容"部分,基于现代学生的学习习惯,借鉴百度百科编写风格,将课程中的核心内容以"中文词条"的形式进行编写,在高度凝练课程学习内容的基础上,有效展示了课程相关的理论、概念、原理、应用、模型、实现等基本知识内容,有利于学生掌握所学内容,也有利于教师梳理课程要点,开展数字课程建设。

在"知识体系"部分,利用思维导图将课程涉及的内容关联,并展示出来,使学生能够直观看到课程的内容体系,进一步细化"三模块,一保障"课程内容的关系,同时建议学生在此思维导图的基础上添加个人对课程内容的认知,形成符合个人特点,满足自己需求的个性化、具象化的课程内容体系框架,为后续通信领域知识的拓展打好基础和创造条件,为课程的知识图谱构建提供支撑。

在"思考题解答和习题详解"部分,注重专业核心课程的学习特点,避免为解题而解题、为答题而答题的题海战术,关注题目与课程内容知识的关联性,强调解答过程对课程内容理解和认知的促进作用,注重学生自我知识的再生与创造能力的培养,活学活用课程教学内容,达到从容应对各类考试考核的学习和复习目标。其中,这部分的题号均与主教材一一对应。

作为理论与实践连接的纽带,课程实验通过模拟通信系统、数字基带传输系统、数字频带传输系统和编码与同步系统四个实验,涵盖了课程理论学习的重点和难点,借助无线电技术的通信原理实验平台,实现了理论与实践的完美融合。在模拟通信系统实验中,介绍了通信原理实验教学环境和基本的操作流程,设置了模拟信号源的调试、时频测量方法,以及线性和非线性模拟调制实验,为后续的实验操作打下基础,形成规范。在数字基带传输系统实验中,设置了 m 序列的原理及产生方法,以及相关性质验证等方面的实验,并以 m 序列为信源,开展了 AMI、HDB₃ 和 CMI 码等基带传输码型的基本原理和编解码规则的实验。在数字频带传输系统实验中,设置了 ASK、FSK、PSK 和 DPSK 等相关实验内容。在编码与同步系统实验中,包括信源编码实验、信道编码实验和位同步实验等相关内容。

本书编者从事通信领域教学和科研工作多年,主持参与了"通信原理"国家精品课程,国家精品资源共享课程,陕西省首批线下一流课程的建设,以及"通信原理"慕课建设。相关学习资源可登录"爱课程"和"学堂在线"等平台获取。读者也可以登录清华大学出版社提供的平台,获取本书 MATLAB 仿真实验程序、课程思维导图等相关资料。

全书由陈树新教授主持并编写,于龙强和李勇军老师提供了实验素材和 MATLAB 程序,并参与部分章节内容的讨论。本书在编写过程中还得到了作者单位的支持,"通信原理"教学组雷蕾、李婵等同志的帮助,以及清华大学出版社的大力支持,在此表示感谢。

本书在编写构思和选材过程中,参阅了国内外文献,在此向相关原著(作)者表示敬意和感谢。

书中部分内容的描述与提法源自作者承担的国家自然科学基金(62073337)的研究成果。

由于作者水平有限,书中难免存在错误和不足,恳请广大读者批评指正。

作 者

2022 年 5 月

目 录

CONTENTS

第 1 章

绪　　论

1.1　基本要求

内　　容	学习要求			备　　注
	了解	理解	掌握	
1. 通信的基本概念 *				结合实际通信系统
（1）通信的定义			√	3 个要素
（2）通信的分类	√			方法很多,目的性强
（3）通信的方式		√		讨论手机天线
2. 通信系统的组成				
（1）通信系统的一般模型	√			结合定义
（2）通信系统的分类 *		√		收音机、电话、手机
（3）数字通信的主要特点 *			√	与数字关联的信号
3. 信息的度量 *				
（1）信息量		√		与概率的关系
（2）熵△		√		统计平均
4. 通信系统的主要性能指标				
（1）基本描述	√			注意指标间的关系
（2）数字通信系统的有效性指标 *			√	码元和信息表述
（3）数字通信系统的可靠性指标 *			√	码元和信息

注:"＊"为重点内容,后续表格延用。

1.2　核心内容

1. 通信的基本概念

通信　由一地向另一地(多地)进行消息的有效传递。通常会借助电信号(含光信号)实现上述传递过程。

分类方法　按传输媒质分类,可分为有线通信和无线通信;按信道中所传信号的特征分类,可分为模拟通信和数字通信;按工作频段分类可分为长波通信、中波通信、短波通信、超短波通信和微波通信等;按是否采用调制,可分为基带传输和频带传输;按照不同的调制方式分类,可分为调幅、调频和调相等。

通信方式　通信收发之间的工作方式或信号传输方式。按照消息传送的方向与时间的关系,通信方式可分为单工通信、半双工通信及全双工通信,如图 1-1 所示;按照数字信号排序,通信方式可分为串行传输和并行传输,如图 1-2 所示;按通信网络形式,通信方式可分为两点间直通方式、分支方式和交换方式,如图 1-3 所示。

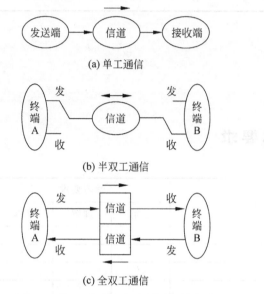

图 1-1　单工、半双工和全双工通信方式

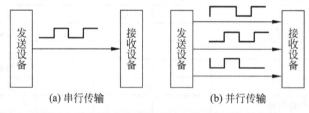

图 1-2　串行传输和并行传输方式

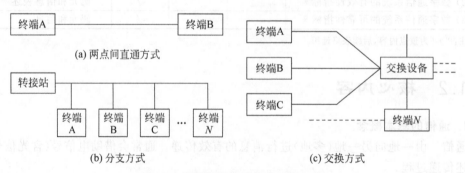

图 1-3　按网络形式划分的通信方式

单工通信　消息只能单方向传输的一种通信工作方式,如图 1-1(a)所示。例如,广播、遥控、无线寻呼等。

半双工通信　通信双方都能收发消息,但不能同时进行收和发的工作方式,如图 1-1(b)所示。例如,对讲机、收发报机等。

全双工通信　通信双方可同时进行双向传输消息的工作方式,如图 1-1(c)所示。例如,普通电话、手机等。

2. 通信系统的组成

通信系统描述　点对点通信系统一般由信源、信宿、发送设备、接收设备、信道和噪声源组成,结构如图 1-4 所示。

图 1-4　通信系统的一般模型

信源　把待传输的消息转换成原始电信号(光信号),信源输出的信号称为基带信号,其频谱从零频附近开始,具有低通特性。

信宿　也称受信者或收终端,它将原始电信号(基带信号)转换成相应的消息。

发送设备　将信源产生的原始电信号转换成适合在信道中传输的信号。其中,调制就是一种常见的转换方式。

接收设备　从带有干扰的接收信号中恢复出相应的原始电信号的过程。与调制对应的转换方式是解调。

信道　信号传输的通道,可以是有线的,也可以是无线的,甚至还可以包含某些设备。

噪声源　信道中的所有噪声以及分散在通信系统中其他各处噪声的集合。

模拟通信系统　信道中传输模拟信号的系统,包括模拟基带传输系统和模拟频带传输系统。模拟频带传输系统的重要标志是调制器和解调器,如图 1-5 所示。

图 1-5　模拟通信系统模型

调制的作用　实现信号的有效辐射(频率转换),实现信号的频率分配,实现系统的多路复用,提高系统的抗噪声性能。

数字通信系统　信道中传输数字信号的系统,通常包括数字基带传输系统和数字频带传输系统等,其结构如图 1-6 所示。

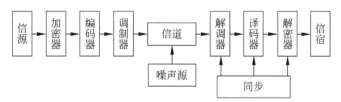

图 1-6　数字通信系统的模型

数字通信的主要优点 抗干扰能力强,噪声不积累,差错可控,易加密,易于与现代数字技术相结合等。

3. 信息的度量

信息量 消息是信息的物理表现形式,信息是消息的内涵,具有普遍性和抽象性。因此,信息是可以度量的。消息中的信息量与消息发生的概率紧密相关,消息出现的概率越小,消息中包含的信息量就越大。消息 x 中所含的信息量 I,可以用式(1-1)计算

$$I = \log_a \frac{1}{P(x)} = -\log_a P(x) \tag{1-1}$$

其中,$P(x)$ 表示消息 x 出现的概率。信息量 I 的单位取决于式(1-1)中对数底数 a 的取值,若 $a=2$,则单位为比特(bit,简写为 b);若 $a=e$,则单位为奈特(nat,简写为 n);若 $a=10$,则单位为哈特莱(hart)。

熵 每个符号所含信息量的统计平均值,可以表示为

$$\bar{I} = P(x_1)[-\log_2 P(x_1)] + P(x_2)[-\log_2 P(x_2)] + \cdots + P(x_n)[-\log_2 P(x_n)]$$

$$= \sum_{i=1}^{n} P(x_i)[-\log_2 P(x_i)] \quad (\text{b/符号}) \tag{1-2}$$

4. 通信系统的主要性能指标

主要性能指标 通信系统的性能指标有很多,而有效性和可靠性是评价一个通信系统优劣的重要性能指标。模拟通信系统的有效性和可靠性指标通常用系统频带利用率和输出信噪比来衡量。数字通信系统的可靠性和有效性则可以用误码率和传输速率来衡量。

码元速率 单位时间(每秒)内传输码元的数目,单位为波特(Baud),常用符号 B 表示。与信号的进制数无关,只与码元周期(宽度)有关,可以表示为

$$R_B = \frac{1}{T_b} \tag{1-3}$$

信息速率 单位时间(每秒)内传送的信息量。单位为比特/秒(bit/s,简写为 b/s 或 bps)。与信号的进制数有关,码元速率和信息速率之间的数值关系为

$$R_{bN} = R_{BN} \cdot \log_2 N \tag{1-4}$$

频带利用率 单位带宽(每赫兹)内的传输速率,即

$$\eta = \frac{R_B}{B} \quad (\text{Baud/Hz}) \quad \text{或者} \quad \eta = \frac{R_b}{B} (\text{b/(s · Hz)}) \tag{1-5}$$

误码率 码元在传输系统中被传错的概率,可以表示为

$$P_e = \frac{\text{接收的错误码元数}}{\text{系统传输的总码元数}} \tag{1-6}$$

误信率 码元的信息量在传输系统中被丢失的概率,可以表示为

$$P_{eb} = \frac{\text{系统传输中出错的比特数}}{\text{系统传输的总比特数}} \tag{1-7}$$

1.3 知识体系

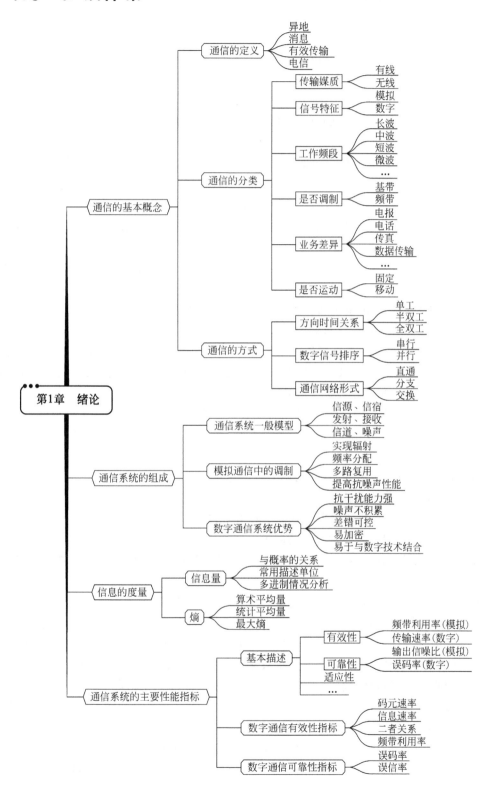

1.4　思考题解答

1-1　什么是通信？常见的通信方式有哪些？

答：通信是指由一地向另一地(多地)进行消息的有效传递。

按照消息传送的方向与时间的关系，通信方式可分为单工通信、半双工通信及全双工通信；按照数字信号排列的顺序不同，通信方式可分为串行传输和并行传输；按照通信的网络形式划分，通信方式可分为两点间直通方式、分支方式和交换方式。

1-2　通信系统是如何分类的？

答：如果按照信道中所传信号的形式不同，通信系统可进一步分为模拟通信系统和数字通信系统。

1-3　何谓数字通信？数字通信的优点是什么？

答：信道中传输数字信号的系统称为数字通信系统。数字通信系统可进一步细分为数字基带传输系统、数字频带传输系统等。

数字通信的主要优点如下：抗干扰能力强，噪声不积累，差错可控，易加密，易于与现代数字技术相结合等。

1-4　试画出模拟通信系统的模型，并简要说明各部分的作用。

答：模拟通信系统的模型如图 1-5 所示。

图 1-5 中，信源的作用是把待传输的消息转换成原始电信号，通常也称为基带信号，如电话系统中的电话机可看成是信源；信宿是将复原的原始电信号转换成相应的消息，如电话机将对方传来的电信号还原成了声音。

模拟通信系统需要将基带信号转换成适合其信道传输的信号，通常这一转换由调制器完成；在接收端同样需经相反的转换，它由解调器完成。经过调制后的信号被称为已调信号，已调信号有 3 个基本特性：一是携带有消息；二是适合在信道中传输；三是频谱具有带通形式，且中心频率远离零频，因而已调信号又称为频带信号。

1-5　为什么要进行调制？

答：在通信系统中，信源输出的基带信号由于它具有频率较低的频谱分量，不适合在信道中直接进行传输，因此需要调制。调制不仅使信号频谱发生了转移，也使信号的形式发生了变化，它的主要作用如下：实现有效辐射，实现频率分配，实现多路复用，提高系统抗噪性能。

1-6　试画出数字通信系统的一般模型，并简要说明各部分的作用。

答：数字通信系统的一般模型如图 1-6 所示。

图 1-6 中，信源的作用是把待传输的消息转换成具有"离散"或"数字"特性的原始电信号，通常也称为数字基带信号；信宿是将数字信号转换成相应的消息。如果信源接收的是模拟信号，则需要进行信源编码生成数字信号，在接收端进行信源译码。

当需要实现保密通信时，可对数字基带信号进行人为"扰乱"(加密)，这个功能由加密器完成，与之相对应的接收端就必须进行解密。

调制器/解调器的功能与模拟通信类似，通常把有调制器/解调器的数字通信系统称为数字频带传输系统，把没有调制器/解调器的数字通信系统称为数字基带传输系统。

同步是通信系统中必不可少的重要组成部分之一,是通信系统工作的保障。对于数字通信系统而言,无论是模拟信号数字化中的抽样,还是数字相干解调、码元抽样判决、数据帧形成,以及通信网系同步,都需要同步系统予以保障。

1-7　信息量的定义是什么?单位是什么?它与什么因素有关?

答:信息量是指消息中所包含信息的多少。单位可以是比特(bit,简写为 b)、奈特(nat,简写为 n)和哈特莱(hart)。消息中的信息量与消息发生的概率紧密相关。消息出现的概率越小,消息中包含的信息量就越大。

1-8　熵的定义是什么?单位是什么?它与什么因素有关?

答:熵是指对于消息集中每个符号所含信息量的统计平均值,它的单位是 b/符号,与每个符号出现的概率有关,可以表示为

$$\bar{I} = \sum_{i=1}^{n} P(x_i)\left[-\log_2 P(x_i)\right] \text{(b/ 符号)}$$

1-9　衡量通信系统性能的主要指标是什么?对于数字通信系统具体用什么来表述?

答:衡量通信系统性能的主要指标包括有效性、可靠性、适应性、经济性、保密性、标准性、维修性、工艺性等。其中,有效性和可靠性是评价一个通信系统优劣的重要性能指标。

数字通信系统的可靠性和有效性可以用误码率和传输速率来衡量。

1-10　何谓码元速率?何谓信息速率?它们之间的关系如何?

答:码元速率是指单位时间内传输码元的数目,单位用波特(Baud)表示;信息速率是指单位时间内传输的信息量,单位用比特/秒(bit/s)表示,也可表示为 b/s 或 bps;它们之间的关系为

$$R_{bN} = R_{BN} \cdot \log_2 N$$

1.5　习题详解

1-1　请计算频率为 1MHz、10MHz、100MHz、1000MHz 的电磁波所对应的波长。

解:利用公式 $\lambda = C/f$,通过计算可以得到 1MHz、10MHz、100MHz、1000MHz 对应的波长分别为 300m、30m、3m、0.3m。

1-2　如果已知发送独立的符号中,符号 e 和 z 的概率分别为 0.1073 和 0.00063;又知中文电报中,数字 0 和 1 的概率分别为 0.155 和 0.06。试分别计算它们的信息量。

解:利用公式 $I = \log_a \dfrac{1}{P(x)} = -\log_a P(x)$,取 $a=2$,则

$$I_e = -\log_2 p(e) = -\log_2 0.1073 = 3.22\text{(b)}$$
$$I_z = -\log_2 p(z) = -\log_2 0.00063 = 10.63\text{(b)}$$
$$I_0 = -\log_2 p(0) = -\log_2 0.155 = 2.69\text{(b)}$$
$$I_1 = -\log_2 p(1) = -\log_2 0.06 = 4.06\text{(b)}$$

1-3　某信源的符号集由 A、B、C、D、E、F 组成,设每个符号独立出现,其概率分别为 1/4、1/4、1/16、1/8、1/16、1/4,试求该信息源输出符号的平均信息量 $\bar{I}$。

解:利用公式 $\bar{I} = -\sum_{i=1}^{n} p(x_i)\log_2 p(x_i)$ 可得

$$\bar{I} = \frac{3}{4}\log_2 4 + \frac{2}{16}\log_2 16 + \frac{1}{8}\log_2 8 = 2.375(\text{b/符号})$$

1-4 设消息由符号 0、1、2 和 3 组成,已知 $P(0)=3/8, P(1)=1/4, P(2)=1/4, P(3)=1/8$,试求由 60 个符号构成的消息所含的信息量、平均信息量和熵。

解:利用公式 $\bar{I} = -\sum_{i=1}^{n} p(x_i)\log_2 p(x_i)$ 可得平均信息量和熵为

$$\bar{I} = \frac{3}{8}\log_2\frac{8}{3} + \frac{2}{4}\log_2 4 + \frac{1}{8}\log_2 8 = 1.906(\text{b/符号})$$

60 个符号构成的消息所含的信息量为

$$I = 1.906 \times 60 = 114.36(\text{b})$$

1-5 以二元信息源为例,证明当符号等概率出现时熵最大。

证明:设二进制信元为

$$s(t) = \begin{cases} 1, & p \\ 0, & q \end{cases}$$

经分析可得二元信息源的熵为

$$\bar{I} = -p\log_2 p - q\log_2 q = -p\log_2 p - (1-p)\log_2(1-p) = H(p) \qquad (1\text{-}8)$$

从式(1-8)可以看到,信息源的熵是概率 p 的函数,这样就可以用 $\bar{I}(p)$ 表示。p 的取值范围是 $[0,1]$。经计算,其最大值在 $p=q$ 时,此时熵可以表示为 $\bar{I}=H(p)=1(\text{b/符号})$;其最小值在 $p=1$ 或者 $q=1$ 时,此时熵可以表示为 $\bar{I}=H(p)=0(\text{b/符号})$。

物理解释:如果二元信息源的输出符号是确定的,即 $p=1$ 或 $p=0$,则该信息源不提供任何信息。反之,当二元信息源符号 0 和 1 以等概率发生时,信息源的熵达到极大值,等于 1bit。该结论可以推广,当信息源中每个符号等概率独立出现时,此时信息源的熵为最大值。

1-6 设一数字传输系统传送二进制信号,码元速率 $R_{B2}=2400\text{B}$,试求该系统的信息速率 R_{b2}。若该系统改为传送 16 进制信号,码元速率不变,则此时的系统信息速率为多少?

解:利用公式 $R_{bN}=R_{BN} \cdot \log_2 N$,可得

二进制信号:$R_{b2}=R_{B2}=2400(\text{b/s})$

十六进制信号:$R_{B16}=2400\text{B}$, $R_{b16}=R_{B16}\log_2 16=9600(\text{b/s})$

1-7 已知二进制信号的传输速率为 4800b/s,试问变换成四进制和八进制数字信号时的传输速率各为多少(码元速率不变)?

解:由于码元速率不变,则 $R_{B4}=R_{B8}=R_{B2}=R_{b2}=4800\text{B}$,再由码元速率和信息速率的转化关系式 $R_{bN}=R_{BN} \cdot \log_2 N$ 得

四进制信号:$R_{b4}=R_{B4}\log_2 4=9600(\text{b/s})$

八进制信号:$R_{b16}=R_{B16}\log_2 8=14400(\text{b/s})$

1-8 已知某系统的码元速率为 3600kB,接收端在 1h 内共收到 1296 个错误码元,试求系统的误码率 P_e。

解:利用式(1-6),可得

$$P_e = \frac{1296}{3600\text{k} \times 1 \times 60 \times 60} = 10^{-7}$$

1-9 已知某四进制数字通信系统的信息速率为2400b/s,接收端在0.5h内共收到216个错误码元,试计算该系统P_e。

解:利用式(1-6),可得

$$P_e = \frac{216}{(2400/2) \times 0.5 \times 60 \times 60} = 10^{-4}$$

1-10 在强干扰环境下,某电台在5min内共接收到正确信息量为355Mb,假定系统信息速率为1200kb/s。

(1) 试问系统误信率P_{eb}为多少?

(2) 若具体指出系统所传数字信号为四进制信号,P_{eb}值是否改变?为什么?

(3) 若假定信号为四进制信号,系统码元速率为800kB,则P_{eb}为多少?

解:(1) 利用式(1-7),可得

$$P_{eb} = \frac{1200k \times 5 \times 60 - 355M}{1200k \times 5 \times 60} = 0.014$$

(2) 误信率与进制无关,所以P_{eb}值不变。

(3) $R_{b4} = R_{B4}\log_2 4 = 1600(\text{kb/s})$,可得

$$P_{eb} = \frac{1600k \times 5 \times 60 - 355M}{1600k \times 5 \times 60} = 0.26$$

第 2 章

信 道 分 析

2.1 基本要求

内　　容	学习要求			备　　注
	了解	理解	掌握	
1. 信道的基本概念				
（1）信道的定义		√		狭义和广义
（2）信道的数学模型 *			√	注意数学抽象
2. 恒参信道及其对所传输信号的影响				
（1）信号不失真传输条件		√		举例说明
（2）信号传输失真及改善对策	√			时域均衡、频域均衡
3. 随参信道及其对所传信号的影响				
（1）随参信道的概念	√			3 个特点
（2）随参信道对信号传输的影响△		√		注意数学分析
（3）随参信道特性的改善	√			分集的理念
4. 随机过程概述 *				
（1）基本概念		√		注意概念的准确
（2）数字特征		√		数学期望
（3）平稳随机过程△			√	注意工程的意义
5. 通信系统中常见的噪声				
（1）白噪声 *			√	功率谱和相关函数
（2）高斯噪声 * △			√	4 个特性
（3）窄带高斯噪声△		√		产生原因，正交分解
（4）正弦信号加窄带高斯噪声△	√			正交分解
（5）随机过程通过线性系统		√		功率谱的计算
6. 信道容量的概念 *				
（1）香农公式			√	举例说明
（2）香农公式的应用	√			物理意义，生活现象
7. 伪随机序列				结合通信系统分析
（1）m 序列 *			√	数学描述
（2）m 序列的性质		√		对照白噪声

注："△"为难点内容，后续表格延用。

2.2　核心内容

1. 信道的基本概念

信道　以传输媒质为基础的信号传输通路,具体来讲包括有线信号通路(有线信道)和无线信号通路(无线信道)。

狭义信道　连接在发送端设备和接收端设备中间的传输媒介。

广义信道　除了包括传输媒介外,还应该包括相关的转换器,如馈线、天线、调制器、解调器等。广义信道通常用来研究通信系统的相关理论,因此,根据研究对象的不同,广义信道又可进一步分为调制信道和编码信道。

调制信道　从研究调制与解调的基本问题出发而构成的广义信道,它的范围是从调制器输出端到解调器输入端。对于二对端的信道模型,其输出与输入之间的关系式可表示为

$$e_o(t) = k(t) \cdot e_i(t) + n(t) \tag{2-1}$$

其中,$e_i(t)$ 是输入的已调信号;$e_o(t)$ 是调制信道的总输出波形;$k(t)$ 是乘性干扰(噪声);$n(t)$ 是加性干扰(噪声)。

恒参信道　又称为恒定参数信道,对应式(2-1)给出的信道模型,其 $k(t)$ 可看成不随时间变化的常数或变化极为缓慢的函数。

随参信道　有时也称为随机参数信道,或称为变参信道,它是非恒参信道的统称,其 $k(t)$ 是随时间随机快变的。

编码信道　研究编码与译码的基本问题而构成的广义信道,它的范围是从编码器输出端到译码器输入端的所有转换器和传输媒质。对于二进制数字频带传输系统,假设解调器每个输出码元差错的发生是相互独立的,则编码信道模型如图 2-1 所示。

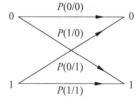

图 2-1　二进制编码信道模型

在这个模型里,把 $P(0/0)$、$P(1/0)$、$P(0/1)$、$P(1/1)$ 称为信道转移概率,有如下关系:

$$P(0/0) + P(1/0) = 1; \quad P(1/1) + P(0/1) = 1 \tag{2-2}$$

2. 恒参信道及其对所传输信号的影响

信号不失真传输　信号经过线性系统后,输出信号 $y(t)$ 与输入信号 $x(t)$ 相比较只是有衰减、放大和时延,而没有其他的波形失真,用数学公式可表示为(时域描述)

$$y(t) = K_0 x(t - t_0) \tag{2-3}$$

其中,K_0 和 t_0 均为常数。与式(2-3)相对应的系统函数的幅频特性为(频域描述)

$$|H(\omega)| = K_0, \quad \varphi(\omega) = -\omega t_0 \tag{2-4}$$

信号失真传输　主要表现为幅度-频率畸变和相位-频率畸变,对应改善措施为频域均衡和时域均衡。

3. 随参信道及其对所传信号的影响

随参信道特点如下。

(1) 信号的衰耗随时间随机变化。

（2）信号传输的时延随时间随机变化。

（3）具有多条路径传播（多径效应）。

多径传播　由发射点出发的电波可能经多条路径到达接收点的传播现象。这种传播会造成多径衰落、频率弥散和频率选择性衰落等结果。

多径衰落　从波形上看，多径传播的结果会使确定的载频信号 $A\cos\omega_c t$ 变成包络和相位与载波变化相比缓慢变化的随机过程。

频率弥散　从频谱上看，多径传播使得确定的单频信号 $A\cos\omega_c t$ 变成 1 个由多个频率组成的窄带信号。

频率选择性衰落　当一个传输信号的频谱比 $1/\tau(t)$ 宽时（τ 为相对时延差），多径传播信号的频谱将受到畸变，致使某些频率分量被衰落，有时这种现象也简称选择性衰落。

相关带宽（B_c）　多径传播时的相对时延差通常用最大多径时延差来表征，设信道的最大时延差为 τ_m，则相邻两个零点之间的频率间隔就被称为相关带宽，具体表示为

$$B_c = 1/\tau_m \tag{2-5}$$

分集接收　分散得到几个合成信号，而后集中（合并）处理这些信号。主要分集方式包括空间分集、频率分集、角度分集和极化分集等。

4. 随机过程基础

随机过程　与确定性过程相比，随机过程没有确定的变化形式。也就是说，每次对它的测量结果没有一个确定的变化规律。如果用数学语言描述，则称这类事物变化的过程不可能用一个或几个时间 t 的确定函数来表示。它具有两个基本特征，一是时间的函数，二是具有随机特性。

统计描述　通常可以利用概率分布函数和概率密度函数对随机过程进行描述。

一维概率分布函数为

$$F_1(x_1,t_1) = P(X(t_1) \leqslant x_1) \tag{2-6}$$

一维概率密度函数为

$$f_1(x_1,t_1) = \frac{\partial F_1(x_1,t_1)}{\partial x_1} \tag{2-7}$$

n 维概率分布函数为

$$F_n(x_1,x_2,\cdots,x_n; t_1,t_2,\cdots,t_n) = P(X(t_1) \leqslant x_1, X(t_2) \leqslant x_2,\cdots,X(t_n) \leqslant x_n) \tag{2-8}$$

n 维概率密度函数为

$$f_n(x_1,x_2,\cdots,x_n; t_1,t_2,\cdots,t_n) = \frac{\partial^n F_n(x_1,x_2,\cdots,x_n; t_1,t_2,\cdots,t_n)}{\partial x_1 \partial x_2 \cdots \partial x_n} \tag{2-9}$$

显然，n 可以是任意正整数，随着 n 的增大，对随机过程 $X(t)$ 的统计特性的描述也越充分，但问题的复杂性也随之增加。实际上，对于本课程而言，掌握二维分布函数就已经足够了。

数字特征　主要包括数学期望、方差和相关函数等。随机过程 $X(t)$ 的一维随机变量的数学期望有时也称为统计平均值或均值：

$$m(t) = E\{X(t)\} = \int_{-\infty}^{\infty} x f_1(x; t)\mathrm{d}x \tag{2-10}$$

随机过程的方差为

$$\sigma^2(t) = E\{[X(t) - m(t)]^2\} = \int_{-\infty}^{\infty} [x(t) - m(t)]^2 f_1(x \; ; \; t) \mathrm{d}x \qquad (2\text{-}11)$$

任意两个时刻 t_1、t_2 的自相关函数为

$$R_X(t_1, t_2) = E\{X(t_1)X(t_2)\} = \int_{-\infty}^{\infty} \int_{-\infty}^{\infty} x_1 x_2 f_2(x_1, x_2 \; ; \; t_1, t_2) \mathrm{d}x_1 \mathrm{d}x_2 \qquad (2\text{-}12)$$

自协方差函数为

$$C_X(t_1, t_2) = E\{[X(t_1) - m(t_1)][X(t_2) - m(t_2)]\}$$
$$= \int_{-\infty}^{\infty} \int_{-\infty}^{\infty} [x_1 - m(t_1)][x_2 - m(t_1)] f_2(x_1, x_2 \; ; \; t_1, t_2) \mathrm{d}x_1 \mathrm{d}x_2 \qquad (2\text{-}13)$$

$$C_X(t_1, t_2) = R_X(t_1, t_2) - m(t_1)m(t_2) \qquad (2\text{-}14)$$

互相关函数为

$$R_{XY}(t_1, t_2) = E\{X(t_1)Y(t_2)\} = \int_{-\infty}^{\infty} \int_{-\infty}^{\infty} xy f_2(x, y \; ; \; t_1, t_2) \mathrm{d}x \mathrm{d}y \qquad (2\text{-}15)$$

平稳随机过程 任何 n 维分布函数或概率密度函数与时间起点无关。也就是说,如果对于任意的正整数 n 和任意实数 $t_1, t_2, \cdots, t_n$ 和 τ,随机过程 $X(t)$ 的 n 维概率密度函数满足:

$$f_n(x_1, x_2, \cdots, x_n \; ; \; t_1, t_2, \cdots, t_n) = f_n(x_1, x_2, \cdots, x_n \; ; \; t_1 + \tau, t_2 + \tau, \cdots, t_n + \tau)$$
$$(2\text{-}16)$$

有时也称满足式(2-16)的平稳随机过程为严格平稳或狭义平稳随机过程。

平稳随机过程的典型分布

一维分布:

$$f_1(x, t) = f_1(x, t + \tau) = f_1(x) \qquad (2\text{-}17)$$

二维分布:

$$f_2(x_1, x_2 \; ; \; t_1, t_2) = f_2(x_1, x_2 \; ; \; t_1 + \Delta t, t_2 + \Delta t) = f_2(x_1, x_2 \; ; \; \tau) \qquad (2\text{-}18)$$

其中,$\tau = t_2 - t_1$。

平稳随机过程的数字特征 数学期望和方差是与时间无关的常数,自相关函数只是时间间隔 τ 的函数,可以表示为

$$E\{X(t)\} = \int_{-\infty}^{\infty} x f_1(x) \mathrm{d}x = m \qquad (2\text{-}19\mathrm{a})$$

$$E\{[X(t) - m(t)]^2\} = \int_{-\infty}^{\infty} [x - m]^2 f_1(x) \mathrm{d}x = \sigma^2 \qquad (2\text{-}19\mathrm{b})$$

$$R_X(t, t + \tau) = \int_{-\infty}^{\infty} \int_{-\infty}^{\infty} x_1 x_2 f_2(x_1, x_2 \; ; \; \tau) \mathrm{d}x_1 \mathrm{d}x_2 = R_X(\tau) \qquad (2\text{-}19\mathrm{c})$$

广义平稳随机过程 数学期望与时间无关,相关函数仅与 τ 有关的随机过程。在通信系统中遇到的信号及噪声,大多数均可视为平稳的随机过程,甚至是广义平稳随机过程。

各态历经性 平稳随机过程的数字特征完全可由随机过程中的任一实现的数字特征来决定,即随机过程的数学期望(统计平均值)可以由任一实现的时间平均值来代替;随机过程的自相关函数也可以由"时间平均"来代替"统计平均",即

$$m = E\{X(t)\} = \bar{m} = \lim_{T \to \infty} \frac{1}{2T} \int_{-T}^{T} x(t)\,\mathrm{d}t \qquad (2\text{-}20\mathrm{a})$$

$$\sigma^2 = E\{[X(t) - m(t)]^2\} = \overline{\sigma^2} = \lim_{T \to \infty} \frac{1}{2T} \int_{-T}^{T} [x(t) - \bar{m}]^2\,\mathrm{d}t \qquad (2\text{-}20\mathrm{b})$$

$$R_X(\tau) = R_X(t, t+\tau) = \overline{R_X(\tau)} = \lim_{T \to \infty} \frac{1}{2T} \int_{-T}^{T} x(t) x(t+\tau)\,\mathrm{d}t \qquad (2\text{-}20\mathrm{c})$$

平稳随机过程相关函数 $R(\tau)$ 的一些性质如下。

(1) 偶函数 $R(\tau) = R(-\tau)$。

(2) $|R(\tau)| \leqslant R(0)$。

(3) $R(\tau)$ 与协方差函数、数学期望、方差的关系可以表示为

$$C(\tau) = E\{[X(t) - m][X(t+\tau) - m]\} = R(\tau) - m^2 \qquad (2\text{-}21)$$

$$C(0) = \sigma^2 = R(0) - m^2 = R(0) - R(\infty) \qquad (2\text{-}22)$$

平稳随机过程功率谱密度 $P(\omega)$ 的一些性质如下。

(1) 确定函数。

(2) 偶函数。

(3) 非负函数。

(4) $P(\omega)$ 和 $R(\tau)$ 为傅里叶变换对，可以表示为

$$R(\tau) = \frac{1}{2\pi} \int_{-\infty}^{\infty} P(\omega) \mathrm{e}^{\mathrm{j}\omega\tau}\,\mathrm{d}\omega, \quad P(\omega) = \int_{-\infty}^{\infty} R(\tau) \mathrm{e}^{-\mathrm{j}\omega\tau}\,\mathrm{d}\tau \qquad (2\text{-}23)$$

5. 通信系统中常见的噪声

白噪声 功率谱密度函数在整个频率域为常数的噪声。理想白噪声的双边功率谱密度通常被定义为

$$P_n(f) = \frac{n_0}{2} \quad (-\infty < f < \infty) \qquad (2\text{-}24)$$

其中，n_0 的取值为常数，单位为 W/Hz。若采用单边描述，又可以写为

$$P_n(f) = n_0 \quad (0 < f < \infty) \qquad (2\text{-}25)$$

白噪声的自相关函数为

$$R_n(\tau) = \int_{-\infty}^{\infty} \frac{n_0}{2} \mathrm{e}^{\mathrm{j}2\pi f \tau}\,\mathrm{d}f = \frac{n_0}{2}\delta(\tau) \qquad (2\text{-}26)$$

白噪声的功率谱密度和自相关函数曲线如图 2-2 所示。

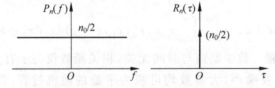

图 2-2 白噪声的功率谱密度与自相关函数曲线

有限带宽的白噪声 白噪声经过带宽为 B，增益为 1 的线性带通滤波器以后，其功率谱密度函数为

$$P_{nc}(f) = \begin{cases} n_0/2, & |f| \leqslant B \\ 0, & \text{其他} \end{cases} \tag{2-27}$$

相关函数为

$$R_{nc}(\tau) = \int_{-B}^{B} \frac{n_0}{2} e^{j2\pi f\tau} df = Bn_0 \frac{\sin\omega_0\tau}{\omega_0\tau} = Bn_0 Sa(\omega_0\tau) \tag{2-28}$$

带限白噪声的功率谱密度与自相关函数曲线如图 2-3 所示。

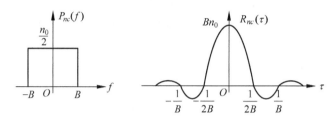

图 2-3 带限白噪声的功率谱密度与自相关函数曲线

高斯噪声 概率密度函数服从高斯分布(即正态分布)的一类噪声。其一维正态分布为

$$f(x) = \frac{1}{\sqrt{2\pi}\sigma} \exp\left[-\frac{(x-a)^2}{2\sigma^2}\right] \tag{2-29}$$

一维分布特性如下。

(1) $f(x)$ 对称于直线 $x=a$。

(2) $f(x)$ 在 $(-\infty, a)$ 内单调上升,在 (a, ∞) 内单调下降,且在点 a 处达到极大值 $\frac{1}{\sqrt{2\pi}\sigma}$;当 $x \to \pm\infty$ 时,$f(x) \to 0$。

(3) $\int_{-\infty}^{a} f(x)dx = \int_{a}^{\infty} f(x)dx = \frac{1}{2}$。

(4) a 表示分布中心,σ 表示集中的程度。

(5) 当 $a=0, \sigma=1$ 时,正态分布为标准化正态分布:

$$f(x) = \frac{1}{\sqrt{2\pi}} \exp\left(-\frac{x^2}{2}\right)$$

n 维高斯分布 高斯噪声的任意 n 维概率密度函数可以表示为

$$f_n(x_1, x_2, \cdots, x_n; t_1, t_2, \cdots, t_n)$$

$$= \frac{1}{(2\pi)^{\frac{n}{2}} \sigma_1\sigma_2\cdots\sigma_n |\boldsymbol{\rho}|^{\frac{1}{2}}} \exp\left[\frac{-1}{2|\boldsymbol{\rho}|} \sum_{j=1}^{n} \sum_{k=1}^{n} |\boldsymbol{\rho}|_{jk} \left(\frac{x_j - m_j}{\sigma_j}\right)\left(\frac{x_k - m_k}{\sigma_k}\right)\right] \tag{2-30}$$

其中,$m_k = E\{x(t_k)\}$; $\sigma_k^2 = E\{[X(t_k) - m_k]^2\}$; $|\boldsymbol{\rho}|$ 为相关系数矩阵的表达式:

$$|\boldsymbol{\rho}| = \begin{vmatrix} 1 & \rho_{12} & \cdots & \rho_{1n} \\ \rho_{21} & 1 & \cdots & \rho_{2n} \\ \vdots & \vdots & \ddots & \vdots \\ \rho_{n1} & \rho_{n2} & \cdots & 1 \end{vmatrix}$$

$$\rho_{jk} = \frac{E\{[X(t_j) - m_j][X(t_k) - m_k]\}}{\sigma_j \sigma_k} \tag{2-31}$$

其中, $|\rho|_{jk}$ 是表达式中元素 ρ_{jk} 所对应的代数余因子。

高斯分布性质 可以证明 n 维高斯随机过程具有下面 4 个性质。

(1) n 维分布完全由各个随机变量的数学期望、方差和相关函数决定。因此,对高斯过程来说,只要研究它的数字特征就可以了。

(2) 如果高斯过程是广义平稳的随机过程,则它也是严格平稳的。

(3) 如果高斯过程在不同时刻的取值是不相关的,则它们也是统计独立的。

(4) 如果高斯随机过程经过线性系统,则线性系统的输出过程仍然是高斯的。

高斯白噪声 噪声的概率密度函数满足正态分布,功率谱密度函数在整个频率域为常数。

窄带高斯噪声 当高斯白噪声通过以 f_c 为中心频率的窄带系统后所形成的噪声。图 2-4 给出了窄带高斯噪声的频谱及波形示意图,可以看到,其包络和相位都在做缓慢随机变化。

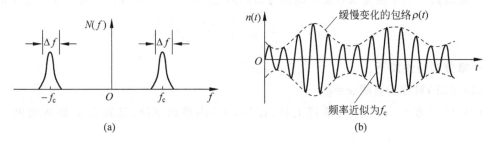

图 2-4 窄带高斯噪声的频谱及波形示意图

窄带高斯噪声的数学描述 窄带高斯噪声 $n(t)$ 的包络和相位可表示为

$$n(t) = \rho(t)\cos[\omega_c t + \varphi(t)], \quad \rho(t) \geqslant 0 \tag{2-32}$$

同相分量 $n_c(t)$ 和正交分量 $n_s(t)$ 可以表述为

$$n(t) = \rho(t)\cos\varphi(t)\cos\omega_c t - \rho(t)\sin\varphi(t)\sin\omega_c t$$
$$= n_c(t)\cos\omega_c t - n_s(t)\sin\omega_c t \tag{2-33}$$

其中,

$$n_c(t) = \rho(t)\cos\varphi(t) \quad n_s(t) = \rho(t)\sin\varphi(t) \tag{2-34}$$

$$\rho(t) = \sqrt{n_c^2(t) + n_s^2(t)} \quad \varphi(t) = \arctan\frac{n_s(t)}{n_c(t)} \tag{2-35}$$

$n_c(t)$ **和** $n_s(t)$ **的特性如下。**

(1) 它们都是平稳的高斯过程。

(2) 它们的均值为 0,方差均为 σ_n^2, $\sigma_{n_c}^2 = \sigma_{n_s}^2 = \sigma_n^2$。

(3) $n_c(t)$ 和 $n_s(t)$ 在同一时刻的取值是不相关的随机变量,因为它们是高斯的,所以也是统计独立的。

分布特性 窄带高斯噪声的包络服从瑞利(Rayleigh)分布,相位服从均匀分布,且统计独立。

正弦信号加窄带高斯噪声 包络服从广义瑞利分布,也称莱斯(Rice)分布。

随机过程通过线性系统:

数学期望为

$$E\{Y(t)\} = E\left\{\int_{-\infty}^{\infty} X(t-\tau)h(\tau)\mathrm{d}\tau\right\} = \int_{-\infty}^{\infty} E\{X(t-\tau)\}h(\tau)\mathrm{d}\tau$$

$$= m_x \int_{-\infty}^{\infty} h(\tau)\mathrm{d}\tau = m_x H(0) \tag{2-36}$$

功率谱密度为

$$P_Y(\omega) = H^*(\omega)H(\omega)P_X(\omega) = |H(\omega)|^2 P_X(\omega) \tag{2-37}$$

6. 信道容量的概念

香农公式 假设有扰波形信道的带宽为 B,信道输出的信号功率为 S,信号在传输过程中受到加性高斯白噪声的干扰,在输出端噪声功率为 N,可以证明该信道的信道容量为

$$C = B\log_2\left(1+\frac{S}{N}\right) \quad \text{或} \quad C = B\log_2\left(1+\frac{S}{n_0 B}\right) \tag{2-38}$$

由香农公式可得如下结论。

(1) 提高信噪比能增加信道容量。

(2) 当噪声功率 $N \to 0$ 时,信道容量 $C \to \infty$。

(3) 当信号功率 $S \to \infty$ 时,信道容量 $C \to \infty$。

(4) 增加信道频带宽度 B 并不能无限制地使信道容量增大。

香农公式应用 对于一定的信道容量 C 来说,带宽 B 和信噪比 S/N 之间可以互相转换。

$$B_1\log_2\left(1+\frac{S_1}{n_0 B_1}\right) = B_2\log_2\left(1+\frac{S_2}{n_0 B_2}\right) \tag{2-39}$$

7. 伪随机序列

伪随机序列的定义 具有类似于随机过程的某些统计特性,同时又能够重复产生的序列。

m 序列 由线性反馈移位寄存器产生出的周期最长的二进制数字序列称为最大长度线性反馈移位寄存器序列。

数学描述 对于给定的线性反馈移位寄存器,如图 2-5 所示,可用以下数学方程描述

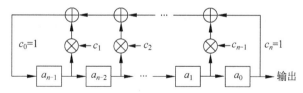

图 2-5 线性反馈移位寄存器

递推方程为

$$a_n = c_1 a_{n-1} + c_2 a_{n-2} + \cdots + c_{n-1} a_1 + c_n a_0 = \sum_{i=1}^{n} c_i a_{n-i}\,(\text{模 2}) \tag{2-40}$$

特征方程为

$$f(x) = c_0 + c_1 x + c_2 x^2 + \cdots + c_n x^n = \sum_{i=0}^{n} c_i x^i \tag{2-41}$$

本原多项式   能够使 n 级线性反馈移位寄存器产生，周期最大值为 $2^n - 1$ 的伪随机序列的特征多项式。

n 次本原多项式 $f(x)$ 的性质如下。

(1) $f(x)$ 为既约的多项式，即不能分解因子的多项式。

(2) $f(x)$ 能够被 $(x^p + 1)$ 整除，其中 $p = 2^n - 1$。

(3) $f(x)$ 不能被 $(x^q + 1)$ 整除，其中 $q < p$。

8. m 序列性质

均衡特性   在 m 序列的一个周期中，1 和 0 的数目基本相等。准确地说，1 比 0 多一个。

游程分布   长度为 k 的游程数目占游程总数的 2^{-k}，其中 $1 \leqslant k \leqslant (n-1)$；而且当 $1 \leqslant k \leqslant (n-2)$ 时，在长度为 k 的游程中，连 1 的游程和连 0 的游程各占一半。

移位相加   一个周期为 p 的 m 序列 M_p，与其任意次移位后的序列 M_r 模 2 相加，所得序列 M_s 必是 M_p 某次移位后的序列，即仍是周期为 p 的 m 序列。

自相关函数   m 序列的自相关函数可以表示为

$$R(j) = \begin{cases} 1, & j = 0 \\ -\dfrac{1}{p}, & j = 1, 2, \cdots, p-1 \end{cases} \tag{2-42}$$

不难看出，由于 m 序列具有周期性，故其自相关函数也具有周期性，其周期为 p，形成的自相关波形如图 2-6 所示。

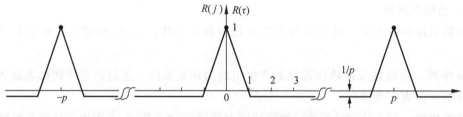

图 2-6   m 序列的自相关函数曲线

功率谱密度   信号的自相关函数与功率谱密度构成一对傅里叶变换，其计算结果为

$$P(\omega) = \int_{-\infty}^{\infty} R(\tau) e^{-j\omega\tau} \, d\tau$$

$$= \frac{p+1}{p^2} \left[Sa\left(\frac{\omega T}{2p}\right) \right]^2 \sum_{\substack{n=-\infty \\ n \neq 0}}^{\infty} \delta\left(\omega - \frac{2\pi n}{T}\right) + \frac{1}{p^2} \delta(\omega) \tag{2-43}$$

伪噪声特性   综合考虑均衡性、游程分布、自相关特性和功率谱密度等特点，m 序列与高斯白噪声的基本性质比较类似。

2.3 知识体系

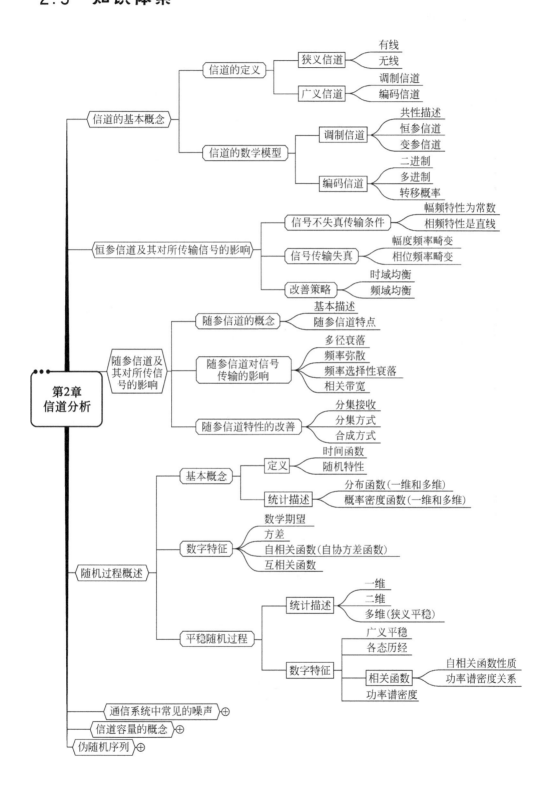

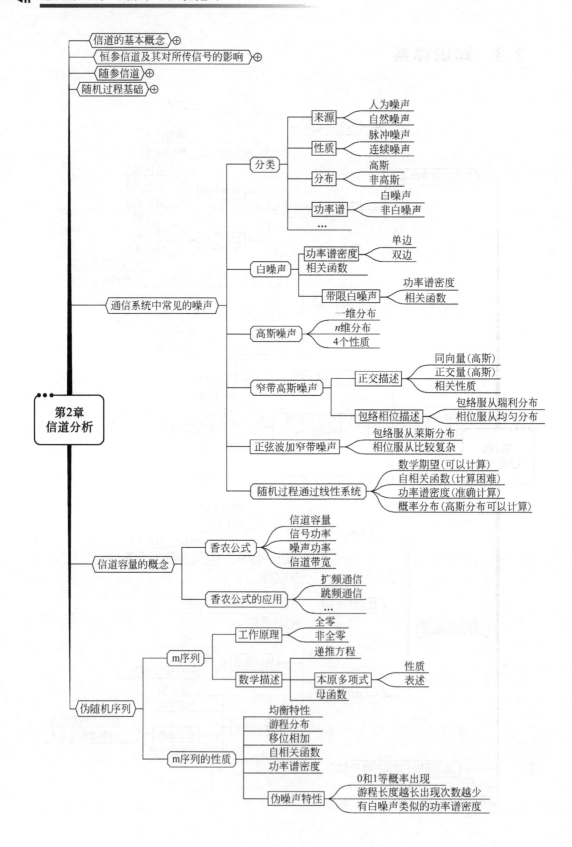

2.4 思考题解答

2-1 什么是狭义信道？什么是广义信道？

答：狭义信道是指接在发送端设备和接收端设备中间的传输媒介。常用的有线信道传输媒介有架空明线、电缆、光缆、波导等；无线信道传播包括中长波的地表波传播（地波），超短波、微波和光波的视距传播（视线），短波的电离层反射（天波），以及对流层散射、电离层散射等传播方式。

广义信道以研究对象为目标定义的信道，通常可进一步划分为调制信道和编码信道。

2-2 什么是调制信道？什么是编码信道？

答：调制信道是以研究调制与解调为基本问题的信道描述，它的范围是从调制器输出端到解调器输入端。调制信道多用于研究模拟通信系统。

编码信道是指从编码器输出端到译码器输入端的所有转换器及传输媒质，可用一个完成数字序列变换的框图加以概括。编码信道多用于对数字通信系统的研究。

2-3 试画出调制信道模型和二进制编码信道模型。

答：调制信道模型如图 2-7 所示。

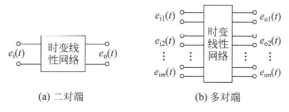

(a) 二对端　　　　　　(b) 多对端

图 2-7　调制信道模型

二进制编码信道模型如图 2-1 所示。

2-4 信道无失真传输的条件是什么？

答：信道无失真传输的时域表述为

$$y(t)=K_0 x(t-t_0)$$

信道无失真传输的频域表述为

$$|H(\omega)|=K_0, \quad \varphi(\omega)=-\omega t_0$$

其中，K_0 为常数；t_0 为正常数。

2-5 群迟延特性是如何定义的？它与相位-频率特性有何关系？

答：群迟延特性可以表示为 $\varphi(\omega)=-\omega t_0$，也就是说不同频率的信号具有相同的时间时延 t_0。该时延 t_0 是相位频率特性的斜率，前面带"−"，因此是二四象限的负斜率直线。

2-6 恒参信道的主要特性有哪些？对所传信号有何影响？如何改善？

答：恒参信道对信号传输的影响是固定不变的或者是变化极为缓慢的，因而可以等效为一个非时变的线性网络。具体影响包括幅度频率畸变和相位频率畸变（群迟延畸变）。

为了减小幅度频率畸变，通常采用"频域均衡"。与之相对应的，为了减少相位频率畸变，通常采取"时域均衡"。

2-7 随参信道的主要特性有哪些？

答：概括起来,随参信道传输媒质通常具有以下特点。

(1) 信号的衰耗随时间随机变化。

(2) 信号传输的时延随时间随机变化。

(3) 具有多条路径传播(多径效应)。

2-8 什么是频率弥散？分析其产生的原因。

答：频率弥散(色散)是指经随参信道传输的单频率信号从频谱上看,由单个频率变成一个窄带频谱的现象。产生的原因分析如下。

设发射信号为 $A\cos\omega_c t$,经过 n 条路径传播后的接收信号为

$$r(t)=\sum_{i=1}^{n}a_i(t)\cos[\omega_c t+\varphi_i(t)]=a(t)\cos[\omega_c t+\varphi(t)]$$

其中,$a(t)$ 是多径信号合成后的包络；$\varphi(t)$ 是多径信号合成后的相位,它们都是缓慢变化的随机过程。这样就使得原来发送的单频信号 $A\cos\omega_c t$ 的频率,由单一的 ω_c 变成 $\omega_c+\dfrac{\mathrm{d}\varphi(t)}{\mathrm{d}t}$,也就是变成一个以 ω_c 为中心频率的窄带过程。

2-9 什么是频率选择性衰落？分析其产生的原因。

答：频率选择性衰落是指当一个传输信号的频谱宽于 $1/\tau(t)$ 时,传输信号的频谱在某些频率上出现衰落。下面以信号通过两条传输路径为例,说明信道的频率选择性衰落特性。

假定发送信号为 $f(t)$,其频谱函数为 $F(\omega)$。再假设到达接收点的两路信号具有相同的衰减,这样它们可分别表示为 $Kf(t-t_0)$ 和 $Kf(t-t_0-\tau)$。

当这两条传输路径的信号合成后如下。

时域：

$$R(t)=Kf(t-t_0)+Kf(t-t_0-\tau)$$

频域：

$$R(t)\leftrightarrow R(\omega)=KF(\omega)\mathrm{e}^{-\mathrm{j}\omega t_0}\left[1+\mathrm{e}^{-\mathrm{j}\omega\tau}\right]$$

信道的传递函数为

$$H(\omega)=\frac{R(\omega)}{F(\omega)}=K\mathrm{e}^{-\mathrm{j}\omega t_0}\left[1+\mathrm{e}^{-\mathrm{j}\omega\tau}\right]$$

幅频特性为

$$|H(\omega)|=|K\mathrm{e}^{-\mathrm{j}\omega t_0}(1+\mathrm{e}^{-\mathrm{j}\omega\tau})|=K|(1+\mathrm{e}^{-\mathrm{j}\omega\tau})|=2K\left|\cos\frac{\omega\tau}{2}\right|$$

其中,$\omega=\dfrac{2n\pi}{\tau}$ 为极点；$\omega=\dfrac{(2n+1)\pi}{\tau}$ 为零点。具体如图 2-8 所示。

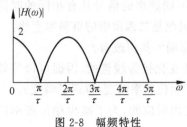

图 2-8　幅频特性

2-10 简述快衰落和慢衰落产生的原因。

答：由于电离层浓度变化比较缓慢,因此,由电离层浓度变化等因素所引起的信号衰落称为慢衰落；由多径效应引起的信号衰落称为快衰落。

2-11 什么是相关带宽？相关带宽对于随参信道信号传输具有什么意义？

答：多径传播时的相对时延差通常用最大多径时延

差来表征,并用它来估算传输零点和极点在频率轴上的位置。

设信道的最大时延差为 τ_m,则相邻两个零点之间的频率间隔为 $B_c=1/\tau_m$,这个频率间隔通常称为多径传播信道的相关带宽。如果传输信号的频谱比相关带宽宽,则将产生明显的选择性衰落。由此看出,为了减小选择性衰落,传输信号的频带必须小于多径传输信道的相关带宽。在工程设计中,通常选择信号带宽为相关带宽的 $1/5\sim1/3$。

2-12 什么是分集接收?其作用是什么?常见的几种分集方式是什么?

答:如果能在接收端同时获得几个不同的合成信号,并将这些信号适当合并构成总的接收信号,将有可能大大减小衰落的影响,这就是分集接收的基本思想。其具体作用是:分散得到几个合成信号,而后集中(合并)处理这些信号。理论和实践均证明,只要被分集的几个合成信号之间是统计独立的,那么经适当的合并后就能使系统性能大为改善。

常见的分集方式包括空间分集、频率分集、角度分集和极化分集等。

2-13 什么是随机过程?它具有什么特点?

答:事物变化的过程是不可能用一个或几个时间的确定函数来描述的过程。随机过程基本特征主要体现在两方面:一是时间的函数;二是具有随机特性。因此,它很难定量地描述随机过程的变化规律,需要从统计的意义上来研究样本波形。

2-14 随机过程的数字特征主要有哪些?分别表征随机过程的什么特性?

答:随机过程的数字特征主要包括数学期望 $m(t)$、方差 $\sigma^2(t)$、自相关函数 $R_X(t_1,t_2)$ 和自协方差函数 $C_X(t_1,t_2)$。

(1) 数学期望 $m(t)$ 通常可以表示为

$$m(t)=E\{X(t)\}=\int_{-\infty}^{\infty}xf_1(x;t)\mathrm{d}x$$

(2) 方差 $\sigma^2(t)$ 表示随机过程 $X(t)$ 的各个样本对数学期望 $m(t)$ 的偏离程度,具体定义为

$$\sigma^2(t)=E\{[X(t)-m(t)]^2\}=\int_{-\infty}^{\infty}[x(t)-m(t)]^2f_1(x;t)\mathrm{d}x$$

(3) 自相关函数 $R_X(t_1,t_2)$ 表示随机过程在任意两个时刻之间的内在联系,可以表示为

$$R_X(t_1,t_2)=E\{X(t_1)X(t_2)\}=\int_{-\infty}^{\infty}\int_{-\infty}^{\infty}x_1x_2f_2(x_1,x_2;t_1,t_2)\mathrm{d}x_1\mathrm{d}x_2$$

(4) 与自相关函数类似的自协方差函数 $C_X(t_1,t_2)$,也是来描述随机过程内在联系特征的,可以表示为

$$C_X(t_1,t_2)=E\{[X(t_1)-m(t_1)][X(t_2)-m(t_2)]\}$$
$$=\int_{-\infty}^{\infty}\int_{-\infty}^{\infty}[x_1-m(t_1)][x_2-m(t_1)]f_2(x_1,x_2;t_1,t_2)\mathrm{d}x_1\mathrm{d}x_2$$

显然,自相关函数和自协方差函数有如下关系:

$$C_X(t_1,t_2)=R_X(t_1,t_2)-m(t_1)m(t_2)$$

2-15 什么是平稳随机过程?广义平稳与严格平稳有什么关系?

答:平稳随机过程是指随机过程的任何 n 维分布函数或概率密度函数与时间起点无关,通常可以表示为

$$f_n(x_1,x_2,\cdots,x_n;\,t_1,t_2,\cdots,t_n)=f_n(x_1,x_2,\cdots,x_n;\,t_1+\tau,t_2+\tau,\cdots,t_n+\tau)$$

广义平稳随机过程是指这类随机过程的数学期望与时间无关,其相关函数仅与 τ 有关的随机过程。

2-16 什么是各态历经性？其意义是什么？

答：各态历经性是指平稳随机过程的数字特征完全可由随机过程中的任一实现的数字特征来决定,即随机过程的数学期望(统计平均值)可以由任一实现的时间平均值来代替；随机过程的自相关函数也可以由"时间平均"来代替"统计平均"。

上述描述如果用数学语言来表述,则可以表示为

$$m=E\{X(t)\}=\overline{m}=\lim_{T\to\infty}\frac{1}{2T}\int_{-T}^{T}x(t)\,\mathrm{d}t$$

$$\sigma^2=E\{[X(t)-m(t)]^2\}=\overline{\sigma^2}=\lim_{T\to\infty}\frac{1}{2T}\int_{-T}^{T}[x(t)-\overline{m}]^2\,\mathrm{d}t$$

$$R_X(\tau)=R_X(t,t+\tau)=\overline{R_X(\tau)}=\lim_{T\to\infty}\frac{1}{2T}\int_{-T}^{T}x(t)x(t+\tau)\,\mathrm{d}t$$

其意义在于,如果某一随机过程具备各态历经性,就可以利用任一样本计算该平稳过程的各个数字特征。如果用电信号进行分析,$X(t)$ 的数学期望 m 就是其时间均值,也就是直流分量；$R_X(0)$ 表示信号总平均功率；σ^2 是交流平均功率。

2-17 平稳过程的自相关函数有哪些性质？它与功率谱密度的关系如何？

答：平稳随机过程相关函数的性质如下。

(1) $R(\tau)$ 是偶函数,即 $R(\tau)=R(-\tau)$。

(2) $|R(\tau)|\leqslant R(0)$。

(3) $R(\tau)$ 与协方差函数、数学期望、方差的关系为

$$C(\tau)=E\{[X(t)-m][X(t+\tau)-m]\}=R(\tau)-m^2$$

$P(\omega)$ 和 $R(\tau)$ 为傅里叶变换对,即

$$R(\tau)=\frac{1}{2\pi}\int_{-\infty}^{\infty}P(\omega)\mathrm{e}^{\mathrm{j}\omega\tau}\,\mathrm{d}\omega,\quad P(\omega)=\int_{-\infty}^{\infty}R(\tau)\mathrm{e}^{-\mathrm{j}\omega\tau}\,\mathrm{d}\tau$$

2-18 根据噪声的性质来分类,噪声可以分为哪几类？

答：如果根据噪声的来源对它进行分类,大体可以分为人为噪声和自然噪声等；在通信中,如果按噪声的不同特性分类,可以分为脉冲型噪声和连续型噪声；如果按对信号作用的方式不同,可分为加性噪声和乘性噪声；如果按噪声概率分布的不同,可分为高斯型和非高斯型；如果按噪声功率谱密度形状不同,可分为白噪声和有色噪声；等等。

2-19 什么是高斯型白噪声？它的概率密度函数、功率谱密度函数如何表示？

答：当噪声的概率密度函数满足正态分布统计特性,同时它的功率谱密度函数是常数时,这类噪声被称为高斯白噪声。其概率密度函数可以表示为

$$f_n(x_1,x_2,\cdots,x_n;\,t_1,t_2,\cdots,t_n)$$
$$=\frac{1}{(2\pi)^{\frac{n}{2}}\sigma_1\sigma_2\cdots\sigma_n\,|\boldsymbol{\rho}|^{\frac{1}{2}}}\exp\left[-\frac{1}{2\,|\boldsymbol{\rho}|}\sum_{j=1}^{n}\sum_{k=1}^{n}|\boldsymbol{\rho}|_{jk}\left(\frac{x_j-m_j}{\sigma_j}\right)\left(\frac{x_k-m_k}{\sigma_k}\right)\right]$$

其中,$m_k=E\{x(t_k)\}$；$\sigma_k^2=E\{[X(t_k)-m_k]^2\}$；$|\boldsymbol{\rho}|$ 为相关系数矩阵的表达式,即

$$|\boldsymbol{\rho}| = \begin{vmatrix} 1 & \rho_{12} & \cdots & \rho_{1n} \\ \rho_{21} & 1 & \cdots & \rho_{2n} \\ \vdots & \vdots & \ddots & \vdots \\ \rho_{n1} & \rho_{n2} & \cdots & 1 \end{vmatrix}, \quad \rho_{jk} = \frac{E\{[X(t_j) - m_j][X(t_k) - m_k]\}}{\sigma_j \sigma_k}$$

其中, $|\boldsymbol{\rho}|_{jk}$ 是表达式中元素 ρ_{jk} 所对应的代数余因子。

双边功率谱密度通常被定义为

$$P_n(f) = \frac{n_0}{2} \quad (-\infty < f < \infty)$$

单功率谱密度函数为

$$P_n(f) = n_0 \quad (0 < f < \infty)$$

2-20 什么是窄带高斯噪声? 在波形上有什么特点? 其包络和相位各服从什么分布?

答: 当高斯白噪声通过以 f_c 为中心频率的窄带系统(如接收滤波器)后,所得到的噪声就是窄带高斯噪声。与载波相比,其包络和相位都在作较为缓慢的随机变化。

窄带高斯噪声的包络服从瑞利(Rayleigh)分布,相位服从均匀分布,且有

$$f(\rho, \varphi) = f(\rho)f(\varphi)$$

其中,

$$f(\rho) = \int_{-\infty}^{\infty} f(\rho, \varphi) \mathrm{d}\varphi = \int_{0}^{2\pi} \frac{\rho}{2\pi\sigma_n^2} \exp\left(-\frac{\rho^2}{2\sigma_n^2}\right) \mathrm{d}\varphi = \frac{\rho}{\sigma_n^2} \exp\left(-\frac{\rho^2}{2\sigma_n^2}\right) \quad \rho \geqslant 0$$

$$f(\varphi) = \int_{-\infty}^{\infty} f(\rho, \varphi) \mathrm{d}\rho = \int_{0}^{\infty} \frac{\rho}{2\pi\sigma_n^2} \exp\left(-\frac{\rho^2}{2\sigma_n^2}\right) \mathrm{d}\rho = \frac{1}{2\pi} \quad 0 \leqslant \varphi \leqslant 2\pi$$

也就是说,窄带高斯噪声的随机包络和随机相位是统计独立的。

2-21 窄带高斯噪声的同相分量和正交分量各具有什么样的统计特性?

答: 窄带高斯噪声的同相分量 $n_c(t)$ 和正交分量 $n_s(t)$ 有如下特性。

(1) $n_c(t)$ 和 $n_s(t)$ 都是平稳的高斯过程。

(2) 它们的均值为 0,即 $E\{n_c(t)\} = E\{n_s(t)\} = 0$;方差均为 σ_n^2,也就是 $\sigma_{n_c}^2 = \sigma_{n_s}^2 = \sigma_n^2$。

(3) $n_c(t)$ 和 $n_s(t)$ 在同一时刻的取值是线性不相关的随机变量。因为它们是高斯的,所以也是统计独立的。

2-22 正弦信号加窄带高斯噪声的合成波包络服从什么概率分布?

答: 正弦波加窄带高斯噪声的合成波包络服从广义瑞利分布,也称莱斯(Rice)分布,这个分布存在如下两种极限情况。

(1) 当信号很小时,也就是 $A \to 0$,即信号功率与噪声功率之比 $A^2/2\sigma_n^2 = r \to 0$ 时,有 $I_0(x) = 1$,这时混合信号中只存在窄带高斯噪声,即由莱斯分布退化为瑞利分布。

(2) 当信噪比 r 很大,也就是 $z \approx A$ 时,$f(z)$ 近似于高斯分布。

2-23 信道容量是如何定义的? 香农公式有何意义?

答: 假设有扰波形信道的带宽为 B,信道输出的信号功率为 S,信号在传输过程中受到加性高斯白噪声的干扰,在输出端噪声功率为 N,可以证明该信道的信道容量为

$$C = B\log_2\left(1 + \frac{S}{N}\right)$$

上式表明,当信号与作用在信道上的起伏噪声的平均功率给定后,在具有一定频带宽度

B 的信道上,理论上可以确定单位时间内可能传输的信息量的极限数值。

2-24 什么是 m 序列?

答:m 序列是指由线性反馈移位寄存器产生的,周期最长的二进制数字序列,也被称为最大长度线性反馈移位寄存器序列。

2-25 m 序列的本原多项式有什么要求?

答:假设 $f(x)$ 多项式是 1 个 n 次本原多项式,则 $f(x)$ 多项式所需要满足的条件如下。

(1) $f(x)$ 为既约的多项式,即不能分解因子的多项式。

(2) $f(x)$ 能够被 (x^p+1) 整除,其中 $p=2^n-1$。

(3) $f(x)$ 不能被 (x^q+1) 整除,其中 $q<p$。

2-26 简述 m 序列的性质。

答:m 序列的性质主要包括均衡特性、游程分布特性、移位相加特性、强自相关函数特性和伪噪声特性,其中伪噪声特性又可以进一步表示为如下。

(1) 序列中 $+$ 和 $-$ 的出现概率相等。

(2) 序列中长度为 1 的游程约占 $1/2$,长度为 2 的游程约占 $1/4$,长度为 3 的游程约占 $1/8$,$\cdots$,长度为 n 的游程约占 $1/2^n$。

(3) 由于白噪声的功率谱密度为常数,因此功率谱密度的逆傅里叶变换,即自相关函数为冲激函数 $\delta(\tau)$。当 $\tau\neq0$ 时,$\delta(\tau)=0$;仅当 $\tau=0$ 时,$\delta(\tau)$ 是个面积为 1 的脉冲。

2.5 习题详解

2-1 设某恒参信道的传递函数 $H(\omega)=K_0\mathrm{e}^{-j\omega t_d}$,$K_0$ 和 t_d 都是常数,试确定信号 $s(t)$ 通过该信道后输出信号的时域表达式,并讨论信号有无失真。

解:方法一:$H(\omega)=K_0\mathrm{e}^{-j\omega t_d}=|H(\omega)|\mathrm{e}^{j\varphi(\omega)}$,其中,$|H(\omega)|=K_0$,$\varphi(\omega)=-\omega t_d$。

由于传递函数当 K_0 和 t_d 都是常数,$t_d>0$ 时,满足如下条件。

(1) 系统的幅频特性是一个不随频率变化的常数 K_0。

(2) 系统的相频特性与频率成直线关系。

因此,可以说明信道满足无失真传输系统的条件,信号 $s(t)$ 通过该信道后不会产生失真。

方法二:对于输入信号 $s(t)$,假设其频域函数为 $S(\omega)$,则输出的频域函数为

$$Y(\omega)=H(\omega)S(\omega)=K_0S(\omega)\mathrm{e}^{-j\omega t_d}$$

对上式进行傅里叶反变换可得

$$y(t)=K_0s(t-t_0)$$

其中,K_0 是衰减(或放大)系数;t_0 是时延常数。因此,信号经过系统以后,仅出现了衰减(或放大)现象,且信号有 t_0 的时延,所以信号没有产生失真。

2-2 某恒参信道的传输函数为 $H(\omega)=(1+\cos\omega T_0)\mathrm{e}^{-j\omega t_d}$,其中,$T_0$ 和 t_d 为常数,试确定信号 $s(t)$ 通过 $H(\omega)$ 后输出信号表示式,并讨论有无失真。

解:传输函数为 $H(\omega)=(1+\cos\omega T_0)\mathrm{e}^{-j\omega t_d}$ 的幅频特性可以表示为

$$|H(\omega)|=|1+\cos\omega T_0|$$

显然当 $T_0\neq0$ 时其辐频随频率变化而变化,因此,信号 $s(t)$ 通过 $H(\omega)$ 后一定有失真。对于输入信号 $s(t)$,设其频域函数为 $S(\omega)$,则输出的频域函数为

$$Y(\omega)=H(\omega)S(\omega)=S(\omega)\mathrm{e}^{-\mathrm{j}\omega t_\mathrm{d}}+S(\omega)\frac{1}{2}(\mathrm{e}^{\mathrm{j}\omega T_0}+\mathrm{e}^{-\mathrm{j}\omega T_0})\mathrm{e}^{-\mathrm{j}\omega t_\mathrm{d}}$$

$$=S(\omega)\left[\mathrm{e}^{-\mathrm{j}\omega t_\mathrm{d}}+\frac{1}{2}\mathrm{e}^{-\mathrm{j}\omega(t_\mathrm{d}-T_0)}+\frac{1}{2}\mathrm{e}^{-\mathrm{j}\omega(t_\mathrm{d}+T_0)}\right]$$

对上式进行傅里叶反变换可以得到输出信号表示为

$$y(t)=s(t-t_\mathrm{d})+\frac{1}{2}s(t-t_\mathrm{d}+T_0)+\frac{1}{2}s(t-t_\mathrm{d}-T_0)$$

上式再次证明输出信号是信号 $s(t)$ 不同时延的叠加,因此,该恒参信道存在失真。

2-3　假设某随参信道的两径传输时延差 τ 为 $1\mu\mathrm{s}$,试问在该信道哪些频率上传输衰耗最大?选用哪些频率传输信号最有利(即增益最大,衰耗最小)?

解:由两径传输特性可知,对于不同的频率,信道的衰减不同。

(1)当 $\omega=2n\pi/\tau(n$ 为整数)时,出现传播极点,有利于信号传输。如果将 τ 设为 $1\mu\mathrm{s}$,代入 ω 的表达式可得

$$\omega=2n\pi/1\Rightarrow f=\frac{\omega}{2\pi}=n(\mathrm{MHz})$$

(2)当 $\omega=(2n+1)\pi/\tau(n$ 为整数)时,出现传输零点,不利于信号传输。如果将 τ 设为 $1\mu\mathrm{s}$,代入可得

$$\omega=(2n+1)\pi/1\Rightarrow f=\frac{\omega}{2\pi}=n+0.5(\mathrm{MHz})$$

2-4　一个均值为零的随机信号 $S(t)$,具有如图 2-9 所示的三角形功率谱。

(1)信号的平均功率为多少?

(2)计算其自相关函数。

解:(1)根据定义可知,信号的平均功率可以表示为

$$S=\int_{-\infty}^{\infty}P(f)\mathrm{d}f$$

这实际上就是图 2-9 所示的三角形所覆盖的面积,因此,信号的平均功率为

$$S=\frac{1}{2}\cdot2BK=KB$$

(2)根据定义可知,信号的功率谱与其自相关函数为傅里叶变换对,即

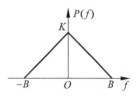

图 2-9　习题 2-4

$$R(\tau)=\frac{1}{2\pi}\int_{-\infty}^{\infty}P(\omega)\mathrm{e}^{\mathrm{j}\omega\tau}\mathrm{d}\omega,\quad P(\omega)=\int_{-\infty}^{\infty}R(\tau)\mathrm{e}^{-\mathrm{j}\omega\tau}\mathrm{d}\tau$$

查傅里叶变换表可知,宽度为 $2\tau_1$,高度为 K 的三角脉冲频谱函数为

$$f_\triangle(\tau)\leftrightarrow K\tau_1Sa^2\left(\frac{\omega\tau_1}{2}\right)$$

利用傅里叶变换对称性 $(\tau\leftrightarrow\omega\quad\tau_1\leftrightarrow2\pi\cdot B)$,图 2-9 所示的三角形功率谱,其相关函

数为

$$2\pi \cdot f_\Delta(\omega) \leftrightarrow K \cdot 2\pi \cdot B \cdot Sa^2\left(\frac{\tau \cdot 2\pi \cdot B}{2}\right)$$

化简后得

$$f_\Delta(\omega) \leftrightarrow R(\tau) = KB \cdot Sa^2\left(\frac{\tau \cdot 2\pi \cdot B}{2}\right) = KB \cdot Sa^2(\pi B\tau)$$

如果记不住三角形傅里叶变换,也可以认为三角形的功率谱是由两个门函数卷积得到的,然后根据傅里叶变换频域卷积定理,同样可以得到相应的结果。

2-5 频带有限的白噪声 $n(t)$,具有功率谱 $P_n(f)=10^{-6}\,\mathrm{V}^2/\mathrm{Hz}$,其频率范围为 $-100\sim$ $100\mathrm{kHz}$。

(1) 试证噪声的均方根值约为 $0.45\mathrm{V}$。

(2) 求 $R_n(\tau)$、$n(t)$ 和 $n(t+\tau)$ 在什么间距上不相关?

(3) 设 $n(t)$ 是服从高斯分布的,试求在任一时刻 t,$n(t)$ 超过 $0.45\mathrm{V}$ 的概率。

解:(1) 根据题意可得

$$S = \sigma^2 = \int_{-\infty}^{\infty} P_n(f)\mathrm{d}f = 10^{-6} \cdot (10^5 + 10^5) = 0.2\mathrm{V}^2$$

所以 $\sigma = 0.45\mathrm{V}$。

(2) 根据定义可知,信号的功率谱与其自相关函数为傅里叶变换对,即

$$R(\tau) = \frac{1}{2\pi}\int_{-\infty}^{\infty} P_n(f)\mathrm{e}^{j\omega\tau}\mathrm{d}\omega$$

其中,$P_n(f)$ 为一门函数,其高度为 $P_n(f)=10^{-6}\,\mathrm{V}^2/\mathrm{Hz}$,宽度为 $200\mathrm{kHz}$,其傅里叶变换为

$$P_n(\omega) \leftrightarrow R(\tau) = \frac{1}{2\pi} \cdot 10^{-6} \cdot 2\pi \cdot 2 \cdot 10^5 \cdot Sa\left(\frac{2\pi \cdot 2 \cdot 10^5 \tau}{2}\right) = 0.2Sa(2\pi \cdot 10^5 \tau)$$

因此,当 $\tau = \dfrac{n}{2\times10^5}$($n$ 取不为 0 的整数)时,也就是 $\tau=5n\,(\mu s)$ 时,$n(t)$ 和 $n(t+\tau)$ 不相关。

(3) $n(t)$ 是服从高斯分布的,则其概率密度函数可以写为

$$f(x) = \frac{1}{\sqrt{2\pi}\sigma}\exp\left(-\frac{x^2}{2\sigma^2}\right)$$

工程中常用的描述方式为:小于 σ、2σ 和 3σ 的概率分别是 68.27%、95.45% 和 99.73%,因为 $n(t)$ 超过 $0.45\mathrm{V}$ 的概率实际上也就是幅度超过 1 个 σ 的概率,因此,可以通过计算得

$$P_1 = P\{X > 0.45\} = \int_{0.45}^{\infty} f(x)\mathrm{d}x = \int_{\sigma}^{\infty} f(x)\mathrm{d}x = \frac{1}{2}(1 - 0.6826) = 0.1587 = 15.87\%$$

2-6 已知噪声 $n(t)$ 的自相关函数 $R(\tau) = \dfrac{a}{2}\mathrm{e}^{-a|\tau|}$,$a$ 为常数。

(1) 计算功率谱密度。

(2) 绘制自相关函数及功率谱密度的图形。

解:(1) 根据题意可知,信号的功率谱密度与其自相关函数为傅里叶变换对,即 $R(\tau) \leftrightarrow$ $P(\omega)$,则 $R(\tau) = \dfrac{a}{2}\mathrm{e}^{-a|\tau|} \leftrightarrow P(\omega) = \dfrac{a^2}{a^2+\omega^2}$。

（2）基于上述计算，自相关函数及谱密度如图 2-10 所示。

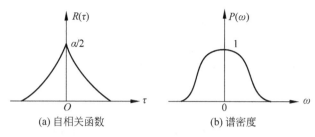

(a) 自相关函数　　　　　(b) 谱密度

图 2-10　自相关函数及谱密度

2-7　将一个均值为 0、功率谱密度为 $n_0/2$ 的高斯白噪声加到一个中心角频率为 ω_c，带宽为 B 的理想带通滤波器上，如图 2-11 所示。

（1）求滤波器输出噪声的自相关函数。

（2）写出输出噪声的一维概率密度函数。

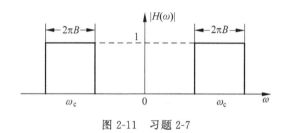

图 2-11　习题 2-7

解：将高斯白噪声加到一个理想带通滤波器上，输出是一个窄带高斯噪声，其功率谱密度为

$$P_0(\omega)=\frac{n_0}{2}\mid H(\omega)\mid^2=\begin{cases}\dfrac{n_0}{2}, & \omega_c-\pi B\leqslant\mid\omega\mid\leqslant\omega_c+\pi B\\ 0, & \text{其他}\end{cases}$$

上式相当于：

$$P_0(\omega)=\frac{n_0}{2}g_{2\pi B}(\omega)*[\delta(\omega-\omega_c)+\delta(\omega+\omega_c)]$$

（1）信号的功率谱密度与其自相关函数为傅里叶变换对，再利用频域卷积定理，即

$$R(\tau)=2\pi F^{-1}\left[\frac{n_0}{2}g_{2\pi B}(\omega)\right]F^{-1}[\delta(\omega-\omega_c)+\delta(\omega+\omega_c)]$$

$$=2\pi\frac{n_0}{2}\frac{1}{2\pi}2\pi BSa\left[\frac{\tau\cdot2\pi B}{2}\right]\frac{1}{\pi}\cos(\omega_c\tau)=n_0BSa[\pi B\tau]\cos(\omega_c\tau)$$

（2）因为高斯过程经过线性系统仍为高斯过程，所以高斯过程由它的均值和方差就可以确定。已知输出噪声的均值为 0，方差为 $\sigma^2=n_0B$，故输出噪声的一维概率密度函数为

$$f(x)=\frac{1}{\sqrt{2\pi n_0B}}\exp\left(-\frac{x^2}{2n_0B}\right)$$

2-8　已知高斯信道的带宽为 4kHz，信噪比为 63，试确定这种理想通信系统的极限传输速率。

解：根据香农公式可得

$$C = B\log_2\left(1 + \frac{S}{N}\right) = 4\log_2(1+63) = 24(\text{kb/s})$$

2-9 已知有线电话信道的传输带宽为 3.4kHz。

（1）试求信道输出信噪比为 30dB 时的信道容量。

（2）若要求在该信道中传输 33.6kb/s 的数据，试求接收端要求的最小信噪比为多少？

解：根据香农公式可得

（1）$C = 3.4\log_2(1+1000) = 3.4\log_2(1001) = 33.89 \approx 34(\text{kb/s})$。

（2）$\dfrac{S}{N} = 2^{\frac{C}{B}} - 1 = 942.81$ 或者 29.74dB。

2-10 有 6.5MHz 带宽的高斯信道，若信道中信号功率与噪声功率谱密度之比为 45.5MHz，试求其信道容量。

解：根据香农公式可得信道容量为

$$C_t = B\log_2\left(1 + \frac{S}{n_0 B}\right) = 6.5 \times 10^6 \log_2\left(1 + \frac{45.5}{6.5}\right) = 19.5(\text{Mb/s})$$

2-11 黑白电视图像每幅由 3×10^5 像素组成，每像素有 16 个等概率出现的亮度等级，要求每秒传输 30 帧图像。若信道输出 $S/N = 30\text{dB}$，计算传输该黑白电视图像所要求的信道的最小带宽。

解：根据题意可得每幅图像所包含的信息量为

$$I = 3\times10^5 \times \log_2 16 = 1.2 \times 10^6 (\text{b/ 画面})$$

信息传输速率为

$$C = I \times 30 = 3.6 \times 10^7 (\text{b/s})$$

当 $S/N = 30\text{dB}$ 时，可得

$$30 = 10\lg S/N \Rightarrow S/N = 1000$$

根据香农公式，即

$$C = B\log_2(1 + S/N)$$

进而，

$$B = \frac{C}{\log_2(1+S/N)} = \frac{3.6\times10^7}{\log_2(1001)} = 3.61 \times 10^6 (\text{Hz})$$

第3章
CHAPTER 3

模拟调制系统

3.1 基本要求

内　　容	学习要求			备　　注
	了解	理解	掌握	
1. 线性调制原理 *				结合实践分析
（1）常规双边带调幅			√	AM 收音机
（2）抑制载波的双边带调幅			√	效率上考虑
（3）单边带调制△		√		问题的引出
（4）残留边带调制△		√		注意分析思路
2. 线性调制系统的抗噪声性能 *				
（1）性能分析模型△			√	注意与模型的关系
（2）相干解调性能分析		√		输出信噪比的计算
（3）非相干解调性能分析	√			大小信号分析
3. 非线性调制原理 *				
（1）角度调制的基本概念△			√	应用数学工具分析
（2）窄带角度调制		√		理解"窄带"的概念
（3）宽带调频		√		带宽的定义
（4）调制与解调		√		与 AM 解调进行比较
4. 调频系统的抗噪声性能				输出噪声功率计算
（1）性能分析模型 *			√	微分器对噪声的影响
（2）系统性能参数计算△		√		注意结论分析
（3）小信噪比情况与门限效应	√			结合实际
（4）加重技术	√			预加重与去加重
5. 各种模拟调制系统的比较		√		全维度
6. 频分复用		√		有线电视

3.2 核心内容

1. 线性调制原理

线性调制　已调信号的频谱和调制信号的频谱之间满足线性搬移关系,有时也称这种调制为幅度调制。常规的线性调制包括常规双边带调幅（AM）、抑制载波双边带调幅（DSB）、单边带调制（SSB）和残留边带调制（VSB）信号等。

常规双边带调幅（AM） 已调信号的包络与调制信号呈线性对应关系。

AM 信号表述 时域表述为

$$s_{AM}(t) = [A_0 + m(t)]\cos\omega_c t = A_0\cos\omega_c t + m(t)\cos\omega_c t \tag{3-1}$$

其中，A_0 为外加的直流分量；$m(t)$ 是调制信号。对应频域表述为

$$S_{AM}(\omega) = \pi A_0[\delta(\omega+\omega_c)+\delta(\omega-\omega_c)] + \frac{1}{2}[M(\omega+\omega_c)+M(\omega-\omega_c)] \tag{3-2}$$

对应时域和频域波形如图 3-1 所示。

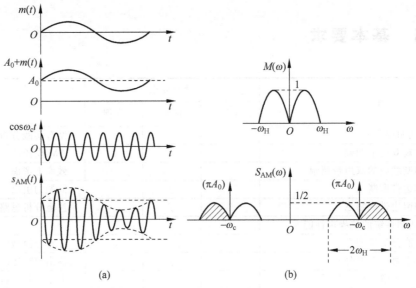

图 3-1 AM 信号的波形和频谱示意图

调幅指数 如果 AM 调制信号为单频信号时，设调制信号为

$$m(t) = A_m\cos\omega_m t \tag{3-3}$$

则

$$s_{AM}(t) = [A_0 + A_m\cos\omega_m t]\cos\omega_c t = A_0[1+\beta\cos\omega_m t]\cos\omega_c t \tag{3-4}$$

其中，β 为调幅指数，也叫作调幅度。通常调幅指数的数值介于 0～1。因此当 $\beta>1$ 时称为过调幅，当 $\beta=1$ 时称为满调幅（临界调幅）。

带宽、功率与效率 从图 3-1 可以看到，AM 信号为基带信号带宽的 2 倍，即

$$B_{AM} = 2B_m = 2f_H \tag{3-5}$$

平均功率包括载波功率和边带功率两部分，具体表示为

$$P_{AM} = A_0^2/2 + \overline{m^2(t)}/2 = P_c + P_s \tag{3-6}$$

由于只有边带功率分量才与调制信号有关，而载波功率分量不携带信息，因此调制效率可以写为

$$\eta_{AM} = \frac{P_s}{P_{AM}} = \frac{\overline{m^2(t)}}{A_0^2 + \overline{m^2(t)}} \tag{3-7}$$

AM 信号产生 原理图可以直接由式（3-1）得到，由于存在两种等价的数学描述方法，因此其实现方法也有两种，如图 3-2 所示。

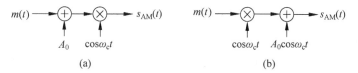

图 3-2 AM 调制原理示意图

AM 相干解调 有时也称为同步检波。跟调制一样，相干解调也是频谱搬移，利用乘法器将已调信号的频谱搬回到原点位置，具体实现电路如图 3-3 所示。

其中，乘法器输出为

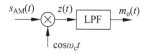

图 3-3 相干解调原理框图

$$z(t) = s_{AM}(t)\cos\omega_c t = [A_0 + m(t)]\cos^2\omega_c t$$
$$= \frac{1}{2}[A_0 + m(t)] + \frac{1}{2}[A_0 + m(t)]\cos 2\omega_c t \tag{3-8}$$

信号经过低通滤波器、去直流以后就可以得到调制信号 $m(t)$。

AM 包络检波 属于非相干解调法方法之一，其特点是解调电路简单，特别是接收端不需要与发送端同频同相位的载波信号，这样就大大降低实现难度和成本。因此，几乎所有的调幅（AM）式接收机都采用这种电路。

抑制载波的双边带调幅（DSB） 输出的已调信号为无载波分量的双边带调制信号，简称双边带（DSB）信号。

DSB 信号表述 时域和频域分别为

$$s_{DSB}(t) = m(t)\cos\omega_c t \tag{3-9}$$

$$S_{DSB}(\omega) = \frac{1}{2}[M(\omega + \omega_c) + M(\omega - \omega_c)] \tag{3-10}$$

DSB 信号对应的时域和频域波形如图 3-4 所示。

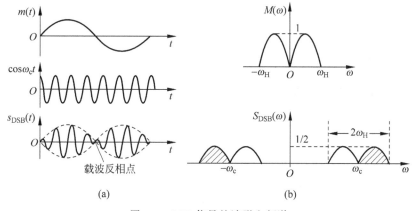

图 3-4 DSB 信号的波形和频谱

带宽、功率与效率 DSB 信号是不带载波的双边带信号，因此，它的带宽与 AM 信号相同，可以表示为

$$B_{AM} = 2B_m = 2f_H \tag{3-11}$$

DSB 信号的功率等于边带功率,即

$$P_{DSB} = P_s = \frac{1}{2}\overline{m^2(t)} \tag{3-12}$$

显然,DSB 信号的调制效率为 100%。

DSB 调制　DSB 信号的产生可以由式(3-9)得到,实质上就是基带信号与载波相乘。

DSB 解调　只能采用相干解调,其模型与 AM 信号相干解调时完全相同,如图 3-3 所示。此时,乘法器输出为

$$z(t) = s_{DSB}(t)\cos\omega_c t = m(t)\cos^2\omega_c t = \frac{1}{2}m(t) + \frac{1}{2}m(t)\cos2\omega_c t \tag{3-13}$$

信号经过低通滤波器以后就可以得到调制信号 $m(t)$。

单边带调制(SSB)　通信时仅传输 DSB 信号的上、下两个边带当中任意一个边带的调制过程。

SSB 带宽和功率　由于 SSB 信号的频谱是 DSB 信号频谱的一个边带,因此其带宽为 DSB 信号的一半,即

$$B_{SSB} = \frac{1}{2}B_{DSB} = B_m = f_H \tag{3-14}$$

SSB 信号的功率也是 DSB 信号的一半,即

$$P_{SSB} = \frac{1}{2}P_{DSB} = \frac{1}{4}\overline{m^2(t)} \tag{3-15}$$

显然,SSB 调制的效率也为 100%。

滤波法产生 SSB 信号　用滤波法实现单边带调制的原理如图 3-5 所示,图中的 $H_{SSB}(\omega)$ 为单边带滤波器。

单边带滤波器与对应的 SSB 频谱关系如图 3-6 和图 3-7 所示。

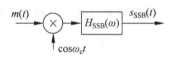

图 3-5　SSB 信号的滤波法产生示意图

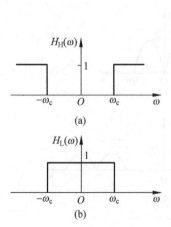

图 3-6　SSB 信号的滤波器

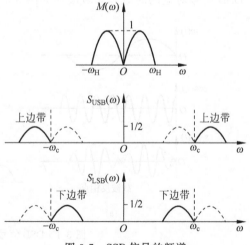

图 3-7　SSB 信号的频谱

通常从工程上讲,单边带滤波器过渡带 α 与载频 f_c 需要满足的关系为

$$f_c \leqslant \frac{2\alpha}{0.01} \tag{3-16}$$

相移法产生 SSB 信号 可以证明:对于任意调制信号,其单边带调制的时域表示式为

$$s_{SSB}(t)=\frac{A}{2}m(t)\cos\omega_c t \mp \frac{A}{2}\hat{m}(t)\sin\omega_c t \tag{3-17}$$

其中,"−"对应上边带信号;"+"对应下边带信号;$\hat{m}(t)$表示把 $m(t)$的所有频率成分均相移 $\pi/2$,称 $\hat{m}(t)$是 $m(t)$的希尔伯特变换。根据式(3-17)可得到用相移法形成 SSB 信号的一般模型,如图 3-8 所示。

SSB 信号的解调 需采用相干解调,如图 3-9 所示。

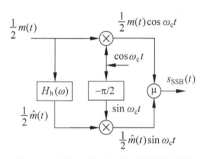

图 3-8 相移法形成 SSB 信号的模型

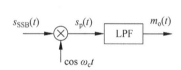

图 3-9 SSB 信号的相干解调原理示意图

经低通滤波后的解调输出为

$$m_o(t)=\frac{1}{4}m(t) \tag{3-18}$$

残留边带调制(VSB) 介于单边带调制与双边带调制之间的一种调制方式,它既克服了 DSB 信号占用频带宽的问题,又解决了单边带滤波器因过于陡峭,而不易实现的难题。其解调方式通常采用相干解调。

VSB 调制原理 采用滤波法实现的框图,如图 3-10 所示。

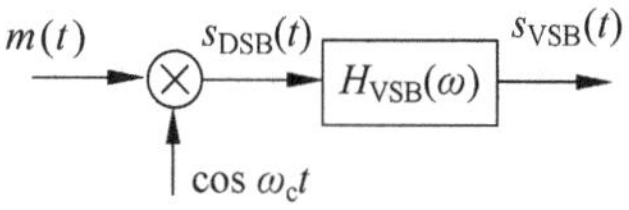

图 3-10 VSB 信号的滤波法产生原理示意图

VSB 的频域表达式为

$$\begin{aligned}S_{VSB}(\omega)&=S_{DSB}(\omega)H_{VSB}(\omega)\\&=\frac{1}{2}[M(\omega-\omega_c)+M(\omega+\omega_c)]H_{VSB}(\omega)\end{aligned} \tag{3-19}$$

残留边带滤波器 残留边带滤波器的约束条件为

$$H_{VSB}(\omega+\omega_c)+H_{VSB}(\omega-\omega_c)=k(\text{常数}) \quad |\omega|\leqslant\omega_H \tag{3-20}$$

其频域的几何意义就是互补对称特性,具体如图 3-11 所示。

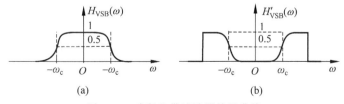

图 3-11 残留边带滤波器特性曲线

VSB 信号带宽和功率　二者均介于单边带和双边带之间：

$$B_{SSB} \leqslant B_{VSB} \leqslant B_{DSB} \tag{3-21}$$

$$P_{SSB} \leqslant P_{VSB} \leqslant P_{DSB} \tag{3-22}$$

2. 线性调制系统的抗噪声性能

抗噪声性能分析　通信系统都受到噪声的影响，抗噪声性能分析实际上就是对模拟通信系统的可靠性进行分析。

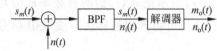

图 3-12　抗噪声性能的分析模型

性能分析模型　为了简化所讨论的问题，在分析系统性能时，可以认为信道中的噪声是加性噪声。为此，可以得到如图 3-12 所示的解调器抗噪声性能的分析模型。

窄带高斯噪声 $n_i(t)$　高斯白噪声经过带宽为 B 的带通滤波器后，就变为窄带高斯噪声，可表示为

$$n_i(t) = n_c(t)\cos\omega_c t - n_s(t)\sin\omega_c t \tag{3-23}$$

可以证明，窄带高斯噪声 $n_i(t)$ 的同相分量 $n_c(t)$ 和正交分量 $n_s(t)$ 均为高斯随机过程，它们的均值和方差（平均功率）分别为

$$\overline{n_c(t)} = \overline{n_s(t)} = \overline{n_i(t)} = 0 \tag{3-24}$$

$$\overline{n_c^2(t)} = \overline{n_s^2(t)} = \overline{n_i^2(t)} = N_i \tag{3-25}$$

$$N_i = n_0 B \tag{3-26}$$

信噪比增益　为了比较不同调制方式下解调器的抗噪性能，人们通常用信噪比增益表示系统性能，其定义为

$$G = \frac{S_o/N_o}{S_i/N_i} \tag{3-27}$$

相干解调性能分析模型　将图 3-12 中解调器确定为相干解调器时，就得到其模型形式，具体形式如图 3-13 所示。

DSB 系统的性能　调制制度增益为 2，说明 DSB 信号的解调器使信噪比改善了一倍。这是因为采用同步解调，抑制了噪声中的正交分量，从而使噪声功率减半。

AM 系统的性能　调制制度增益可以表示为

$$G_{AM} = \frac{S_o/N_o}{S_i/N_i} = \frac{2\overline{m^2(t)}}{A_0^2 + \overline{m^2(t)}} \tag{3-28}$$

如果采用百分之百调制，则此时调制制度增益为 2/3。

SSB 系统的性能　调制制度增益为 1，但不能说明 SSB 性能比 DSB 差。实际上，在相同噪声背景和相同输入信号功率的条件下，DSB 和 SSB 在解调器输出端的信噪比是相等的。

非相干解调性能分析模型　在线性调制系统中，AM 通常采用包络检波解调方式，其具体形式如图 3-14 所示。

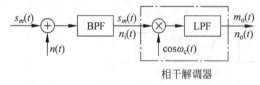

图 3-13　线性调制相干解调的性能分析模型

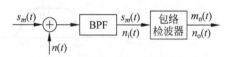

图 3-14　包络检波的抗噪性能分析模型

大信噪比时非相干解调性能 可得调制制度增益为

$$G_{AM} = \frac{S_o/N_o}{S_i/N_i} = \frac{2\overline{m^2(t)}}{A_0^2 + \overline{m^2(t)}} \tag{3-29}$$

可以发现式(3-28)和式(3-29)完全相同,这说明对于 AM 调制系统,在大信噪比时,采用包络检波时的性能与相干解调时的性能几乎完全一样。由于非相关解调方法简单,因此被广泛应用。

小信噪比时非相干解调性能 随着信噪比的减小,包络检波器将在一个特定输入信噪比值上出现门限效应。一旦出现门限效应,解调器的输出信噪比将急剧下降,系统将无法正常工作。

门限效应 在非相干解调时,当输入信噪比下降,输出信噪比不是按比例随着输入信噪比下降,而是急剧恶化。通常把这种现象称为门限效应,开始出现门限效应的输入信噪比称为门限值。但是,当使用同步检测的方法解调各种线性调制信号时,由于解调过程可视为信号与噪声分别解调,故解调器输出端总是单独存在有用信号,因而同步解调器不存在门限效应。

3. 非线性调制原理

非线性调制 已调信号频谱不再是调制信号频谱的线性搬移,而是频谱的非线性变换,在这个变换过程中会产生新的频率成分。角度调制是典型的非线性调制,主要包括频率调制(FM)和相位调制(PM)。

角度调制的表达式 一般表达式为

$$s_m(t) = A\cos[\omega_c t + \varphi(t)] \tag{3-30}$$

其中,$[\omega_c t + \varphi(t)]$ 是信号的瞬时相位,$\varphi(t)$ 称为瞬时相位偏移;$d[\omega_c t + \varphi(t)]/dt$ 为信号的瞬时角频率;$d\varphi(t)/dt$ 为信号相对于角载频 ω_c 的瞬时角频偏。

相位调制(PM) 瞬时相位偏移 $\varphi(t)$ 随基带信号 $m(t)$ 线性变化的调制方式可表示为

$$s_{PM}(t) = A\cos[\omega_c t + K_P m(t)] \tag{3-31}$$

频率调制(FM) 瞬时角频率偏移 $d\varphi(t)/dt$ 随基带信号 $m(t)$ 线性变化的调制方式可表示为

$$s_{FM}(t) = A\cos\left[\omega_c t + K_F \int_{-\infty}^{t} m(\tau)d\tau\right] \tag{3-32}$$

单音的 FM 和 PM 根据式(3-31)和式(3-32)可得单音 PM 的表达式为

$$s_p(t) = A\cos(\omega_c t + K_P A_m\cos\omega_m t) = A\cos(\omega_c t + m_p\cos\omega_m t) \tag{3-33}$$

单音 FM 的表达式为

$$s_F(t) = A\cos\left(\omega_c t + K_F A_m\int_{-\infty}^{t}\cos\omega_m\tau d\tau\right) = A\cos(\omega_c t + m_f\sin\omega_m t) \tag{3-34}$$

其中,$m_p = K_P A_m$ 为调相指数;m_f 为调频指数。

FM 与 PM 之间的关系 由于角频率和相位之间存在微分与积分的关系,因此 FM 与PM 之间是可以相互转换的,分别如图 3-15 和图 3-16 所示。

图 3-15(b)所示的产生调相信号的方法称为**间接调相法**,图 3-16(b)所示的产生调频信号的方法称为**间接调频法**。相对而言,图 3-15(a)所示的产生调相信号的方法称为**直接调相法**,图 3-16(a)所示的产生调频信号的方法称为**直接调频法**。从以上分析可见,调频与调相并无本质区别,两者之间可以互换。鉴于在实际应用中多采用 FM 信号,在讨论角度调制时

通常以频率调制为例。

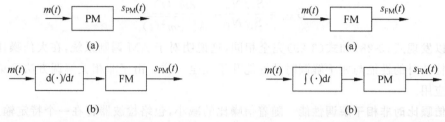

图 3-15 直接调相和间接调相原理示意图   图 3-16 直接调频和间接调频原理示意图

窄带角度调制　在角度调制时,如果最大相位偏移小于 $\pi/6$,则称其为窄带角度调制。对应窄带调相(NBPM)可以表示为

$$s_{\mathrm{NBPM}}(t) \approx \cos\omega_c t - K_{\mathrm{P}} m(t) \sin\omega_c t \tag{3-35}$$

窄带调频(NBFM)可以表示为

$$s_{\mathrm{NBFM}}(t) \approx \cos\omega_c t - \left[K_{\mathrm{F}} \int_{-\infty}^{t} m(\tau)\,\mathrm{d}\tau \right] \sin\omega_c t \tag{3-36}$$

频谱和带宽　NBFM 信号的频域表达式与 AM 的频域表达式很类似,可以表示为

$$S_{\mathrm{NBFM}}(\omega) = \pi\left[\delta(\omega+\omega_c) + \delta(\omega-\omega_c)\right] + \frac{K_{\mathrm{F}}}{2}\left[\frac{M(\omega+\omega_c)}{\omega+\omega_c} - \frac{M(\omega-\omega_c)}{\omega-\omega_c}\right] \tag{3-37}$$

对应带宽为

$$B_{\mathrm{NBFM}} = B_{\mathrm{AM}} = 2B_m = 2f_{\mathrm{H}} \tag{3-38}$$

宽带调频(WBFM)的信号描述　设单频调制信号为 $m(t) = A_m \cos\omega_m t$,则时域描述为

$$s_{\mathrm{FM}}(t) = A\cos\left[\omega_c t + K_{\mathrm{F}} \int_{-\infty}^{t} m(\tau)\,\mathrm{d}\tau\right] = A\cos(\omega_c t + m_f \sin\omega_m t) \tag{3-39}$$

频域描述为

$$S_{\mathrm{FM}}(\omega) = \pi A \sum_{n=-\infty}^{\infty} J_n(m_f)\left[\delta(\omega-\omega_c-n\omega_m) + \delta(\omega+\omega_c+n\omega_m)\right] \tag{3-40}$$

带宽分析　调频波频带宽度的计算采用通用卡森(Carson)公式来表示:

$$B_{\mathrm{FM}} = 2(m_f+1)f_m = 2(\Delta f + f_m) \tag{3-41}$$

对于窄带调频和宽带调频,可以表示为

$$B_{\mathrm{FM}} \approx 2f_m \text{(NBFM)}, \quad B_{\mathrm{FM}} \approx 2\Delta f \text{(WBFM)} \tag{3-42}$$

FM 信号的直接法产生　利用调制信号直接控制振荡器的频率,使其按调制信号的规律线性变化。压控振荡器(VCO)的输出频率正比于所加的控制电压。

FM 信号的间接法产生　先对调制信号积分,再对载波进行相位调制,从而产生调频信号。由于这样只能获得窄带调频信号,为了获得宽带调频信号,可利用倍频器再把 NBFM 信号变换成 WBFM 信号,其原理框图如图 3-17 所示。

图 3-17 间接调频原理框图

FM 的非相干解调　利用微分器与包络检波器级联构成的鉴频器如图 3-18 所示。

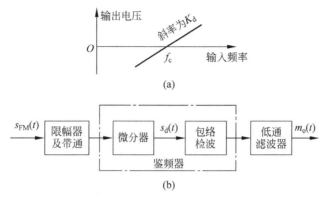

(a)

(b)

图 3-18　理想鉴频特性及调频信号的非相干解调原理框图

FM 的相干解调　由于窄带调频信号可分解成正交分量与同相分量之和,因而可以采用线性调制中的相干解调法进行解调,其原理如图 3-19 所示。

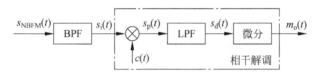

图 3-19　窄带调频信号的相干解调原理框图

4. 调频系统的抗噪声性能

性能分析模型　为了简化所讨论问题,在分析系统性能时,通常认为信道中的噪声是加性噪声,因此可以得到如图 3-20 所示解调器抗噪性能的分析模型。

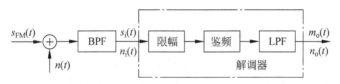

图 3-20　调频系统抗噪性能分析模型

输入信噪比　可以表示为

$$\frac{S_i}{N_i} = \frac{A^2}{2n_0 B_{FM}} \tag{3-43}$$

其中,$B_{FM} = 2(m_f + 1)f_m = 2(\Delta f + f_m)$。

输出信噪比　在大输入信噪比情况下,信号和噪声间的相互影响可以忽略不计,即计算输出信号时可以假设噪声为零,而计算输出噪声时可以假设调制信号 $m(t)$ 为零。经过推导,解调器的输出信噪比为

$$\frac{S_o}{N_o} = \frac{3A^2 K_F^2 \overline{m^2(t)}}{8\pi^2 n_0 f_m^3} \tag{3-44}$$

调制制度增益　经推导,解调器调制制度增益为

$$G_{FM} = \frac{S_o/N_o}{S_i/N_i} = \frac{3}{2}m_f^2 \frac{B_{FM}}{f_m} \tag{3-45}$$

在宽带调频时,信号带宽为 $B_{FM} = 2(m_f+1)f_m = 2(\Delta f+f_m)$,代入式(3-45)可得

$$G_{FM} = 3m_f^2(m_f+1) \approx 3m_f^3 \tag{3-46}$$

小信噪比情况与门限效应 当输入信噪比较小,且噪声的随机相位在(0～2π)范围内随机变化时,信号与噪声的合成矢量的矢量相位 $\varphi(t)$ 围绕原点做(0～2π)范围内的变化,解调器输出几乎完全由噪声决定,因而输出信噪比急剧下降。这种情况与常规调幅包络检波时相似,称为门限效应。出现门限效应时对应的输入信噪比的值称为门限值。

加重技术 从鉴频器输出噪声功率谱密度可以看出,其变化随频率 f 呈抛物线形状增大。进而造成高频端的输出信噪比明显下降,这对解调信号质量带来很大的影响,甚至会出现门限效应。为了改善调频解调器的输出信噪比,针对鉴频器输出噪声谱呈抛物线形状这个特点,在调频系统中采用了加重技术,包括"预加重"和"去加重"措施。其设计思想是保持输出信号不变的前提下,有效降低输出噪声,以达到提高输出信噪比的目的。

5. 各种模拟调制系统的比较

频带利用率比较 就频带利用率而言,SSB 最好,VSB 与 SSB 接近,DSB、AM、NBFM 次之,WBFM 最差。

抗噪性能比较 就抗噪性能而言,WBFM 最好,DSB、SSB、VSB 次之,AM 最差。

特点比较 AM 调制的优点是接收设备简单;缺点是功率利用率低,抗干扰能力差。DSB 调制的优点是功率利用率高,且带宽与 AM 相同;缺点是接收要求同步解调,设备较复杂。SSB 调制的优点是功率利用率和频带利用率都较高,抗干扰能力和抗选择性衰落能力均优于 AM,而带宽是 AM 的一半;缺点是发送设备和接收设备都较复杂。VSB 的抗噪声性能和频带利用率与 SSB 相当。FM 波的幅度恒定不变,这使它对非线性器件不甚敏感,给 FM 带来了抗快衰落能力。利用自动增益控制和带通限幅还可以消除快衰落造成的幅度变化效应。宽带 FM 的抗干扰能力强,可以实现带宽与信噪比的互换。

主要应用 AM 主要用在中波和短波的调幅广播中;DSB 应用较少,一般只用于点对点的专用通信;SSB 常用于频分多路复用系统中;VSB 在电视广播等系统中得到了广泛应用;宽带 FM 不仅应用于调频立体声广播,还广泛应用于长距离高质量的通信系统中,如卫星通信、超短波对空通信等。宽带 FM 的缺点是频带利用率低,存在门限效应,因此在接收信号弱、干扰大的情况下宜采用窄带 FM,这就是小型通信机常采用窄带调频的原因。

6. 频分复用

多路复用通信方式 在一个信道上同时传输多个话音信号的技术,有时也将这种技术简称为复用技术。复用技术有多种工作方式,如频分复用(FDM)、时分复用(TDM)和码分复用(CDM)等。

频分复用 将所给的信道带宽分割成互不重叠的许多小区间,每个小区间能顺利通过一路信号,在一般情况下可以通过正弦波调制的方法实现频分复用。频分复用的多路信号在频率上不会重叠,但在时间上是重叠的。

时分复用 将连续信号在时间上进行离散处理,也就是抽样(采样),当抽样脉冲占据较短时间时,在抽样脉冲之间就留出了时间空隙,利用这种空隙便可以传输其他信号的抽样值。因此,这就有可能沿一条信道同时传送若干基带信号。

3.3 知识体系

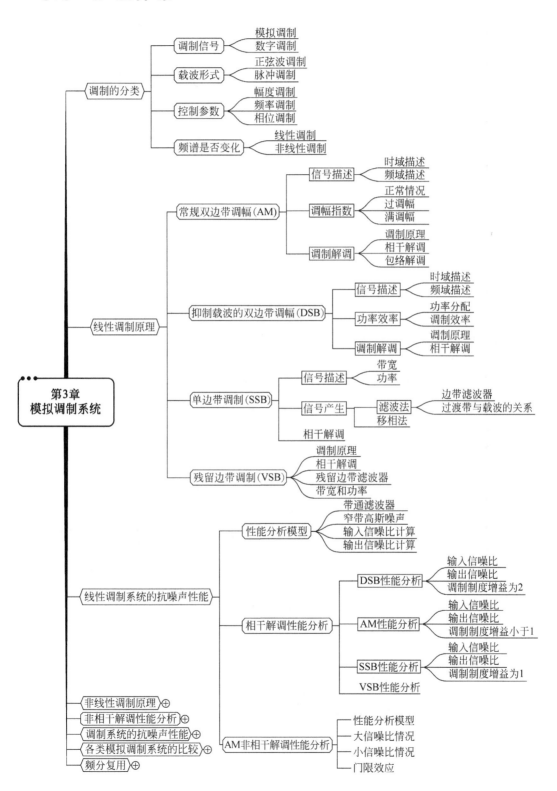

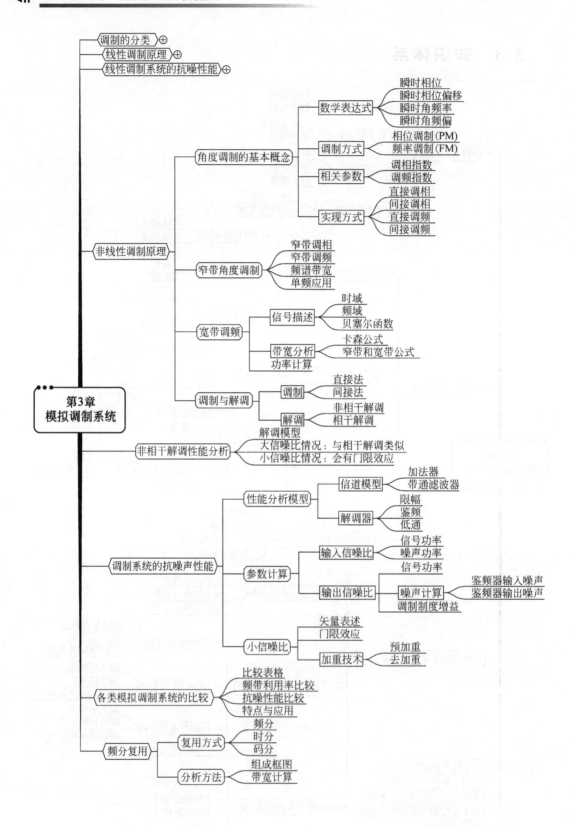

- 调制的分类 ⊕
- 线性调制原理 ⊕
- 线性调制系统的抗噪性能 ⊕

第3章 模拟调制系统

- 非线性调制原理
  - 角度调制的基本概念
    - 数学表达式
      - 瞬时相位
      - 瞬时相位偏移
      - 瞬时角频率
      - 瞬时角频偏
    - 调制方式
      - 相位调制(PM)
      - 频率调制(FM)
    - 相关参数
      - 调相指数
      - 调频指数
    - 实现方式
      - 直接调相
      - 间接调相
      - 直接调频
      - 间接调频
  - 窄带角度调制
    - 窄带调相
    - 窄带调频
    - 频谱带宽
    - 单频应用
  - 宽带调频
    - 信号描述
      - 时域
      - 频域
      - 贝塞尔函数
    - 带宽分析
      - 卡森公式
      - 窄带和宽带公式
    - 功率计算
  - 调制与解调
    - 调制
      - 直接法
      - 间接法
    - 解调
      - 非相干解调
      - 相干解调
- 非相干解调性能分析
  - 解调模型
  - 大信噪比情况: 与相干解调类似
  - 小信噪比情况: 会有门限效应
- 调制系统的抗噪声性能
  - 性能分析模型
    - 信道模型
      - 加法器
      - 带通滤波器
    - 解调器
      - 限幅
      - 鉴频
      - 低通
  - 参数计算
    - 输入信噪比
      - 信号功率
      - 噪声功率
    - 输出信噪比
      - 信号功率
      - 噪声计算
        - 鉴频器输入噪声
        - 鉴频器输出噪声
      - 调制制度增益
  - 小信噪比
    - 矢量表述
    - 门限效应
    - 加重技术
      - 预加重
      - 去加重
- 各类模拟调制系统的比较
  - 比较表格
  - 频带利用率比较
  - 抗噪性能比较
  - 特点与应用
- 频分复用
  - 复用方式
    - 频分
    - 时分
    - 码分
  - 分析方法
    - 组成框图
    - 带宽计算

3.4　思考题解答

3-1　调制如何进行分类？

答：根据调制信号形式的不同,调制可分为模拟调制和数字调制。

根据载波形式的不同,调制可以分为以正弦波作为载波的连续波调制和以脉冲串作为载波的脉冲调制。

根据调制信号控制载波的参数不同,调制可以分为幅度调制、频率调制和相位调制,也可以分为幅度调制和角度调制。

根据已调信号与调制信号频谱之间的关系,调制可以分为线性调制和非线性调制。

除此之外,调制还有多种分类方式,这里不再赘述。

3-2　什么是线性调制？常见的线性调制方式有哪些？

答：输出已调信号的频谱和输入调制信号的频谱之间满足线性搬移关系,通常称为线性调制,有时也称为幅度调制。

常见的线性调制方式主要包括常规双边带调幅（AM）、抑制载波双边带调幅（DSB-SC）、单边带调制（SSB）和残留边带调制（VSB）信号等。

3-3　什么是调幅指数（调幅度）？说明其物理含义。

答：调幅指数用于定量描述 A_0 与 $|m(t)|_{\max}$ 之间的关系。

设调制信号为单频信号时,可以表示为 $m(t)=A_m\cos\omega_m t$,则

$$s_{\mathrm{AM}}(t)=[A_0+A_m\cos\omega_m t]\cos\omega_c t=A_0[1+\beta\cos\omega_m t]\cos\omega_c t$$

其中,$\beta=\dfrac{A_m}{A_0}\leqslant 1$ 被称为调幅指数,也叫作调幅度。调幅指数的数值为 $0\sim1$,因此,在正常情况下 $\beta<1$;当 $\beta>1$ 时称为过调幅;当 $\beta=1$ 时称为满调幅(临界调幅)。

3-4　SSB 信号的产生方法有哪些？

答：产生 SSB 信号的方法很多,其中最基本的方法有滤波法和相移法。

（1）滤波法：原理如图 3-21 所示,图中的 $H_{\mathrm{SSB}}(\omega)$ 为单边带滤波器。

产生 SSB 信号最直观的方法是将 $H_{\mathrm{SSB}}(\omega)$ 设计成具有理想高通特性 $H_{\mathrm{H}}(\omega)$ 或理想低通特性 $H_{\mathrm{L}}(\omega)$ 的单边带滤波器,其传递函数可以表示为

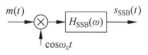

图 3-21　滤波法产生单边带信号

$$H_{\mathrm{SSB}}(\omega)=H_{\mathrm{H}}(\omega)=\begin{cases}1, & |\omega|>\omega_c \\ 0, & |\omega|\leqslant\omega_c\end{cases}$$

$$H_{\mathrm{SSB}}(\omega)=H_{\mathrm{L}}(\omega)=\begin{cases}1, & |\omega|<\omega_c \\ 0, & |\omega|\geqslant\omega_c\end{cases}$$

产生上边带信号时 $H_{\mathrm{SSB}}(\omega)$ 为 $H_{\mathrm{H}}(\omega)$,产生下边带信号时 $H_{\mathrm{SSB}}(\omega)$ 为 $H_{\mathrm{L}}(\omega)$,则

$$S_{\mathrm{SSB}}(\omega)=S_{\mathrm{SSB}}(\omega)H_{\mathrm{SSB}}(\omega)$$

（2）相移法：单边带信号的频域表示直观且简明,其单边带调制的时域表达式为

$$s_{\mathrm{SSB}}(t)=\frac{A}{2}m(t)\cos\omega_c t\mp\frac{A}{2}\hat{m}(t)\sin\omega_c t$$

其中,"−"对应上边带信号;"＋"对应下边带信号;$\hat{m}(t)$表示把$m(t)$的所有频率成分均相移$\pi/2$,称$\hat{m}(t)$是$m(t)$的希尔伯特变换。实现框图如图 3-8 所示。

3-5 VSB 滤波器的传输特性应满足什么条件?

答:为了保证相干解调的输出无失真地重现调制信号$m(t)$,只要在$M(\omega)$的频谱范围内有

$$H_{\text{VSB}}(\omega+\omega_{\text{c}})+H_{\text{VSB}}(\omega-\omega_{\text{c}})=k(常数) \quad |\omega|\leqslant\omega_{\text{H}}$$

3-6 请说明,从滤波法实现角度来看,SSB 可以当作 VSB 的一个特例。

答:SSB 上、下边带滤波器传递函数表示为

$$H_{\text{SSB}}(\omega)=H_{\text{H}}(\omega)=\begin{cases}1, & |\omega|>\omega_{\text{c}}\\0, & |\omega|\leqslant\omega_{\text{c}}\end{cases}$$

$$H_{\text{SSB}}(\omega)=H_{\text{L}}(\omega)=\begin{cases}1, & |\omega|<\omega_{\text{c}}\\0, & |\omega|\geqslant\omega_{\text{c}}\end{cases}$$

SSB 上、下边带滤波器传递函数如图 3-22 所示。

对比$H_{\text{VSB}}(\omega+\omega_{\text{c}})+H_{\text{VSB}}(\omega-\omega_{\text{c}})=k(常数)|\omega|\leqslant\omega_{\text{H}}$的 VSB 滤波器的要求,显然,SSB 可以当作 VSB 的一个特例。

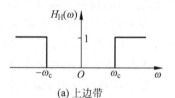

(a) 上边带

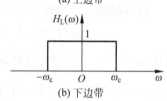

(b) 下边带

图 3-22 SSB 上、下边带滤波器
传递函数

3-7 如果在发射单边带信号的同时加上一个大载波,是否可以用包络检波法接收?

答:已知 SSB 上、下边带滤波器传递函数表示为

$$H_{\text{SSB}}(\omega)=H_{\text{H}}(\omega)=\begin{cases}1, & |\omega|>\omega_{\text{c}}\\0, & |\omega|\leqslant\omega_{\text{c}}\end{cases}$$

$$H_{\text{SSB}}(\omega)=H_{\text{L}}(\omega)=\begin{cases}1, & |\omega|<\omega_{\text{c}}\\0, & |\omega|\geqslant\omega_{\text{c}}\end{cases}$$

因此,单边带信号可以表示为

$$s_{\text{SSB}}(t)=[m(t)\cos\omega_{\text{c}}t]*h_{\text{H}}(t)=\int_{-\infty}^{\infty}m(t-\tau)\cos\omega_{\text{c}}(t-\tau)h_{\text{H}}(\tau)\text{d}\tau$$

$$=\int_{-\infty}^{\infty}m(t-\tau)[\cos\omega_{\text{c}}t\cos\omega_{\text{c}}\tau+\sin\omega_{\text{c}}t\sin\omega_{\text{c}}\tau]h_{\text{H}}(\tau)\text{d}\tau$$

$$=\cos\omega_{\text{c}}t\int_{-\infty}^{\infty}m(t-\tau)\cos\omega_{\text{c}}\tau h_{\text{H}}(\tau)\text{d}\tau+\sin\omega_{\text{c}}t\int_{-\infty}^{\infty}m(t-\tau)\sin\omega_{\text{c}}\tau h_{\text{H}}(\tau)\text{d}\tau$$

$$=\cos\omega_{\text{c}}t[m(t)*h_{\text{Hc}}(t)]+\sin\omega_{\text{c}}t[m(t)*h_{\text{Hs}}(t)]$$

其中,$h_{\text{Hc}}(t)=h_{\text{H}}(t)\cos\omega_{\text{c}}t$;$h_{\text{Hs}}(t)=h_{\text{H}}(t)\sin\omega_{\text{c}}t$。

假设在单边带信号中加入一个大载波,则信号变为

$$s(t)=s_{\text{SSB}}(t)+A\cos\omega_{\text{c}}t=\cos\omega_{\text{c}}t\{[m(t)*h_{\text{Hc}}(t)]+A\}+\sin\omega_{\text{c}}t[m(t)*h_{\text{Hs}}(t)]$$

根据 SSB 上边带滤波器传递函数的定义,$h_{\text{Hc}}(t)=h_{\text{H}}(t)\cos\omega_{\text{c}}t$ 相当于将$H_{\text{H}}(\omega)$左右搬移,搬移(频移)后,在低频部分为常数 C,则时域计算有$m(t)*h_{\text{Hc}}(t)=Cm(t)$,因此,接收端进行包络解调,则

$$A(t)=\sqrt{\{[m(t)*h_{\text{Hc}}(t)]+A\}^2+[m(t)*h_{\text{Hs}}(t)]^2}$$

$$= \sqrt{[Cm(t)+A]^2 + [m(t)*h_{Hs}(t)]^2} \approx Cm(t)+A$$

除去直流，便可以从包络中恢复出原始信号 $m(t)$，所以，发射单边带信号时同时加上一个大载波，可以用包络检波法接收，下边带证明类似。同时，残留边带也有上述性质。

3-8　什么叫调制制度增益？其物理意义是什么？

答：输出信噪比反映了系统的性能，但它与调制方式有关，也与解调方式有关。更重要的是输出信噪比与输入信噪比紧密相关，为了比较不同调制方式下解调器的抗噪声性能，人们通常用信噪比增益 G 表示系统性能度量，其定义为

$$G = \frac{S_o/N_o}{S_i/N_i}$$

信噪比增益也称为调制制度增益，它是输出信噪比与输入信噪比的比值。

3-9　DSB 调制系统和 SSB 调制系统的抗噪性能是否相同？为什么？

答：相同，虽然 DSB 解调器的调制制度增益是 SSB 的两倍，但不能因此就说，双边带系统的抗噪性能优于单边带系统。具体分析如下。

假设调制信号的最高频率为 f_H，这时如果从输出信噪比来分析，则

$$\left(\frac{S_o}{N_o}\right)_{DSB} = G_{DSB}\left(\frac{S_i}{N_i}\right)_{DSB} = 2 \cdot \frac{S_i}{N_{iDSB}} = 2 \cdot \frac{S_i}{n_0 B_{DSB}} = \frac{S_i}{n_0 f_H}$$

$$\left(\frac{S_o}{N_o}\right)_{SSB} = G_{SSB}\left(\frac{S_i}{N_i}\right)_{SSB} = 1 \cdot \frac{S_i}{N_{iSSB}} = \frac{S_i}{n_0 B_{SSB}} = \frac{S_i}{n_0 f_H}$$

这样看来，在相同条件下，DSB 性能与 SSB 一致。

3-10　什么是门限效应？会出现在什么样的系统当中？

答：随着信噪比的减小，非相关检测器将在一个特定输入信噪比值上出现性能急剧恶化的情况，使得输出信噪比将急剧下降，这就是门限效应。AM 和 FM 非相干解调会出现这种情况。

3-11　AM 信号采用包络检波法解调时为什么会产生门限效应？

答：在小信噪比情况下，噪声远大于输入信号，可得

$$|n_c(t)| \gg |A_0 + m(t)|$$

这时，对于 AM 信号应用包络解调，可得

$$A(t) = \sqrt{[A_0 + m(t) + n_c(t)]^2 + n_s^2(t)} \approx \sqrt{n_c^2(t) + n_s^2(t)}$$

上式表明包络解调失败，无法得到调制信号 $m(t)$。在这种情况下，输出信噪比不是按比例地随着输入信噪比下降，而是急剧恶化。通常把这种现象称为门限效应，开始出现门限效应的输入信噪比称为门限值。因此，随着信噪比的减小，包络检波器将在一个特定输入信噪比值上会出现门限效应。一旦出现门限效应，解调器的输出信噪比急剧变坏，系统将无法正常工作。

3-12　什么是频率调制？什么是相位调制？两者关系如何？

答：瞬时角频率偏移随基带信号线性变化的调制方式是频率调制（FM）。瞬时相位偏移随基带信号线性变化的调制方式是相位调制（PM）。

由于频率和相位之间存在微分与积分的关系，因此 FM 与 PM 之间是可以相互转换的。如果将调制信号先微分，然后进行调频，则得到的是调相信号；同样，如果将调制信号先积分，然后进行调相，则得到的是调频信号。具体对应实现原理如图 3-23 和图 3-24 所示。

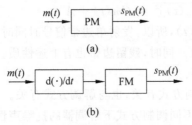

(a)

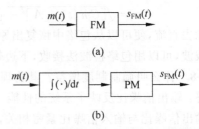

(a)

(b)

图 3-23　直接调相和间接调相示意图

(b)

图 3-24　直接调频和间接调频示意图

从以上分析可见,调频与调相并无本质区别,两者之间可以互换。鉴于在实际应用中多采用 FM 信号,多数情况下讨论的多为频率调制。

3-13　分析图 3-25(对应主教材的图 3-22)单音 PM 信号和 FM 信号波形。

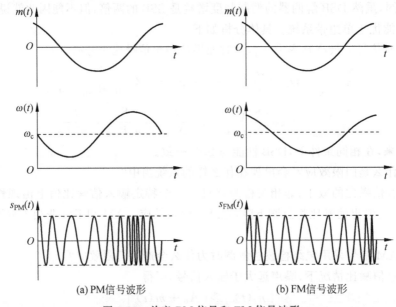

(a) PM信号波形　　　　　　　(b) FM信号波形

图 3-25　单音 PM 信号和 FM 信号波形

答:根据 FM 的定义可知瞬时角频率偏移随基带信号线性变化的调制方式,因此,调制信号幅度高,已调信号波形就密集;否则,已调信号波形越稀疏,如图 3-25(b)所示。根据间接调相的定义,调制信号微分以后的调频,就是调相,因此,将调制信号先微分,得到波形,以此波形为调制信号,按 FM 信号进行判读,就可以将 PM 的调制信号和已调信号联系起来。

3-14　什么是窄带角度调制?说明其优缺点。

答:在角度调制表达式中,如果最大相位偏移满足下式的条件,则称其为窄带角度调制

$$|\varphi(t)| \ll \frac{\pi}{6}(\text{或}\ 0.5)$$

窄带角度调制分为窄带调相(NBPM)和窄带调频(NBFM)。下面以 NBFM 为例说明其优缺点。

由于 NBFM 信号最大频率偏移较小,占据的带宽较窄,但是其抗干扰性能比 AM 系统

要好得多,因此 NBFM 得到较广泛的应用。但是,对于高质量通信,如调频立体声广播、电视伴音等,则需要采用宽带调频。

3-15 什么是宽带调频? 如何实现?

答:当 $|\varphi(t)|_{\max} = \left| K_F \int_{-\infty}^{t} m(\tau) d\tau \right|_{\max} \ll \dfrac{\pi}{6}$ 不满足时,调频信号为宽带调制(WBFM)。

WBFM 的实现方式包括直接法和间接法。直接法就是利用调制信号直接控制振荡器的频率,使其按调制信号的规律线性变化。具体表示为

$$\omega_o(t) = \omega_c + K_F m(t)$$

间接调频法是先对调制信号积分,再对载波进行相位调制,从而产生调频信号。但这样只能获得窄带调频信号,为了获得宽带调频信号,可利用倍频器再把 NBFM 信号变换成 WBFM 信号。其原理框图如图 3-26 所示。

图 3-26 间接调频原理框图

3-16 简述调频信号的解调方式。

答:调频信号的解调分非相干解调和相干解调两类。

(1)非相干解调。

设输入调频信号为 $s_{FM}(t) = A\cos\left[\omega_c t + K_F \int_{-\infty}^{t} m(\tau) d\tau\right]$,利用图 3-27 实现解调。

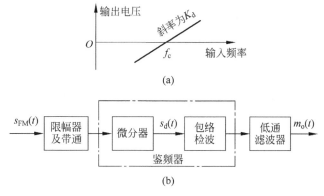

(a)

(b)

图 3-27 调频信号的非相干解调

其中,微分器输出为

$$s_d(t) = -A[\omega_c + K_F m(t)]\sin\left[\omega_c t + K_F \int_{-\infty}^{t} m(\tau) d\tau\right]$$

上式是一个典型的调幅调频(AM-FM)信号,其幅度和频率皆包含调制信息。用包络检波器取出其包络,并滤去直流后输出为 $m_o(t) = K_d K_F m(t)$ 即恢复出原始调制信号。上述解调方法称为包络检测,又称为非相干解调。这种方法的缺点是包络检波器对于由信道噪声和其他原因引起的幅度起伏有反应。因而,使用中常在微分器之前加一个限幅器和带

通滤波器。

（2）相干解调。

相干解调的原理框图如图 3-28 所示。

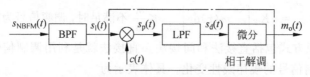

图 3-28　窄带调频信号的相干解调框图

设窄带调频信号为

$$s_{\text{NBFM}}(t) = A\cos\omega_c t - A\left[K_F\int_{-\infty}^{t}m(\tau)\mathrm{d}\tau\right]\sin\omega_c t$$

相干载波为

$$c(t) = -\sin\omega_c t$$

则乘法器输出为

$$s_P(t) = -\frac{A}{2}\sin 2\omega_c t + \left[\frac{A}{2}K_F\int_{-\infty}^{t}m(\tau)\mathrm{d}\tau\right](1-\cos 2\omega_c t)$$

经低通滤波器滤除高频分量，得

$$s_d(t) = \frac{A}{2}K_F\int_{-\infty}^{t}m(\tau)\mathrm{d}\tau$$

再经微分，得输出信号为

$$m_o(t) = \frac{A}{2}K_F m(t)$$

3-17　FM 系统产生门限效应的主要原因是什么？

答：在进行非相干解调时，FM 信号加噪声可以写为

$$s_{\text{FM}}(t) + n_i(t) = A\cos\omega_c t + n_i(t) = [A+n_c(t)]\cos\omega_c t - n_s(t)\sin\omega_c t$$
$$= A(t)\cos[\omega_c t + \varphi(t)]$$

与标量不同，矢量是指既有大小，又有方向的量。对于不同信噪比的情况可以得到图 3-29 和图 3-30。

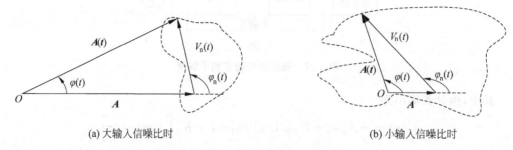

(a) 大输入信噪比时　　　　　　　　　　(b) 小输入信噪比时

图 3-29　FM 信号加噪声的矢量图

当大输入信噪比时，如图 3-29(a)所示，$V_n(t)$ 在大多数时间里远小于 A，则噪声随机相位 $\varphi_n(t)$ 即使在 $0\sim2\pi$ 内随机变化，而合成矢量 $A(t)$ 的矢量端点轨迹如图 3-29(a)中虚线所示，这时信号和噪声的合成矢量的相位 $\varphi(t)$ 的变化范围不大。当小输入信噪比时，则在

大多数时间里 $V_n(t)$ 大于载波幅度 A，因此，当噪声的随机相位在 $0\sim2\pi$ 范围内随机变化时，信号与噪声的合成矢量 $A(t)$ 的端点轨迹如图 3-29(b)所示，合成矢量的相位 $\varphi(t)$ 围绕原点做 $0\sim2\pi$ 范围内的变化，解调器输出几乎完全由噪声决定，因而输出信噪比急剧下降。这种情况与常规调幅包络检波相似，称为门限效应。出现门限效应时，对应输入信噪比的值称为门限值。

3-18　简述加重技术。

答：为了改善调频解调器的输出信噪比，针对鉴频器输出噪声谱呈抛物线形状这个特点，在调频系统中采用了加重技术，包括"预加重"和"去加重"措施。其设计思想是在保持输出信号不变的前提下，有效降低输出噪声，以达到提高输出信噪比的目的。

"去加重"就是在解调器输出端接一个传输特性随频率增加而滚降的线性网络，其目的是将调制频率高频端的噪声衰减，使总的噪声功率减小。但是，由于去加重网络的加入，在有效减弱输出噪声的同时，必将使传输信号产生频率失真。因此，必须在调制器前加入一个预加重网络，其目的是人为提升调制信号的高频分量，以抵消去加重网络的影响。

3-19　FM 系统调制制度增益和信号带宽的关系如何？这一关系说明什么？

答：宽带调频时，信号带宽为

$$B_{\text{FM}} = 2(m_f + 1)f_m = 2(\Delta f + f_m)$$

调制制度增益可以表示为

$$G_{\text{FM}} - 3m_f^2(m_f + 1) \approx 3m_f^3$$

宽带与调制制度增益均是调频指数 m_f 的函数，分别表示有效性和可靠性指标，是一对矛盾体。这就意味着，对于 FM 系统来说，增加传输带宽可以改善抗噪性能。调频方式的这种以带宽换取信噪比的特性是十分有益的。

3-20　什么是频分复用？频分复用的目的是什么？

答：在一个信道上同时传输多个话音信号的技术为复用技术。复用技术有多种工作方式，如频分复用(FDM)、时分复用(TDM)和码分复用(CDM)等。FDM 是将所给的信道带宽分割成互不重叠的许多小区间，每个小区间能顺利通过一路信号，在一般情况下可以通过正弦波调制的方法实现频分复用。频分复用的多路信号在频率上不会重叠，但在时间上是重叠的。

3.5　习题详解

3-1　设调制信号 $m(t)=\cos2000\pi t$，载波频率为 6kHz。

(1)试画出 AM 信号的波形图。

(2)试画出 DSB 信号的波形图。

解：调制信号频率为 $f_m=2000\pi/2\pi=1000(\text{Hz})$，载波频率为 6000Hz，因此，一个调试信号周期中应该包含 6 个载波。AM 信号的波形为图 3-30，DSB 信号的波形为图 3-31。

3-2　设有一个双边带信号为 $s_{\text{DSB}}(t)=m(t)\cos\omega_c t$，为了恢复 $m(t)$，接收端用 $\cos(\omega_c t+\theta)$ 作载波进行相干解调。仅考虑载波相位对信号的影响，为了使恢复出的信号是其最大可能值的 90%，相位 θ 的最大允许值为多少？

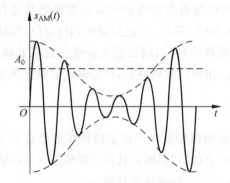

图 3-30　AM 信号的波形

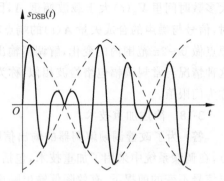

图 3-31　DSB 信号的波形

解：解调器的载波信号是 $\cos(\omega_c t + \theta)$，则相干解调器的乘法器输出为

$$s_{\text{DSB}}\cos(\omega_c t + \theta) = m(t)\cos\omega_c t \cos(\omega_c t + \theta) = \frac{1}{2}m(t)\left[\cos\theta + \cos(2\omega_c t + \theta)\right]$$

低通滤波器输出为 $\frac{1}{2}m(t)\cos\theta$，当 $\theta = 0$ 时有最大输出 $\frac{1}{2}m(t)$。

当恢复出的信号是其最大可能值的 90% 时，$\cos\theta = 0.9$，则 $\theta = 25.8°$。

3-3　已知调制信号为 $m(t) = \cos 2000\pi t + \cos 4000\pi t$，载波为 $\cos 10^4 \pi t$，试确定 SSB 调制信号的表达式，并画出其频谱图。

解：上边带 $s_{\text{SSB}}(t) = [m(t)\cos\omega_c t] * h_{\text{USB}}(t) = [\cos(12000\pi t) + \cos(14000\pi t)]/2$

下边带 $s_{\text{SSB}}(t) = [m(t)\cos\omega_c t] * h_{\text{LSB}}(t) = [\cos(8000\pi t) + \cos(6000\pi t)]/2$

根据公式 $\cos(\Omega_s t) \Leftrightarrow \pi[\delta(\Omega + \Omega_s) + \delta(\Omega - \Omega_s)]$，（后面经常要用到，就不重复书写了），可以绘制出对应频谱为图 3-32 和图 3-33。

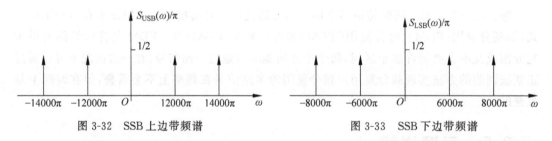

图 3-32　SSB 上边带频谱　　　　　　　　图 3-33　SSB 下边带频谱

3-4　已知调制信号 $m(t) = \cos 2000\pi t$，载波为 $c(t) = 2\cos 10^4 \pi t$，分别写出 AM、DSB、SSB(上边带)、SSB(下边带)信号的表示式，并画出频谱图。

解：根据题意可得

$$s_{\text{AM}}(t) = [A_0 + m(t)]\cos\omega_c t = A_0\cos\omega_c t + m(t)\cos\omega_c t$$

$$= 2A_0\cos 10000\pi t + \cos 12000\pi t + \cos 8000\pi t$$

$$s_{\text{DSB}}(t) = m(t)\cos\omega_c t = \cos 12000\pi t + \cos 8000\pi t$$

$$s_{\text{USB}}(t) = [m(t)\cos\omega_c t] * h_{\text{USB}}(t) = \cos 12000\pi t$$

$$s_{\text{LSB}}(t) = [m(t)\cos\omega_c t] * h_{\text{LSB}}(t) = \cos 8000\pi t$$

上述信号对应频谱如图 3-34 所示。

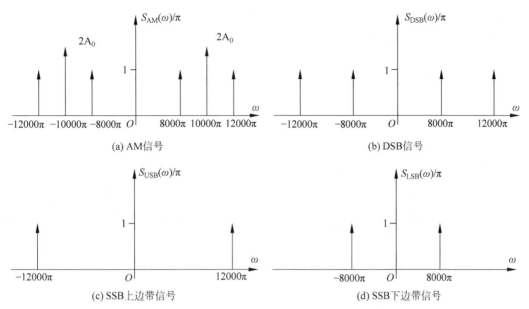

图 3-34　AM、DSB 和 SSB 上、下边带信号频谱

3-5　已知线性调制信号表示式为

$$(1)\ s_{\mathrm{m}}(t) = \cos\Omega t \cos\omega_c t$$
$$(2)\ s_{\mathrm{m}}(t) = (1 + 0.5\cos\Omega t)\cos\omega_c t$$

式中，$\omega_c = 6\Omega$，试分别画出它们的波形图和频谱图。

解：根据题意可得，一个调试信号周期中应该包含 6 个载波，其具体时域和频域波形如图 3-35 所示。

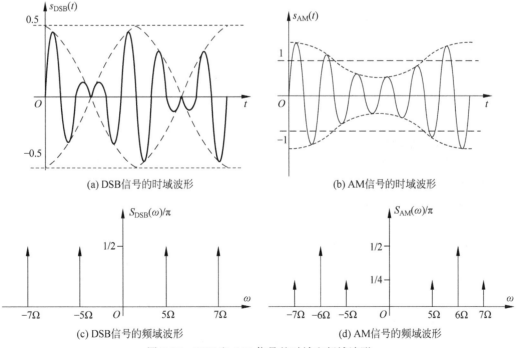

图 3-35　DSB 和 AM 信号的时域和频域波形

3-6 根据图 3-36 所示的调制信号波形,试画出 DSB 及 AM 信号的波形图,并比较它们分别通过包络检波器后的波形差别。

解:根据题意得图 3-37。

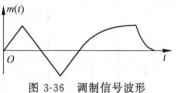

图 3-36 调制信号波形

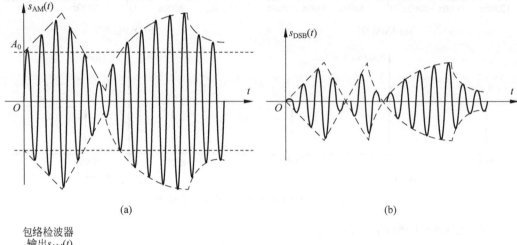

(a)　　　　　　　　　　　　　(b)

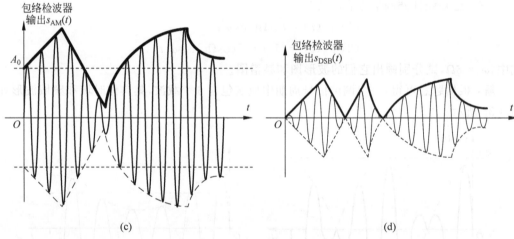

(c)　　　　　　　　　　　　　(d)

图 3-37　DSB 和 AM 信号的相关波形

3-7 已知某调幅波的展开式为

$$s_{AM}(t) = 0.125\cos 2\pi(10^4)t + 4\cos 2\pi(1.1 \times 10^4)t + 0.125\cos 2\pi(1.2 \times 10^4)t$$

(1) 试确定载波信号表达式。

(2) 试确定调制信号表达式。

(3) 试绘制其时域和频域波形。

解:调幅波信号表达式为

$$s_{AM}(t) = [A_0 + m(t)]\cos\omega_c t = (4 + 0.25\cos 2000\pi t) \cdot \cos 22000\pi t$$

(1) 载波信号表达式为

$$c(t) = \cos 22000\pi t$$

(2) 调制信号表达式为

$$m(t) = 0.25\cos 2000\pi t$$

根据上述分析,此 AM 信号的时域和频域波形如图 3-38 所示。

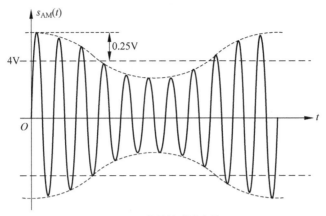

(a) AM信号的时域波形

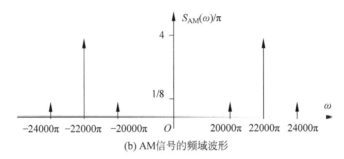

(b) AM信号的频域波形

图 3-38　AM 信号的相关波形

3-8　设有一调制信号为 $m(t)=\cos\Omega_1 t+\cos\Omega_2 t$,载波为 $A\cos\omega_c t$,当 $\Omega_2=2\Omega_1$,载波频率 $\omega_c=5\Omega_1$ 时,试写出相应的 SSB 信号的表达式,并画出频谱图。

解:根据题意可以得到,

上边带频率为

$$\Omega_{USB1}=\pm(\omega_c+\Omega_1)=\pm6\Omega_1$$
$$\Omega_{USB2}=\pm(\omega_c+\Omega_2)=\pm7\Omega_1$$

下边带频率为

$$\Omega_{USB1}=\pm(\omega_c-\Omega_1)=\pm4\Omega_1$$
$$\Omega_{USB2}=\pm(\omega_c-\Omega_2)=\pm3\Omega_1$$

根据上述分析可得如图 3-39 所示的单边带信号频谱。

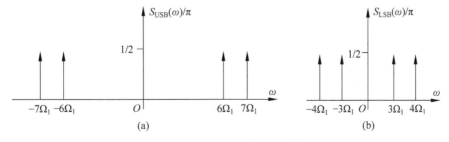

(a)　　　　(b)

图 3-39　上、下边带信号的频谱

3-9 某线性调制系统解调器输出端的输出信噪比为 20dB；输出噪声功率为 10^{-9}W；发射机输出端到解调器输入端之间的总传输衰减为 100dB。

(1) 试求 DSB 时的发射机输出功率。

(2) 试求 SSB 时的发射机输出功率。

(3) 试求 AM 时(100%调幅度)的调制信号功率。

解：(1) DSB 的情况。

输出端的输出信噪比为 20dB，对应比值为 100。又因为 DSB 调制增益为 2，则输入信噪比为 $\dfrac{S_i}{N_i} = 50$。

经分析可知，$N_o = \dfrac{N_i}{4}$，所以可得

$$N_i = 4 \cdot N_o = 4 \times 10^{-9}(\mathrm{W})$$
$$S_i = 50 \cdot N_i = 2 \times 10^{-7}(\mathrm{W})$$

发射机输出端到解调器输入端之间的总传输衰减为 100dB，对应衰减 10^{10} 倍，则发射机输出功率为

$$S_T = 10^{10} \cdot S_i = 10^{10} \times 2 \times 10^{-7} = 2000(\mathrm{W})$$

(2) SSB 的情况。

输出端的输出信噪比为 20dB，对应比值为 100。又因为 SSB 调制增益为 1，则输入信噪比为 $\dfrac{S_i}{N_i} = 100$。

经分析可知，$N_o = \dfrac{N_i}{4}$，所以可得

$$N_i = 4 \cdot N_o = 4 \times 10^{-9}(\mathrm{W})$$
$$S_i = 100 \cdot N_i = 4 \times 10^{-7}(\mathrm{W})$$

发射机输出端到解调器输入端之间的总传输衰减为 100dB，对应衰减 10^{10} 倍，则发射机输出功率为

$$S_T = 10^{10} \cdot S_i = 10^{10} \times 4 \times 10^{-7} = 4000(\mathrm{W})$$

(3) AM(100%调幅)的情况。

输出端的输出信噪比为 20dB，对应比值为 100。又因为 AM 在 100%调幅情况下调制增益为 2/3，则输入信噪比为 $\dfrac{S_i}{N_i} = \dfrac{300}{2}$。

经分析可知，$N_o = \dfrac{N_i}{4}$，所以可得

$$N_i = 4 \cdot N_o = 4 \times 10^{-9}(\mathrm{W})$$
$$S_i = \frac{300}{2} \cdot N_i = 6 \times 10^{-7}(\mathrm{W})$$

发射机输出端到解调器输入端之间的总传输衰减为 100dB，对应衰减 10^{10} 倍，则发射机输出功率为

$$S_T = 10^{10} \cdot S_i = 10^{10} \times 6 \times 10^{-7} = 6000(\mathrm{W})$$

3-10 设某信道具有均匀的双边噪声功率谱密度 $n_0/2 = 0.5 \times 10^{-3}\,\text{W/Hz}$,该信道中传输 DSB 信号,并将调制信号 $m(t)$ 的频带限制在 5kHz,而载波为 100kHz,已调信号的功率为 10kW。若接收机的输入信号在加至解调器之前先经过一理想带通滤波器滤波。

(1) 试问该理想带通滤波器该具有怎样的传输特性 $H(f)$。

(2) 求解调器输入端的信噪比。

(3) 求解调器输出端的信噪比。

解:(1) DSB 带宽可为 $2f_H$,则 BPF 滤波器传输特性为

$$H(f) = \begin{cases} K, & 95\text{kHz} \leqslant f \leqslant 105\text{kHz} \\ 0, & \text{其他} \end{cases}$$

(2) 输入噪声率为

$$N_i = 2 \times \frac{n_0}{2} \times B_{\text{DBS}} = 2 \times \frac{n_0}{2} \times 10 \times 10^3 = 10\,(\text{W})$$

输入信噪比为

$$\frac{S_i}{N_i} = \frac{10000}{10} = 10^3$$

(3) 输出信噪比为

$$\frac{S_o}{N_o} = G \cdot \frac{S_i}{N_i} = 2 \times 10^3$$

3-11 若对某一信号用 DSB 进行传输,设加至接收机的调制信号 $m(t)$ 的功率谱密度为

$$P_m(f) = \begin{cases} \dfrac{n_m}{2} \cdot \dfrac{|f|}{f_m}, & |f| \leqslant f_m \\ 0, & |f| > f_m \end{cases}$$

(1) 试求接收机的输入信号功率。

(2) 试求接收机的输出信号功率。

(3) 若叠加于 DSB 信号的白噪声具有双边功率谱密度为 $n_0/2$,设解调器的输出端接截止频率为 f_m 的理想带通滤波器,则输出信噪比是多少?

解:调制信号 $m(t)$ 的功率谱密度的形状如图 3-40 所示。

(1) 接收机的输入信号功率。

调制信号的功率为信号功率谱的线下面积,可以计算为

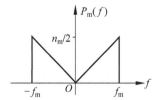

图 3-40 调制信号的功率谱密度

$$\overline{m^2(t)} = \frac{n_m f_m}{2}$$

由于 DSB 信号可以表示为 $s_{\text{DSB}} = m(t)\cos\omega_c t$,则接收机的输入信号功率为

$$S_i = \frac{1}{2}\overline{m^2(t)} = \frac{n_m f_m}{4}$$

(2) 由于 DSB 只能进行相干解调,因此相干解调之后,接收机的输出信号 $m_o(t) = \dfrac{1}{2}m(t)$,

因此输出信号功率为

$$S_{\text{o}} = \overline{m_{\text{o}}^2(t)} = \frac{1}{4}\overline{m^2(t)} = \frac{n_{\text{m}}f_{\text{m}}}{8}$$

(3) 因 $N_{\text{o}} = \frac{1}{4}N_{\text{i}}$，而 $N_{\text{i}} = n_0 \cdot 2f_{\text{m}}$，故 $N_{\text{o}} = \frac{1}{2}n_0 f_{\text{m}}$，从而 $\frac{S_{\text{o}}}{N_{\text{o}}} = \frac{1}{4}\frac{n_{\text{m}}}{n_0}$。

3-12 在 DSB 和 SSB 中，若基带信号均为 3kHz 限带低频信号，载频为 1MHz，接收信号功率为 1mW，加性高斯白噪声双边功率谱密度为 $10^{-3}\mu\text{W/Hz}$。接收信号经带通滤波器后，进行相干解调。

(1) 比较解调器输入信噪比。

(2) 比较解调器输出信噪比。

解：根据题意得 $f_{\text{m}} = 3\text{kHz}, f_{\text{c}} = 1\text{MHz}, B_{\text{DSB}} = 6\text{kHz}, B_{\text{SSB}} = 3\text{kHz}, n_0/2 = 10^{-3}\mu\text{W/Hz}$。

(1) 解调器输入信噪比为

$$N_{\text{iDSB}} = 2 \times B_{\text{DSB}} \times n_0/2 = 2 \times 6 \times 10^{-3} = 12(\mu\text{W})$$

$$N_{\text{iSSB}} = 2 \times B_{\text{SSB}} \times n_0/2 = 2 \times 3 \times 10^{-3} = 6(\mu\text{W})$$

$$\frac{S_{\text{i}}}{N_{\text{iDSB}}} = \frac{1\text{mW}}{12\mu\text{W}} = 83.33, \quad \frac{S_{\text{i}}}{N_{\text{iSSB}}} = \frac{1\text{mW}}{6\mu\text{W}} = 166.67$$

(2) 解调器输出信噪比为

$$\frac{S_{\text{o}}}{N_{\text{oDSB}}} = G \cdot \frac{S_{\text{i}}}{N_{\text{iDSB}}} = 2 \times \frac{1\text{mW}}{12\mu\text{W}} = 166.67, \quad \frac{S_{\text{o}}}{N_{\text{oSSB}}} = \frac{S_{\text{i}}}{N_{\text{iSSB}}} = \frac{1\text{mW}}{6\mu\text{W}} = 166.67$$

3-13 已知某调频波的振幅是 10V，瞬时频率为

$$f(t) = 10^6 + 10^4\cos2000\pi t\,(\text{Hz})$$

(1) 试确定此调频波的表达式。

(2) 试确定此调频波的最大频偏、调频指数和频带宽度。

(3) 若调制信号频率提高到 $2\times10^3\text{Hz}$，则调频波的最大频偏、调频指数和频带宽度如何变化？

解：(1) 调频波的表达式为

$$f(t) = 10^6 + 10^4\cos2000\pi t$$

$$\varphi(t) = 2\pi\int_{-\infty}^{t}(10^6 + 10^4\cos2000\pi\tau)\text{d}\tau = 2 \times 10^6\pi t + 10\sin2000\pi t$$

$$s_{\text{FM}}(t) = 10\cos[\varphi(t)] = 10\cos(2\times10^6\pi t + 10\sin2000\pi t)$$

(2) 已知信号频率为 1000Hz，此调频波的最大频偏为 Δf，调频指数为 m_{f}，频带宽度为 B_{FM}，得

$$\Delta f = 10000(\text{Hz})$$
$$m_{\text{f}} = 10$$
$$B_{\text{FM}} = 2 \times (m_{\text{f}}+1)f_{\text{m}} = 2 \times 11 \times 1000 = 22(\text{kHz})$$

(3) 已知信号频率为 2000Hz，此调频波的最大频偏为 Δf，调频指数为 m_{f}，频带宽度为 B_{FM}，得

$$f(t) = 10^6 + 10^4\cos4000\pi t$$

$$\varphi(t) = 2\pi\int_{-\infty}^{t}(10^6 + 10^4\cos4000\pi\tau)\text{d}\tau = 2 \times 10^6\pi t + 5\sin4000\pi t$$

$$s_{\text{FM}}(t) = 10\cos[\varphi(t)] = 10\cos(2\times10^6\pi t + 5\sin4000\pi t)$$

$$\Delta f = 10000 (\text{Hz})$$

$$m_{\mathrm{f}} = 5$$

$$B_{\mathrm{FM}} = 2 \times (m_{\mathrm{f}} + 1) f_{\mathrm{m}} = 2 \times 6 \times 2000 = 24 (\text{kHz})$$

3-14　设 FM 信号的表达式为 $s_{\mathrm{FM}}(t) = A\cos\left[\omega_{\mathrm{c}} t + K_{\mathrm{F}} \int_{-\infty}^{t} m(\tau) \mathrm{d}\tau\right]$，PM 信号的表达式为 $s_{\mathrm{PM}}(t) = A\cos[\omega_{\mathrm{c}} t + K_{\mathrm{P}} m(t)]$，完成表 3-1。

表 3-1　相关参数定义的数学表述

	FM	PM
瞬时相位	$\omega_{\mathrm{c}} t + K_{\mathrm{F}} \int_{-\infty}^{t} m(\tau) \mathrm{d}\tau$	$\omega_{\mathrm{c}} t + K_{\mathrm{P}} m(t)$
瞬时相位偏移	$K_{\mathrm{F}} \int_{-\infty}^{t} m(\tau) \mathrm{d}\tau$	$K_{\mathrm{P}} m(t)$
最大相偏	$K_{\mathrm{F}} \left| \int_{-\infty}^{t} m(\tau) \mathrm{d}\tau \right|_{\max}$	$K_{\mathrm{P}} \left| m(t) \right|_{\max}$
瞬时频率	$\dfrac{\omega_{\mathrm{c}} + K_{\mathrm{F}} m(t)}{2\pi}$	$\dfrac{1}{2\pi}\left(\omega_{\mathrm{c}} + K_{\mathrm{P}} \dfrac{\mathrm{d}m(t)}{\mathrm{d}t}\right)$
瞬时频率偏移	$\dfrac{K_{\mathrm{F}} m(t)}{2\pi}$	$\dfrac{K_{\mathrm{P}}}{2\pi} \cdot \dfrac{\mathrm{d}m(t)}{\mathrm{d}t}$
最大频偏	$\dfrac{K_{\mathrm{F}} \left| m(t) \right|_{\max}}{2\pi}$	$\dfrac{K_{\mathrm{P}}}{2\pi} \cdot \left| \dfrac{\mathrm{d}m(t)}{\mathrm{d}t} \right|_{\max}$

3-15　在 50Ω 的负载电阻上有一角度调制信号，其表达式为

$$s(t) = 10\cos(10^8 \pi t + 3\sin 2\pi \cdot 10^3 t)$$

(1) 试计算角度调制信号的平均功率。

(2) 试计算角度调制信号的最大频偏。

(3) 试计算信号的频带宽度。

(4) 试计算信号的最大相位偏移。

(5) 此角度调制信号是调频波还是调相波？为什么？

解：根据题意 $m_{\mathrm{f}} = 3$，$f_{\mathrm{m}} = 1\text{kHz}$，所以 $A = 10\text{V}$。

(1) 平均功率为

$$P = \frac{A^2}{2R} = \frac{100}{2 \times 50} = 1 (\text{W})$$

(2) 最大频偏为

$$\Delta f = m_{\mathrm{f}} \cdot f_{\mathrm{m}} = 3 \times 1\text{k} = 3 (\text{kHz})$$

(3) 传输带宽为

$$B_{\mathrm{FM}} = 2 f_{\mathrm{m}} (1 + m_{\mathrm{f}}) = 8 (\text{kHz})$$

(4) 最大相位偏移为

$$\left| \varphi \right|_{\max} = 3 (\text{rad})$$

(5) 不能确定，假设 k 为常数，可得：

① 当 $m(t) = k\sin 2000\pi t$ 时，$s(t) = 10\cos(10^8 \pi t + 3\sin 2\pi \cdot 10^3 t)$ 属于调相信号。

② 当 $m(t)=k\cos 2000\pi t$ 时, $s(t)=10\cos(10^8\pi t+3\sin 2\pi \cdot 10^3 t)$ 属于调频信号。

3-16 10MHz 载波受 10kHz 单频正弦调频,峰值频偏为 100kHz。

(1) 求调频信号的带宽。

(2) 调频信号幅度加倍时,求调频信号的带宽。

(3) 调制信号频率加倍时,求调频信号的带宽。

(4) 若峰值频偏变为 1MHz,重复计算(1)、(2)、(3)。

解: 根据题意已知 $f_c=10\text{MHz}$, $f_m=10\text{kHz}$, $\Delta f=100\text{kHz}$,根据定义可得如下计算。

(1) 调频信号的带宽为

$$B_{FM}=2\times(\Delta f+f_m)=2\times(100+10)=220(\text{kHz})$$

(2) 若调制信号幅度加倍,则最大频偏也加倍,此时调频信号的带宽为

$$B_{FM}=2\times(\Delta f+f_m)=2\times(200+10)=420(\text{kHz})$$

(3) 若调制信号幅度加倍,同时频率也加倍,则此时调频信号的带宽为

$$B_{FM}=2\times(\Delta f+f_m)=2\times(200+20)=440(\text{kHz})$$

(4) 若峰值频偏变为 1MHz,可得

$$B_{FM-(1)}=2\times(\Delta f+f_m)=2\times(1000+10)=2020(\text{kHz})$$
$$B_{FM-(2)}=2\times(\Delta f+f_m)=2\times(2000+10)=4020(\text{kHz})$$
$$B_{FM-(3)}=2\times(\Delta f+f_m)=2\times(2000+20)=4040(\text{kHz})$$

3-17 已知调制信号是 8MHz 的单频余弦信号,若要求输出信噪比为 40dB,试比较制度增益为 2/3 的 AM 系统和调频指数为 5 的 FM 系统的带宽和发射功率。设信道噪声单边功率谱密度 $n_0=5\times10^{-15}\text{W/Hz}$,信道衰耗为 60dB。

解: 根据题意可得 $f_m=8\text{MHz}$, $\dfrac{S_o}{N_o}=10\,000$, $G=\dfrac{2}{3}$, $m_f=5$, $n_0=5\times10^{-15}\text{W/Hz}$。

(1) AM 时,带宽根据定义可得

$$B_{AM}=2f_m=2\times 8=16(\text{MHz})$$
$$N_i=n_0\times B=5\times10^{-15}\times16\times10^6=8\times10^{-8}(\text{W})$$

已知 $G_{AM}=2/3$,可得

$$S'_i/N_i=\frac{3}{2}(S_o/N_o)\Rightarrow S'_i=\frac{3}{2}(S_o/N_o)\cdot N_i=\frac{3}{2}\times10^4\times8\times10^{-8}=1.2\times10^{-3}(\text{W})$$

AM 系统的发射功率为

$$S_i=10^6 S'_i=10^6\times1.2\times10^{-3}=1200(\text{W})$$

(2) FM 时,带宽根据定义可得

$$B_{FM}=2(m_f+1)f_m=2\times6\times8=96(\text{MHz})$$
$$N_i=n_0\times B=5\times10^{-15}\times96\times10^6=4.8\times10^{-7}(\text{W})$$

由于 $G_{FM}=3m_f^2(1+m_f)=450$,可得

$$S'_i/N_i=\frac{1}{450}(S_o/N_o)\Rightarrow S'_i=\frac{1}{450}(S_o/N_o)\cdot N_i=\frac{1}{450}\times10^4\times4.8\times10^{-7}=1.07\times10^{-5}(\text{W})$$

$$S_i=10^6 S'_i=10^6\times1.07\times10^{-5}=10.7(\text{W})$$

3-18　假设音频信号 $m(t)$ 经调制后在高频信道传输。要求接收机输出信噪比 $S_o/N_o=$ 50dB。已知信道中传输损耗为 50dB，信道噪声为窄带高斯白噪声，其双边功率谱密度为 $n_0/2=10^{-12}\,\text{W/Hz}$，音频信号 $m(t)$ 的最高频率 $f_m=15\text{kHz}$，并且有 $E[m(t)]=0$，$E[m^2(t)]=1/2$，$|m(t)|_{max}=1$。

（1）进行 DSB 调制时，接收端采用同步解调，画出解调器的框图，求已调信号的频带宽度、平均发送功率。

（2）进行 SSB 调制时，接收端采用同步解调，求已调信号的频带宽度、平均发送功率。

（3）进行100%的振幅调制时，接收端采用非相干解调，画出解调器的框图，求已调信号的频带宽度、平均发送功率。

（4）设调频指数 $m_f=5$，接收端采用非相干解调，计算 FM 信号的频带宽度和平均发送功率。

解：（1）双边带时，解调方框图如图 3-41 所示。

根据定义计算带宽可得

$$B_{DSB}=2f_m=30(\text{kHz})$$

$$N_i=n_0\times B=2\times10^{-12}\times30\times10^3=6\times10^{-8}(\text{W})$$

由于 $G_{DSB}=2$，因此接收机输入信噪比为

$$S_i'/N_i=(S_o/N_o)/2\Rightarrow S_i'=\frac{1}{2}(S_o/N_o)\cdot N_i=\frac{1}{2}\times10^5\times6\times10^{-8}=3\times10^{-3}(\text{W})$$

发射机平均发送功率为

$$S_i=10^5 S_i'=\frac{1}{2}(S_o/N_o)\cdot N_i=\frac{1}{2}\times10^5\times6\times10^{-3}=300(\text{W})$$

（2）单边带时，根据定义计算带宽可得

$$B_{SSB}=f_m=15(\text{kHz})$$

$$N_i=n_0\times B=2\times10^{-12}\times15\times10^3=3\times10^{-8}(\text{W})$$

由于 $G_{SSB}=1$，因此接收机输入信噪比为

$$S_i'/N_i=(S_o/N_o)\Rightarrow S_i'=(S_o/N_o)\cdot N_i=10^5\times3\times10^{-8}=3\times10^{-3}(\text{W})$$

发射机平均发送功率为

$$S_i=10^5 S_i'=10^5\times3\times10^{-3}=300(\text{W})$$

（3）AM 时，解调框图如图 3-42 所示。

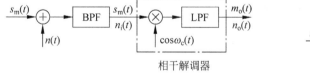

图 3-41　DSB 同步解调方框图　　　　　　　图 3-42　非相干解调框图

根据定义计算带宽可得

$$B_{AM}=2f_m=30(\text{kHz})$$

$$N_i=n_0\times B=2\times10^{-12}\times30\times10^3=6\times10^{-8}(\text{W})$$

100%的振幅调制时，$G_{AM}=2/3$，可得

$$S_i'/N_i = \frac{3}{2}(S_o/N_o) \Rightarrow S_i' = \frac{3}{2}(S_o/N_o) \cdot N_i = \frac{3}{2} \times 10^5 \times 6 \times 10^{-8} = 9 \times 10^{-3}(\text{W})$$

$$S_i = 10^5 S_i' = 10^5 \times 9 \times 10^{-3} = 900(\text{W})$$

（4）FM 时，根据定义计算带宽可得

$$B_{\text{FM}} = 2(m_f + 1)f_m = 180(\text{kHz})$$

$$N_i = n_0 \times B_{\text{FM}} = 2 \times 10^{-12} \times 180 \times 10^3 = 3.6 \times 10^{-7}(\text{W})$$

由于 $G_{\text{FM}} = 3m_f^2(1 + m_f) = 450$，可得

$$S_i'/N_i = \frac{1}{450}(S_o/N_o) \Rightarrow S_i' = \frac{1}{450}(S_o/N_o) \cdot N_i = \frac{1}{450} \times 10^5 \times 3.6 \times 10^{-7} = 8 \times 10^{-5}(\text{W})$$

$$S_i = 10^5 S_i' = 10^5 \times 8 \times 10^{-5} = 8(\text{W})$$

3-19 将 60 路基带复用信号进行频率调制，形成 FDM/FM 信号。接收端用鉴频器解调调频信号。解调后的基带复用信号用带通滤波器分路，各分路信号经 SSB 同步解调得到各路话音信号。设鉴频器输出端各路话音信号功率谱密度相同，鉴频器输入端为带限高斯白噪声。

（1）画出鉴频器输出端噪声功率谱密度分布图。

（2）各话路输出端的信噪比是否相同？为什么？

（3）设复用信号频率范围为 12～252kHz（每路按 4kHz 计），频率最低的那一路输出信噪比为 50dB。若话路输出信噪比小于 30dB 时认为不符合要求，则符合要求的话路有多少？

解：（1）鉴频器输入端功率谱密度 $P_i(f)$ 和输出端噪声功率谱密度 $P_d(f)$ 分布，如图 3-43 所示。

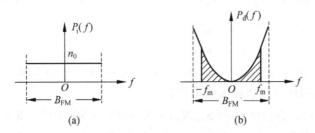

图 3-43　鉴频器输入端和输出端噪声功率谱密度

（2）根据题意可知，鉴频器输出端各路话音信号功率谱密度相同，因此功率相同。但是，从图 3-43 可以看到各话路对应噪声不同，因此，输出端的信噪功率比是不同的。

（3）设某一话路的最低频率为 x，则该话路的噪声功率为

$$N = \int_x^{x+4} P_d(f)\,\mathrm{d}f = \int_x^{x+4} Kf^2\,\mathrm{d}f = K[(x+4)^3 - x^3]$$

其中，K 为给定的常数。

对于频率最低的那一路，也就是 $x = 12\text{kHz}$，可以得到噪声为

$$N_{\min} = K[(x+4)^3 - x^3] = K[(12+4)^3 - 12^3] = 2368K$$

由于频率最低的那一路输出信噪比为 50dB，当话路输出信噪比小于 30dB 时认为不符合要求，也就是噪声大于 100 倍（20dB），信号质量不合格。因此，最大噪声和最小噪声之比可以表示为

$$\frac{N_{\min}}{N_{\max}} = \frac{1}{100} = \frac{2368K}{[(x+4)^3 - x^3]K}$$

因此,问题就转换为如下求解方程:

$$(x+4)^3 - x^3 = 236800$$

解得 $x = 138.47(\mathrm{kHz})$,起始频率为 12kHz,也即

$$x = 12 + 4n = 138.47(\mathrm{kHz})$$

解得 $n = 31.6$,取大于此值最近的整数为 32。因此,符合要求的最大话路为 32 路。

第 4 章 数字基带传输系统

CHAPTER 4

4.1 基本要求

内　　容	学习要求			备　　注
	了解	理解	掌握	
1. 数字基带信号及其频谱特性 *				注意原理与应用
（1）数字基带信号的常用码型			✓	结合原则讨论码型
（2）数字基带信号的功率谱△		✓		功率谱的具体物理意义
2. 数字基带系统传输模型 *				
（1）系统的工作原理		✓		系统简化的依据
（2）系统的数学分析△			✓	判决时信号的成分
3. 无码间串扰的基带传输系统				
（1）消除码间串扰的基本思路 *		✓		数学分析到物理概念
（2）理想基带传输系统 *			✓	时域分析和最高速率
（3）无码间串扰的等效特性△ *			✓	频域分析
（4）升余弦滚降传输特性	✓			带宽问题
4. 无码间串扰基带系统的噪声性能 *				
（1）性能分析模型		✓		计算的物理含义
（2）误码率的计算△		✓		结果的分析
5. 眼图	✓			产生原理
6. 时域均衡与部分响应系统				减少码间串扰要求
（1）时域均衡技术	✓			
（2）部分响应系统	✓			

4.2 核心内容

1. 数字基带信号

数字基带信号的设计原则如下。

（1）码型中应不含直流分量，低频分量应尽量小。

（2）码型中高频分量应尽量小。

（3）码型中最好包含定时信息。

（4）码型应具有一定检错能力。

（5）编码方案对发送消息类型不应有任何限制，即能适用于信源变化。

（6）低误码增殖。

（7）高的编码效率。

单极性不归零（NRZ）码　符号"1"和"0"分别与基带信号的正电平和零电平相对应，在整个码元持续时间内电平保持不变。单极性 NRZ 码具有如下特点：发送能量大，有利于提高接收端信噪比；在信道上占用频带较窄；有直流分量；不能直接提取位同步信息；抗噪性能差。由于单极性 NRZ 码的诸多缺点，数字基带信号传输中很少采用这种码型，它只适合计算机内部或极短距离（如印制电路板上和机箱内）的信号传输。

双极性不归零（NRZ）码　符号"1"和"0"分别对应正、负电平。双极性 NRZ 码具有如下特点：发送能量大，有利于提高接收端信噪比；在信道上占用频带较窄；不能直接提取位同步信息；直流分量小；接收端判决门限为零电平，抗干扰能力强。双极性 NRZ 码已被 ITU-T 的 V 系列接口标准和美国电工协会（EIA）制定的 RS-232 接口标准使用。

单极性归零（RZ）码　有电脉冲宽度比码元宽度窄，每个脉冲都回到零电平。在传送"1"码时，发送 1 个宽度小于码元持续时间的归零脉冲；在传送"0"码时，不发送脉冲。脉冲宽度 τ 与码元宽度 T_b 之比称为占空比。与单极性 NRZ 码相比，单极性 RZ 码的缺点是发送能量小、占用频带宽；优点是可以直接提取同步信号。

双极性归零（RZ）码　符号"1"和"0"在传输线路上分别用正脉冲和负脉冲表示，且相邻脉冲间必有零电平区域存在。双极性 RZ 码可以较为容易地保持正确的位同步，抗干扰能力强，码中不含直流成分。因此，双极性 RZ 码应用比较广泛。

差分码　符号"1"和"0"分别用电平跳变或电平不变来表示。若用电平跳变来表示"1"，则称为传号差分码；若用电平跳变来表示"0"，则称为空号差分码。对于传号差分码，编码时可采用"遇到 1 状态翻转，遇到 0 状态不变"的策略；译码时可采用"波形有变化输出 1，波形无变化输出 0"的策略。而空号差分码的编码和译码策略正好与之相反。对于差分码，即使接收端收到的码元极性与发送端完全相反，也能正确进行判决。

AMI 码　"0"码与零电平对应，"1"码对应发送极性交替的正、负电平。因此，这种码型实际上把二进制脉冲序列变为 3 电平序列，是 ITU-T 推荐使用的码。AMI 码有如下优点：在"1"码和"0"码不等概率的情况下，无直流成分，且零频附近低频分量小；若接收端收到的码元极性与发送端的完全相反，也能进行正确判决；便于观察误码情况；编译码电路简单。但 AMI 码有一个重要缺点，即当它用来获取定时信息时，由于它可能出现长的连"0"，因此会造成提取定时信号困难。

HDB₃ 码　为了保持 AMI 码的优点，同时克服其缺点，人们提出了许多类型的改进 AMI 码，其中广泛为人们接受的解决办法是采用高密度双极性码 HDB$_n$。三阶高密度双极性码（HDB₃ 码）就是高密度双极性码中最重要的一种，也是 ITU-T 推荐使用的码。

HDB₃ 码的编码规则如下。

（1）先把消息代码变成 AMI 码，然后检查 AMI 码连"0"的情况，当无 3 个以上连"0"码时,则这时的 AMI 码就是 HDB₃ 码。

（2）当出现 4 个或 4 个以上连"0"码时,将每 4 个连"0"的第 4 个"0"码变换成"非 0"码。这个由"0"码改变来的"非 0"码称为破坏符号,用符号 V 表示,而原来的二进制码元序列中所有的"1"码称为信码,用符号 B 表示。

当信码序列中加入破坏符号以后,信码 B 与破坏符号 V 的正负必须满足如下两个条件。

（1）B 码和 V 码各自都应始终保持极性交替变化的规律,以便确保编好的码中没有直流成分。

（2）V 码必须与前 1 个码(信码 B)同极性,以便和正常的 AMI 码区分开来。如果这个条件得不到满足,则应该在 4 个连"0"码的第 1 个"0"码位置上加 1 个与 V 码同极性的补信码,用符号 B′表示,并做调整,使 B 码和 B′码合起来,极性交替变换。

Manchester 码　曼彻斯特(Manchester)码又称为双相码。它的每个码元用两个连续的、极性相反的脉冲来表示。例如,"1"码用正、负脉冲表示,"0"码用负、正脉冲表示。该码的优点是无直流分量,最长连"0"或连"1"数为 2,定时信息丰富,编译码电路简单,但其码元速率比输入的信号速率提高了一倍。双相码适用于近距离传输,局域网常采用该码作为传输码型。

CMI 码　"1"码交替用"00"和"11"表示；"0"码用"01"表示。CMI 码的优点是没有直流分量,且频繁出现波形跳变,便于定时信息提取,具有误码监测能力。CMI 码是高次群脉冲编码调制终端设备中广泛用作接口的码型,在低速率光纤数字传输系统中被建议作为线路传输码型。

多进制码　使用多个二进制数表示一个脉冲码元。例如,对于单极性信号的四进制脉冲+3E、+2E、+E、0 对应二进制符号 00、01、10、11；对于双极性信号+3E、+E、−E、−3E 对应二进制符号 00、01、10、11。

数字基带信号功率谱　序列的功率谱包括连续谱和离散谱两部分。连续谱总是存在,反映了信号能量主要集中的区域,根据它可以确定序列的带宽,并进行发送和接收滤波器设计。离散谱包括表示信号的直流分量和同步分量的相关信息。

单极性 NRZ 信号的功率谱　离散谱仅包含直流分量,不包含可用于提取同步信息的分量；连续分量对应功率谱密度的带宽近似为 $1/T_b$。

双极性 NRZ 信号的功率谱　当"0"和"1"等概率出现时,序列的功率谱仅包括连续谱,对应功率谱密度的带宽近似为 $1/T_b$。

单极性 RZ 信号的功率谱　离散谱包含直流分量和同步信息分量,可使用滤波法直接提取同步信息；连续分量对应功率谱密度的带宽近似为 $1/\tau$,带宽较之单极性 NRZ 信号变宽。

双极性 RZ 信号的功率谱　当"0"和"1"等概率出现时,序列的功率谱仅包括连续谱,对应功率谱密度的带宽近似为 $1/\tau$。

2. 数字基带系统传输模型

数字基带传输系统　主要包括脉冲形成器、发送滤波器、信道、接收滤波器、抽样判决器与码元再生器等,具体结构框图如图 4-1 所示。

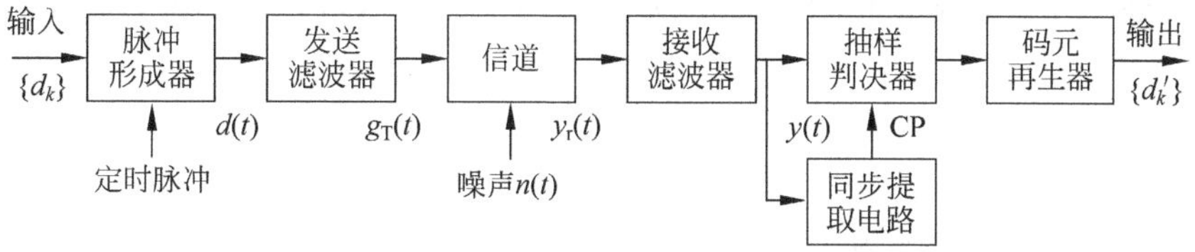

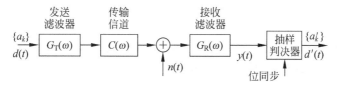

图 4-1 数字基带传输系统框图

脉冲形成器 将数字终端发送来的二进制数据序列,或者是经模数转换后的二进制(也可是多进制)脉冲序列,变换为比较适合信道传输且具有较强抗衰落能力的码型。例如,双极性 RZ 码元序列。

发送滤波器 进一步将输入的双极性 RZ 码元序列变换为适合信道传输的波形。这是因为矩形波含有丰富的高频成分,若直接送入信道传输,则容易产生失真。

信道 基带传输系统的信道通常采用电缆、架空明线等。信道既传送信号,同时又因存在噪声,以及频率特性不理想而对数字信号造成损害,使得接收端得到的波形与发送波形存在有较大差异。

接收滤波器 主要作用是滤除带外噪声,并对已接收的波形进行均衡,以便抽样判决器进行正确判决。

抽样判决器 首先对接收滤波器输出的信号在规定时刻进行抽样,获得抽样信号,然后对抽样值进行判决,以确定各码元是"1"码还是"0"码。

码元再生器 对判决器的输出"1"和"0"进行原始码元再生,以获得输入波形相应的脉冲序列。

同步提取电路 从接收信号中提取定时脉冲 CP,供接收系统同步使用。

系统模型抽象 将图 4-1 给出的数字基带传输系统进一步进行数学抽象,可以得到基带传输系统的数学模型,如图 4-2 所示。

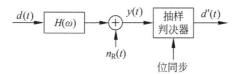

图 4-2 基带传输系统数学模型

设图 4-2 给出的系统是线性时不变(LTI)系统,则可以用 $H(\omega)$ 表示从发送滤波器至接收滤波器总的传输特性,即

$$H(\omega) = G_T(\omega)C(\omega)G_R(\omega) \tag{4-1}$$

对应更为简化的系统数学模型如图 4-3 所示。

图 4-3 简化的基带传输系统数学模型

信号描述　设输入基带信号的基本脉冲为单位冲激函数,输入符号序列具体可以表示为

$$d(t) = \sum_{k=-\infty}^{\infty} a_k \delta(t - kT_b) \tag{4-2}$$

抽样判决器的输入信号为

$$y(t) = d(t) * h(t) + n_R(t) = \sum_{k=-\infty}^{\infty} a_k h(t - kT_b) + n_R(t) \tag{4-3}$$

在 $t = jT_b + t_0$ 瞬间对 $y(t)$ 进行抽样,抽样判决器输出信号为

$$y(jT_b + t_0) = a_j h(t_0) + \sum_{k \neq j} a_k h[(j-k)T_b + t_0] + n_R(jT_b + t_0) \tag{4-4}$$

抽样信号分析　$a_j h(t_0)$ 表示第 j 个接收波形在抽样瞬间 $t = jT_b + t_0$ 所取得的值,是有用信息;$\sum_{k \neq j} a_k h[(j-k)T_b + t_0]$ 表示除第 j 个码元外,其他所有接收码元波形在 $t = jT_b + t_0$ 时刻瞬间所取值的总和,被称为码间串扰(ISI)。$n_R(jT_b + t_0)$ 表示输出噪声在抽样瞬间的值,是随机噪声干扰。因此,码间串扰和信道噪声是数字基带传输系统产生误码的原因。

3. 无码间串扰的基带传输系统

消除码间串扰基本思想　要求 $h[(j-k)T_b + t_0] = \begin{cases} 1(\text{或常数}), & j = k \\ 0, & j \neq k \end{cases}$,此外还要求 $h(t)$ 适当衰减快一些,即尾巴不要拖得太长。假设 $t_0 = 0$,则无码间串扰的条件变为

$$h[(j-k)T_b] = \begin{cases} 1(\text{或常数}), & j = k \\ 0, & j \neq k \end{cases} \tag{4-5}$$

或者,

$$h(kT_b) = \begin{cases} 1(\text{或常数}), & k = 0 \\ 0, & k \neq 0 \end{cases} \tag{4-6}$$

理想基带传输系统　由于 $h(t) = Sa(\pi t / T_b)$ 满足式(4-6),并对它进行傅里叶变换,可以得到门函数,也就是理想低通函数,具体表示为

$$H(\omega) = \begin{cases} 1(\text{或常数}), & |\omega| \leqslant \omega_b / 2 \\ 0, & |\omega| > \omega_b / 2 \end{cases} \tag{4-7}$$

奈奎斯特参数　式(4-7)表述的基带传输系统被称为理想基带传输系统,具备理想低通特性。而此时的最小码元间隔 T_b 被称为奈奎斯特(Nyquist)间隔,最大码元传输速率 R_B 被称为奈奎斯特速率。当然,输入序列若以 $1/T_b$ 的码元速率进行无码间串扰传输,则所需的最小传输带宽为 $1/(2T_b)$(Hz),通常称 $1/(2T_b)$ 为奈奎斯特带宽。其频带利用率可以表示为

$$\eta = R_B / B \, (\text{Baud/Hz}) \tag{4-8}$$

奈奎斯特第一准则　无码间串扰基带传输系统的频域条件可以表示为

$$H_{eq}(\omega) = \sum_i H\left(\omega + \frac{2\pi i}{T_b}\right) = K \quad |\omega| \leqslant \pi / T_b \tag{4-9}$$

同时,由式(4-9)可知,基带传输特性 $H(\omega)$ 的形式不是唯一的。

余弦滚降传输特性　理想冲激响应 $h(t)$ 的尾巴衰减很慢的原因是系统的频率特性截止得过于陡峭。为了解决这个问题,可以使理想低通滤波器特性的边沿缓慢下降,这被称为"滚降",一种常用的滚降特性是余弦滚降特性。滚降的方法是将 $H(\omega)$ 在滚降段中心频率处(与奈奎斯特带宽相对应)呈奇对称的振幅特性,则必然可以满足奈奎斯特第一准则,从而实现无码间串扰传输。

滚降相关参数　滚降系数满足 $0 \leqslant \alpha \leqslant 1$ 条件,通常可以表示为

$$\alpha = \frac{W_2}{W_1} \tag{4-10}$$

基带传输特性 $H(\omega)$ 的带宽为 $B = (1+\alpha)W_1 = (1+\alpha)f_b/2$。频带利用率为 $1 \sim 2\text{Baud/Hz}$。

4. 无码间串扰基带系统的抗噪声性能

性能分析模型　码间串扰和噪声是影响接收端正确判决,造成误码的直接因素。假设这两种因素相互独立,仅考虑信道噪声对接收端产生的影响,可用的性能分析模型如图 4-4 所示。

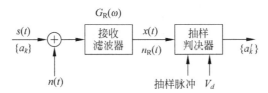

图 4-4　抗噪性能分析模型

接收滤波器的输出可以表示为

$$x(t) = s(t) + n_R(t) \tag{4-11}$$

噪声分析　信道噪声 $n(t)$ 为双边功率谱密度为 $n_0/2$ 的高斯白噪声,其通过接收滤波器后的输出噪声为 $n_R(t)$。由于接收滤波器是线性的,因此输出噪声为 $n_R(t)$ 为均值为 0 的高斯噪声。它的功率谱密度为

$$P_n(\omega) = |G_R(\omega)|^2 \cdot \frac{n_0}{2} \tag{4-12}$$

瞬时值的一维概率密度函数可表述为

$$f(V) = \frac{1}{\sqrt{2\pi}\sigma_n} \exp\left(-\frac{V^2}{2\sigma_n^2}\right) \tag{4-13}$$

式中,方差 σ_n^2 是噪声平均功率。

单极性信号　若二进制基带信号为单极性信号,设它在抽样时刻的电平取值为 $+A$ 或 0,则 $x(t)$ 在抽样时刻的取值为

$$x(kT_b) = \begin{cases} A + n_R(kT_b), & \text{发送"1"时} \\ n_R(kT_b), & \text{发送"0"时} \end{cases} \tag{4-14}$$

由于 $n_R(t)$ 服从正态分布,发送"1"时均值为 $+A$,其一维概率密度函数为

$$f_1(x) = \frac{1}{\sqrt{2\pi}\,\sigma_n}\exp\left[-\frac{(x-A)^2}{2\sigma_n^2}\right]$$ (4-15)

发送"0"时均值为 0,其一维概率密度函数为

$$f_0(x) = \frac{1}{\sqrt{2\pi}\,\sigma_n}\exp\left(-\frac{x^2}{2\sigma_n^2}\right)$$ (4-16)

双极性信号   若二进制基带信号为双极性,设它在抽样时刻的电平取值为 $+A$ 或 $-A$,则 $x(t)$ 在抽样时刻的取值为

$$x(kT_b) = \begin{cases} A + n_R(kT_b), & \text{发送"1"时} \\ -A + n_R(kT_b), & \text{发送"0"时} \end{cases}$$ (4-17)

发送"1"时均值为 $+A$,其一维概率密度函数为

$$f_1(x) = \frac{1}{\sqrt{2\pi}\,\sigma_n}\exp\left[-\frac{(x-A)^2}{2\sigma_n^2}\right]$$ (4-18)

发送"0"时均值为 $-A$,其一维概率密度函数为

$$f_0(x) = \frac{1}{\sqrt{2\pi}\,\sigma_n}\exp\left[-\frac{(x+A)^2}{2\sigma_n^2}\right]$$ (4-19)

抽样判决器判决规则   设判决门限为 V_d,判决规则为

$$\begin{cases} x(kT_b) > V_d, & \text{判为"1"码} \\ x(kT_b) < V_d, & \text{判为"0"码} \end{cases}$$ (4-20)

误码概率描述   对于双极性信号,根据判决规则,可以得到噪声所引起的两种误码概率为 $P(0/1)$ 和 $P(1/0)$,具体计算如下。

发"1"错判为"0"的概率 $P(0/1)$ 为

$$P(0/1) = P(x < V_d) = \int_{-\infty}^{V_d} f_1(x)\mathrm{d}x = \int_{-\infty}^{V_d} \frac{1}{\sqrt{2\pi}\,\sigma_n}\exp\left[-\frac{(x-A)^2}{2\sigma_n^2}\right]\mathrm{d}x$$

$$= \frac{1}{2} + \frac{1}{2}\mathrm{erf}\left(\frac{V_d - A}{\sqrt{2}\,\sigma_n}\right)$$ (4-21)

发"0"错判为"1"的概率 $P(1/0)$ 为

$$P(1/0) = P(x > V_d) = \int_{V_d}^{\infty} f_0(x)\mathrm{d}x = \int_{V_d}^{\infty} \frac{1}{\sqrt{2\pi}\,\sigma_n}\exp\left[-\frac{(x+A)^2}{2\sigma_n^2}\right]\mathrm{d}x$$

$$= \frac{1}{2} - \frac{1}{2}\mathrm{erf}\left(\frac{V_d + A}{\sqrt{2}\,\sigma_n}\right)$$ (4-22)

平均误码率   无论对于双极性信号还是单极性信号,在发送端若信源发送"1"的概率为 $P(1)$,发送"0"的概率为 $P(0)$,则基带传输系统平均误码率可表示为

$$P_e = P(1)P(0/1) + P(0)P(1/0) = P(1)\int_{-\infty}^{V_d} f_1(x)\mathrm{d}x + P(0)\int_{V_d}^{\infty} f_0(x)\mathrm{d}x$$ (4-23)

最佳判决门限　误码率由 A、σ_n^2 和门限 V_d 决定。在 A 和 σ_n^2 一定的条件下,可以找到一个使误码率最小的判决门限电平,这个门限电平称为最佳门限电平,所以可以由 $dP_e/dV_d=0$ 求得最佳判决门限 V_d。

单极性信号的最佳门限电平为

$$V_d^* = \frac{A}{2} + \frac{\sigma_n^2}{A}\ln\frac{P(0)}{P(1)} \tag{4-24}$$

其中,当 $P(1)=P(0)=1/2$ 时,$V_d^* = \frac{A}{2}$。

双极性信号的最佳门限电平为

$$V_d^* = \frac{\sigma_n^2}{2A}\ln\frac{P(0)}{P(1)} \tag{4-25}$$

其中,当 $P(1)=P(0)=1/2$ 时,$V_d^*=0$。

数字基带系统的误码率　利用求得的最佳判决门限,可以计算数字基带系统在传输不同信号情况下的误码率。

单极性信号的误码率为

$$P_e = \frac{1}{2}P(0/1) + \frac{1}{2}P(1/0) = \frac{1}{2}\text{erfc}\left(\frac{A}{2\sqrt{2}\sigma_n}\right) \tag{4-26}$$

双极性信号的误码率为

$$P_e = \frac{1}{2}P(0/1) + \frac{1}{2}P(1/0) = \frac{1}{2}\text{erfc}\left(\frac{A}{\sqrt{2}\sigma_n}\right) \tag{4-27}$$

分析与比较　在信噪比相同的条件下,双极性信号的误码率比单极性信号的误码率低,抗噪声性能好;在误码率相同的条件下,单极性信号需要的信噪比要比双极性高 3dB。

5. 眼图

眼图测量　利用示波器跨接在抽样判决器的输入端,然后调整示波器的扫描周期,使示波器水平扫描周期与接收码元的周期同步,这时示波器屏幕上显示类似人眼睛的图形,故称为"眼图"。从"眼图"上可以观察出码间串扰和噪声的影响,从而估计系统性能。

无噪声无码间串扰眼图　扫描线所得的每个码元波形将重叠在一起,形成线迹细而清晰的大"眼睛"。

无噪声有码间串扰眼图　对于有码间串扰的双极性基带脉冲序列,由于存在码间串扰,此波形已经失真,当用示波器观察时,示波器的扫描迹线不会完全重合,于是形成的眼图线迹杂乱且不清晰,"眼睛"张开的较小,且眼图不端正。眼图的"眼睛"张开的大小反映码间串扰的强弱。"眼睛"张的越大,且眼图越端正,则表示码间串扰越小;反之表示码间串扰越大。

有噪声的眼图　噪声将叠加在信号上,观察到的眼图的线迹会变得模糊不清。若同时存在码间串扰,"眼睛"将张开得更小。与无码间串扰时的眼图相比,原来清晰端正的细线迹,变成了比较模糊的带状线,而且不是很端正。噪声越大,线迹越宽,越模糊;码间串扰越大,眼图越不端正。

眼图的模型　图 4-5 给出了眼图的模型。

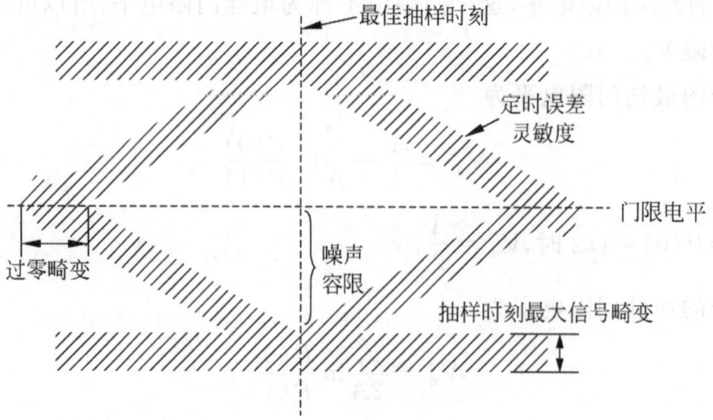

图 4-5　眼图的模型

从图 4-5 可得如下特点。

（1）最佳抽样时刻应在"眼睛"张开最大的时刻。

（2）对定时误差的灵敏度可由眼图斜边的斜率决定,斜率越大,对定时误差就越灵敏。

（3）在抽样时刻,眼图上下两分支阴影区的垂直高度,表示最大信号畸变。

（4）眼图中央的横轴位置应对应判决门限电平。

（5）在抽样时刻,上下两分支离门限最近的一根线迹至门限的距离表示各相应电平的噪声容限,噪声瞬时值超过它就可能发生错误判决。

（6）对于利用信号过零点取平均来得到定时信息的接收系统,眼图倾斜分支与横轴相交的区域的大小,表示零点位置的变动范围,这个变动范围的大小对提取定时信息有重要的影响。

信号分析　在接收二进制双极性波形时,如果水平扫描周期与码元周期 T_b 一致,则在显示屏上只能看到一只眼睛;如果水平扫描周期是码元周期 T_b 的 N 倍,则可以在显示屏上能看到 N 只眼睛。因此,利用这一方法通过调整水平扫描周期可以估算码元速率。若接收的是经过码型变换后得到的 AMI 码或 HDB$_3$ 码,它们的波形具有 3 电平,则在眼图中间出现一根代表连"0"的水平线。

6. 接收端改善措施

时域均衡技术　横向滤波器是时域均衡的一种典型结构,通常用来直接校正已失真的响应波形,使得包括可调滤波器在内的整个系统的冲激响应,满足无码间串扰条件,或者减小系统的码间串扰。时域均衡按调整方式可分为手动均衡和自动均衡。

部分响应系统　人为地、有规律地在码元的抽样时刻引入码间串扰,并在接收端判决前加以消除,从而可以改善频谱特性,压缩传输频带,使频带利用率提高到理论上的最大值,并加速传输波形尾巴的衰减和降低对定时精度要求的目的,这就是奈奎斯特第二准则。通常把这种波形称为部分响应波形,利用部分响应波形传输的基带系统称为部分响应系统。

4.3 知识体系

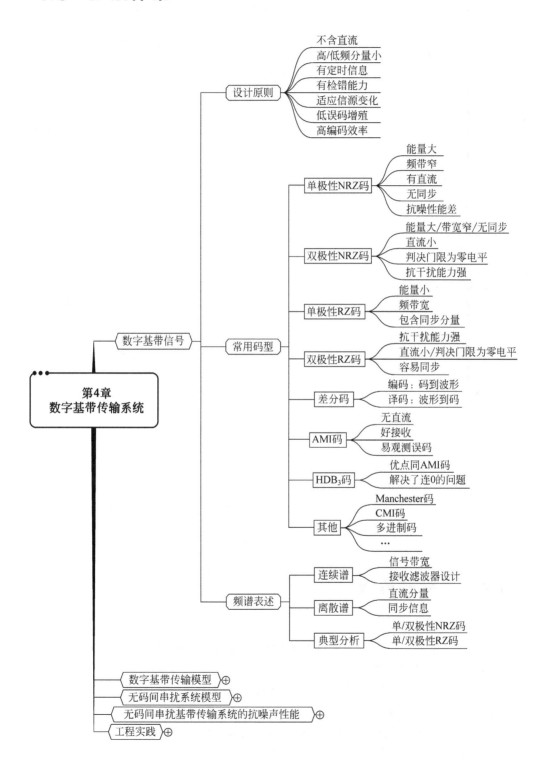

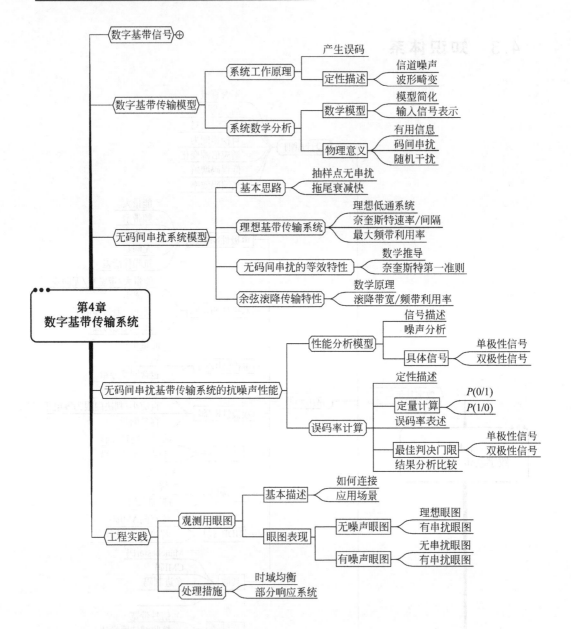

4.4 思考题解答

4-1 什么是数字基带信号?

答:传输的是数字信号,且未经调制的脉冲信号,它们的频带通常是从直流或低频开始,所以被称为数字基带信号。

4-2 数字基带信号有哪些常用码型? 它们各有什么特点?

答:单极性不归零(NRZ)码、双极性不归零(NRZ)码、单极性归零(RZ)码、双极性归零(RZ)码、差分码、AMI码、HDB$_3$码、Manchester码、CMI码和多进制码等。它们设计的目的是在数字基带传输系统中进行传输。通常围绕下面7方面进行设计。

（1）码型中应不含直流分量,低频分量应尽量小。

（2）码型中高频分量应尽量小,这样既可以节省传输频带,又可以提高信道的频带利用率。

（3）码型中最好包含定时信息。

（4）码型应具有一定的检错能力。

（5）编码方案对发送消息类型不应有任何限制,即能适用于信源变化,这种与信源的统计特性无关的性质称为对信源具有透明性。

（6）低误码增殖。对于某些基带传输码型,信道中产生的单个误码会扰乱一段译码过程,从而导致译码输出信息中出现多个错误,这种现象称为误码增殖。

（7）高的编码效率,编译码设备应尽量简单。

因此,每种码型都按应用需求进行了设计,各有特点。

4-3　构造 AMI 码和 HDB$_3$ 码的规则是什么?

答:AMI 码编码规则是将消息码中的“0”码仍与零电平对应,而“1”码对应发送极性交替的正、负电平。

HDB$_3$ 码的编码规则如下。

（1）先把消息代码变成 AMI 码,然后检查 AMI 码的连“0”情况,当无 3 个以上连“0”码时,AMI 码就是 HDB$_3$ 码。

（2）当出现 4 个或 4 个以上连 0 码时,将每 4 个连“0”的第 4 个“0”变换成“非 0”码。这个由“0”码改变来的“非 0”码称为破坏符号,用符号 V 表示,而原来的二进制码元序列中所有的“1”码称为信码,用符号 B 表示。

当信码序列中加入破坏符号以后,信码 B 与破坏符号 V 的正负必须满足如下两个条件。

（1）B 码和 V 码各自都应始终保持极性交替变化的规律,以便确保编好的码中没有直流成分。

（2）V 码必须与前 1 个码(信码 B)同极性,以便和正常的 AMI 码区分。如果这个条件得不到满足,那么应该在 4 个连“0”码的第 1 个“0”码位置上加一个与 V 码同极性的补信码,用符号 B′表示,并做调整,使 B 码和 B′码合起来,保持信码(含 B 及 B′)极性交替变换的规律。

4-4　研究数字基带信号功率谱的目的是什么? 信号带宽怎么确定?

答:分析数字基带信号的频谱特性,可以确定信号需要占用的频带宽度,获得信号谱中的直流分量、位定时分量、主瓣宽度和谱滚降衰减速度等信息。通常选择连续功率谱密度分量的第一零点位置对应的频率为信号带宽。

4-5　数字基带信号功率谱中的离散分量表示什么物理含义?

答:$|f_b[PG_1(0)+(1-P)G_2(0_b)]|^2\delta(f)$ 项表示信号的直流分量,该项不为 0 表示信号中包含直流成分,否则无直流成分;$\sum\limits_{m\neq 0}|f_b[PG_1(mf_b)+(1-P)G_2(mf_b)]|^2\delta(f-mf_b)$ 项表示随机脉冲序列是否包含位同步信息。

4-6　简述数字基带传输系统的基本结构。

答:数字基带传输系统的基本组成框图如图 4-1 所示,主要包括脉冲形成器、发送滤波器、信道、接收滤波器、抽样判决器与码元再生器等。

4-7 数字基带传输系统误码产生的原因是什么？

答：码间串扰和信道噪声是数字基带传输系统产生误码的原因。

4-8 什么叫码间串扰？它是怎样产生的？对通信质量有什么影响？

答：所有接收码元波形在 $t = jT_b + t_0$ 时刻瞬间取值的总和，它对当前码元 a_j 的判决起着干扰的作用，称为码间串扰(ISI)。

码间串扰是因为信道频率特性不理想引起波形畸变，从而导致实际抽样判决值是本码元脉冲波形的值与其他所有脉冲波形拖尾的叠加，并在接收端有可能造成判决出现错误的现象，有时也称为码间干扰。由此可见，为使基带脉冲传输获得足够小的误码率，必须最大限度地减小码间串扰和随机噪声对于基带信号的影响。

4-9 满足无码间串扰条件的传输特性的冲激响应 $h(t)$ 是怎样的？为什么说能满足无码间串扰条件的 $h(t)$ 不是唯一的？

答：基带信号经过传输后在抽样点上无码间串扰，即瞬时抽样值应满足：

$$h[(j-k)T_b + t_0] = \begin{cases} 1(或常数), & j=k \\ 0, & j \neq k \end{cases}$$

由于无码间串扰条件的 $h(t)$ 仅对它在抽样判决时刻的情况进行描述，其他的取值点并没有要求，因此，无码间串扰条件的 $h(t)$ 不是唯一的。

4-10 为了消除码间串扰，基带传输系统的传输函数应满足什么条件？

答：要满足无码间串扰，则需满足如下条件。

时域满足：$h[(j-k)T_b + t_0] = \begin{cases} 1(或常数), & j=k \\ 0, & j \neq k \end{cases}$

频域满足：$H_{eq}(\omega) = \sum_i H\left(\omega + \frac{2\pi i}{T_b}\right) = K \quad |\omega| \leqslant \pi/T_b$

4-11 什么是奈奎斯特间隔和奈奎斯特速率？

答：如果从基带传输系统带宽 B 和传输速率 R_B 关系分析可以发现，其 $T_b = 1/(2B)$ 为系统传输无码间串扰的最小码元间隔。也就是说，$R_B = 1/T_b = 2B$ 为最大码元传输速率。因此，该基带传输系统被称为理想基带传输系统，具备理想低通特性。而此时的最小码元间隔 T_b 被称为奈奎斯特(Nyquist)间隔，最大码元传输速率 R_B 被称为奈奎斯特速率。

4-12 简述奈奎斯特第一准则。

答：将基带传输系统的传输特性 $H(\omega)$ 等间隔分割为 $2\pi/T_b$ 宽度，若各段在 $(-\pi/T_b, \pi/T_b)$ 区间内能叠加成 1 个矩形频率特性曲线，那么它在以 $f_b = \pi/T_b$ 速率传输基带信号时，就能做到无码间串扰。习惯将上述描述为无码间串扰基带传输系统的频域条件，也就是奈奎斯特第一准则。具体可以表示为 $H_{eq}(\omega) = \sum_i H(\omega + \frac{2\pi i}{T_b}) = K \quad |\omega| \leqslant \pi/T_b$

4-13 什么是时域均衡？它与频域均衡有何差异？

答：均衡分为时域均衡和频域均衡。时域均衡器用来直接校正已失真的响应波形，使包括可调滤波器在内的整个系统的冲激响应满足无码间串扰条件。频域均衡是从滤波器的频率特性考虑，利用一个可调滤波器的频率特性补偿基带系统的频率特性，使得包括可调滤波器在内的基带系统的总特性接近无失真传输条件。

4-14　简述等效传输特性研究的意义。

答：无码间串扰基带传输系统的频域条件有许多,需要满足如下条件。

$$H_{eq}(\omega) = \sum_i H\left(\omega + \frac{2\pi i}{T_b}\right) = K \quad |\omega| \leqslant \pi/T_b$$

同时,上式给出了频域判决无码间串扰基带传输系统的方法。

4-15　为什么要引入余弦滚降传输特性?

答：理想低通滤波器的冲激响应$h(t)$拖尾衰减很慢的原因是系统的频率特性截止得过于陡峭,为了解决这个问题,可以使理想低通滤波器特性的边沿缓慢下降,这被称为"滚降"。一种常用的滚降特性是余弦滚降特性。

4-16　无码间串扰情况下误码率与什么因素有关?

答：通常$P(1)$和$P(0)$是给定的,因此,误码率P_e最终将由A、σ_n^2和门限V_d决定。

4-17　什么是最佳判决门限电平?当$P(0)=P(1)=1/2$时,传送单极性基带波形和双极性基带波形的最佳判决门限各为多少?

答：在A和σ_n^2一定的条件下,可以找到一个使误码率最小的判决门限电平,这个门限电平称为最佳门限电平。单极性信号最佳门限电平为

$$V_d^* = \frac{A}{2} + \frac{\sigma_n^2}{A}\ln\frac{P(0)}{P(1)}$$

当$P(1)=P(0)=1/2$时,$V_d^* = \frac{A}{2}$。

双极性信号最佳门限电平为

$$V_d^* = \frac{\sigma_n^2}{2A}\ln\frac{P(0)}{P(1)}$$

当$P(1)=P(0)=1/2$时,$V_d^*=0$。

4-18　什么叫眼图?它有什么用处?

答：眼图是指利用实验的手段估计传输系统性能的方法。具体做法是用一个示波器跨接在接抽样判决器的输入端,然后调整示波器的扫描周期,使示波器水平扫描周期与接收码元的周期同步。这时,示波器屏幕上显示类似人眼睛的图形,故称为"眼图"。从"眼图"上可以观察出码间串扰和噪声的影响,从而估计系统性能。

4-19　根据眼图选择最佳判决时刻的依据是什么?

答：最佳抽样时刻应在"眼睛"张开最大的时刻。因为此时信号最大,信噪比最大,所以误码率最小。

4-20　部分响应技术解决了什么问题?

答：人为地、有规律地在码元抽样时刻引入码间串扰,并在接收端判决前加以消除,从而可以达到改善频谱特性,压缩传输频带,使频带利用率提高到理论上的最大值,并加速传输波形尾巴的衰减和降低对定时精度要求的目的。通常把这种波形称为部分响应波形,利用部分响应波形传输的基带系统称为部分响应系统。

4-21　如何处理部分响应技术造成的差错扩散问题?

答：为了避免因相关编码而引起的差错传播问题,可以在发送端相关编码之前进行预编码,实质上就是输入信码a_k变换成"差分码"b_k,然后把$\{b_k\}$送给发送滤波器,形成部分响

应波形 $g(t)$ 序列。

4.5　习题详解

4-1　设二进制符号序列为 110010001110,试以矩形脉冲为例,分别画出相应的单极性 NRZ 码、双极性 NRZ 码、单极性 RZ 码、双极性 RZ 码、二进制差分码波形。

解：根据题意可以得到图 4-6 所示波形。

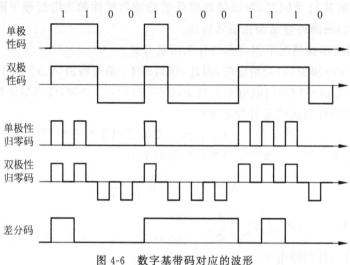

图 4-6　数字基带码对应的波形

4-2　已知信息代码为 100000000011,求相应的 AMI 码和 HDB$_3$ 码。

解：根据题意可以得到相应的 AMI 码和 HDB$_3$ 码。

	1	0	0	0	0	0	0	0	0	0	1	1
AMI 码	+1	0	0	0	0	0	0	0	0	0	−1	+1
HDB$_3$ 码	+1	0	0	0	+1	−1	0	0	−1	0	+1	−1

4-3　已知 HDB$_3$ 码为 0+100−1000−1+1000+1−1+1−100−1+100−1,试译出原信息代码。

解：根据题意可以得到 HDB$_3$ 码的译码输出为 0100100001000011000001001。

4-4　设某二进制数字基带信号的基本脉冲如图 4-7 所示。图中 T_b 为码元宽度,数字信息"1"和"0"分别用 $g(t)$ 的有无表示,它们出现的概率分别为 P 及 $(1-P)$,其中 $P=0.5$。

(1) 求该数字信号的功率谱密度,并画图。

(2) 该序列是否存在 $f_b=1/T_b$ 离散分量。

(3) 计算数字基带信号的带宽。

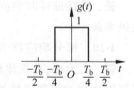

图 4-7　二进制数字基带信号的基本脉冲波形

解：(1) 根据题意可知,对于单极性 RZ 信号,有

$$g_1(t)=0, \quad g_2(t)=g(t)$$

其中,$g(t)$ 为图 4-7 所示的高度为 1、宽度为 τ 的矩形脉冲,此时 $\tau=\dfrac{T_b}{2}$,则

$$G_1(f) = 0$$

$$G_2(f) = G(f) = \frac{T_b}{2} Sa\left(\frac{\omega T_b}{4}\right) = \frac{T_b}{2} Sa\left(\frac{\pi f T_b}{2}\right), \quad G_2(mf_b) = \frac{T_b}{2} Sa\left(\frac{\pi m}{2}\right)$$

代入功率谱密度计算公式得

$$P_s(f) = f_b P(1-P) \mid G_1(f) - G_2(f) \mid^2 + \mid f_b[PG_1(0) + (1-P)G_2(0)] \mid^2 \delta(f) +$$

$$\sum_{m \neq 0} \mid f_b[PG_1(mf_b) + (1-P)G_2(mf_b)] \mid^2 \delta(f - mf_b)$$

$$= \frac{1}{16}\left[Sa^2\left(\frac{\pi f T_b}{2}\right) + \delta(f) + \sum_{m \neq 0} Sa^2\left(\frac{\pi m}{2}\right) \delta(f - mf_b) \right]$$

根据上述计算,可以得到如图 4-8 所示的单极性 RZ 信号的功率谱密度。

(2) 该序列在 $f_b = 1/T_b$ 存在离散分量,可以提取同步。

(3) 连续谱第一个过零点的位置是 $2/T_b$,所以带宽可以表示为 $B = 2/T_b$。

4-5　若数字信息"1"和"0"改用 $g(t)$ 和 $-g(t)$ 表示,重做习题 4-4。

解:(1) 根据题意可知,对于双极性 RZ 信号,有

$$g_1(t) = -g_2(t) = g(t)$$

其中,$g(t)$ 也为如图 4-7 所示的高度为 1、宽度为 τ 的矩形脉冲此时 $\tau = \dfrac{T_b}{2}$,则

$$G_1(f) = -G_2(f) = G(f) = \tau Sa(\omega \tau/2) = \frac{T_b}{2} Sa\left(\frac{\omega T_b}{4}\right) = \frac{T_b}{2} Sa\left(\frac{\pi f T_b}{2}\right)$$

$$P_s(f) = f_b P(1-P) \mid G_1(f) - G_2(f) \mid^2 + \mid f_b[PG_1(0) + (1-P)G_2(0)] \mid^2 \delta(f) +$$

$$\sum_{m \neq 0} \mid f_b[PG_1(mf_b) + (1-P)G_2(mf_b)] \mid^2 \delta(f - mf_b)$$

$$= \frac{1}{4} Sa^2\left(\frac{\pi f T_b}{2}\right)$$

根据上述计算,可以得到如图 4-9 所示的双极性 RZ 信号的功率谱密度。

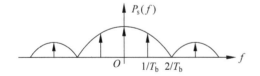

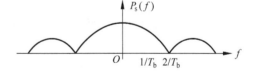

图 4-8　单极性 RZ 信号的功率谱密度　　　　图 4-9　双极性 RZ 信号的功率谱密度

(2) 该序列在 $f_b = 1/T_b$ 不存在离散分量,不可以提取同步。

(3) 连续谱第一个过零点的位置是 $2/T_b$,所以带宽可以表示为 $B = 2/T_b$。

4-6　设某二进制数字基带信号的基本脉冲为三角形脉冲,如图 4-10 所示。图中 T_b 为码元宽度,数字信息"1"和"0"分别用 $g(t)$ 的有无表示,且"1"和"0"出现的概率相等。

(1) 求该数字信号的功率谱密度,并画图。

(2) 能否从该数字基带信号中提取 $f_b = 1/T_b$ 的位定时分量?若能,试计算该分量的功率。

(3) 计算数字基带信号的带宽。

解：已知三角形脉冲的时域和频域函数分别为

$$f_\triangle(t)=\begin{cases}1-\dfrac{2\mid t\mid}{\tau},&\mid t\mid<\tau/2\\[2mm]0,&\mid t\mid\geqslant\tau/2\end{cases}\qquad \dfrac{\tau}{2}Sa^2\left(\dfrac{\Omega\tau}{4}\right)$$

（1）根据题意得 $\tau=T_b$，则

$$G_1(f)=0$$

$$G_2(f)=\dfrac{\tau}{2}Sa^2\left(\dfrac{\omega\tau}{4}\right)=\dfrac{T_b}{2}Sa^2\left(\dfrac{\omega T_b}{4}\right)=\dfrac{T_b}{2}Sa^2\left(\dfrac{\pi fT_b}{2}\right)$$

$$G_2(mf_b)=\dfrac{T_b}{2}Sa^2\left(\dfrac{\pi fT_b}{2}\right)=\dfrac{T_b}{2}Sa^2\left(\dfrac{\pi m}{2}\right)$$

将 $P=0.5$ 以及上述计算结果代入式(4-29)得

$$P_s(f)=f_bP(1-P)\mid G_1(f)-G_2(f)\mid^2+\mid f_b[PG_1(0)+(1-P)G_2(0)]\mid^2\delta(f)+$$

$$\sum_{m\neq0}\mid f_b[PG_1(mf_b)+(1-P)G_2(mf_b)]\mid^2\delta(f-mf_b)$$

$$=\dfrac{1}{4}f_b\left|\dfrac{T_b}{2}Sa^2\left(\dfrac{\pi fT_b}{2}\right)\right|^2+\dfrac{1}{4}f_b^2\dfrac{T_b^2}{4}\delta(f)+\sum_{m\neq0}\left|f_b\left[\dfrac{1}{2}\dfrac{T_b}{2}Sa^2\left(\dfrac{\pi m}{2}\right)\right]\right|^2\delta(f-mf_b)$$

$$=\dfrac{1}{8}T_bSa^4\left(\dfrac{\pi fT_b}{2}\right)+\dfrac{1}{16}\delta(f)+\dfrac{1}{16}\sum_{m\neq0}Sa^4\left(\dfrac{\pi m}{2}\right)\delta(f-mf_b)$$

根据上述计算，可以得到如图 4-11 所示的单极性 RZ 信号的功率谱密度。

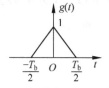

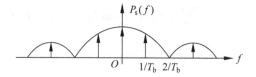

图 4-10 二进制数字基带信号的基本脉冲　　　　图 4-11 单极性 RZ 信号的功率谱密度

（2）该数字信号中包含位定时分量，该分量的功率为

$$P=\dfrac{1}{16}Sa^4\left(\dfrac{\pi m}{2}\right)=\dfrac{1}{16}\dfrac{\sin^4(\pi/2)}{(\pi/2)^4}=\dfrac{1}{\pi^4}=0.01$$

（3）连续谱第一个过零点的位置是 $2/T_b$，所以带宽可以表示为 $B=2/T_b$。

4-7　设基带传输系统的发送滤波器、信道、接收滤波器组成总特性为 $H(\omega)$，若要求以 $2/T_b$ 波特的速率进行数据传输，试检验图 4-12 各种系统是否满足无码间串扰条件。

解：根据题意得，对于 $R_B=\dfrac{2}{T_b}$ 的码元速率，码元周期为 $\dfrac{T_b}{2}$，奈奎斯特带宽为 $B=\dfrac{1}{T_b}$。从时域分析，如果码元周期是滤波器过零点位置的整数倍，或者滤波器最大传输速率是码元周期的整数倍，则没有码间串扰。因此，有如下分析。

（1）对于图 4-12(a)，$H(\omega)$ 带宽为 $B=\dfrac{1}{2T_b}$，小于奈奎斯特带宽，基带信号无法传输。

（2）图 4-12(b)的门函数对应时域，过零点位置是 $k\dfrac{2\pi}{6\pi/T_b}=\dfrac{kT_b}{3}$，过零点间隔为 $\dfrac{T_b}{3}$，比

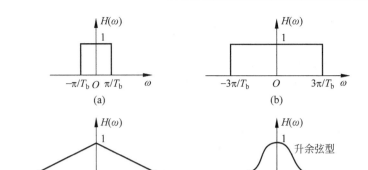

图 4-12 习题 4-7 图

较码元速率和过零点间隔,可以发现 $\dfrac{T_b/2}{T_b/3}$ 不是整数,所以有码间串扰。

（3）图 4-12(c)可以等效为宽度为 $\dfrac{4\pi}{T_b}$ 的门函数,过零点位置是 $k\dfrac{2\pi}{4\pi/T_b}=\dfrac{kT_b}{2}$,过零点

间隔为 $\dfrac{T_b}{2}$,比较码元速率和过零点间隔,可以发现 $\dfrac{T_b/2}{T_b/2}$ 是整数,所以无码间串扰。

（4）图 4-12(d)可以等效为宽度为 $\dfrac{2\pi}{T_b}$ 的门函数,$H(\omega)$ 带宽为 $B=\dfrac{1}{2T_b}$,小于奈奎斯特带宽,所以基带信号无法传输。

4-8 已知滤波器的 $H(\omega)$ 具有如图 4-13 所示的特性(码元速率变化时特性不变),采用以下码元速率(假设码元经过了理想抽样才加到滤波器)。

（a）码元速率为 500Baud。

（b）码元速率为 750Baud。

（c）码元速率为 1000Baud。

（d）码元速率为 1500Baud。

问：（1）分析上述码元速率的可用性,以及会不会产生码间串扰。

（2）如果滤波器的 $H(\omega)$ 改为图 4-14,重新回答(1)。

图 4-13 习题 4-8 图　　　　　　图 4-14 习题 4-8(2)图

解：（1）对于截止频率为 500Hz 的理想低通滤波器,其码元速率的极限是 1000Baud。因此,码元速率 1000Baud 的码元可以传送,而码元速率 1500Baud 的码元将无法传送。

当码元速率为 500Baud 时,利用码元速率表述的滤波器如图 4-15(a)所示,通过做图可以看出满足无码间串扰的条件,即

$$H_{eq}(\omega) = \sum_{i=-\infty}^{\infty} H\left(\omega + \frac{2i\pi}{T_b}\right) = 常数$$

当码元速率为750Baud时,利用码元速率表述的滤波器如图 4-15(b)所示,通过作图可以看出不满足无码间串扰条件,会产生码间串扰。

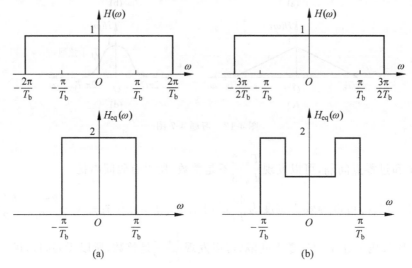

(a)   (b)

图 4-15 码间串扰等效特性分析

上述问题也可以利用类似习题 4-7 的方法,从时域进行分析,具体来讲就是分析在整数倍的码元时间位置,滤波器是否满足:

$$h(kT_b) = \begin{cases} 1(或常数), & k=0 \\ 0, & k \neq 0 \end{cases}$$

如图 4-15(a)的门函数对应时域,过零点位置是 k(ms)位置,过零点间隔为1ms。因此,不同码元速率的情况如下。

(a) 码元速率为 500Baud,对应 $T_b = 2$ms,是 1ms 的整数倍,因此无码间串扰。

(b) 码元速率为 750Baud,对应 $T_b = 1000/750 = 1.333$(ms),不是 1ms 的整数倍。因此,有码间串扰。

(c) 码元速率为 1000Baud,对应 $T_b = 1$ms,是 1ms 的整数倍。因此,无码间串扰。

(d) 码元速率为 1500Baud,超出奈奎斯特速率。因此,无法传输。

所以,上述时域和频域分析方法所得到的结论是统一的。

(2) 图 4-14 对应滤波器的 $H(\omega)$ 等效理想特性如图 4-13 所示,所以分析结果与第(1)问相同。

4-9 设由发送滤波器、信道、接收滤波器组成二进制基带系统的总传输特性 $H(\omega)$ 为

$$H(\omega) = \begin{cases} \tau_0(1+\cos\omega\tau_0), & |\omega| \leqslant \dfrac{\pi}{\tau_0} \\ 0, & 其他 \end{cases}$$

试确定该系统最高传码率 R_B 及相应的码元间隔 T_b。

解:$\alpha = 1$ 时,对应最高传码率,则 $H(\omega)$ 就可以表示为

$$H(\omega) = \begin{cases} \dfrac{T_b}{2}\left(1 + \cos\dfrac{\omega T_b}{2}\right), & |\omega| \leqslant \dfrac{2\pi}{T_b} \\ 0, & \text{其他} \end{cases}$$

此时该系统最小码元间隔 $T_b = 2\tau_0$，则最高传码率 $R_B = \dfrac{1}{2\tau_0}$。

4-10 已知基带传输系统的发送滤波器、信道、接收滤波器组成总特性如图 4-16 所示的直线滚降特性 $H(\omega)$。其中，α 为某个常数（$0 \leqslant \alpha \leqslant 1$）。

（1）检验该系统实现无码间串扰传输的传码率。

（2）试求该系统的最大码元传输速率为多少？这时的频带利用率为多大？

解：（1）利用 $H_{eq}(\omega) = \displaystyle\sum_{i=-\infty}^{\infty} H\left(\omega + \dfrac{2i\pi}{T_b}\right) = 常数$，可以得到如图 4-16 所示的等效理想低通滤波器的带宽为 $B = \dfrac{\omega_0}{2\pi}$。因此，滤波器时域过零点位置为 $\dfrac{k}{2B} = \dfrac{k\pi}{\omega_0}$，码元速率 $T_b = \dfrac{k\pi}{\omega_0}$，不会产生码间串扰，同理对应码元速率为 $R_B = \dfrac{\omega_0}{k\pi}$。

（2）最大码元速率是指 $k=1$ 的情况，即

$$R_B = \dfrac{\omega_0}{\pi}$$

频带利用率为

$$\eta = \dfrac{R_B}{B} = \dfrac{\omega_0/\pi}{(1+\alpha)\omega_0/2\pi} = \dfrac{2}{1+\alpha} (\text{B/Hz})$$

4-11 为了传送码元速率 $R_B = 10^3 \text{Baud}$ 的数字基带信号，系统采用图 4-17 所示的哪一种传输特性较好？并简要说明其理由。

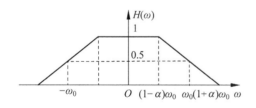
图 4-16 基带传输系统特性

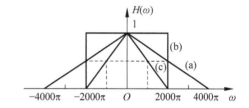
图 4-17 基带传输系统特性曲线

解：根据无码间干扰时系统传输函数 $H(\omega)$ 应满足的条件分析，图 4-17 所示的三个传输函数（a）、（b）、（c）都能够满足以 $R_B = 10^3 \text{Baud}$ 的码元速率进行无码间干扰传输。此时，需要比较（a）、（b）、（c）三个传输函数在频带利用率、单位冲激响应收敛速度、实现难易程度等方面的特性，从而选择出最好的一种传输函数。

传输函数（a）的频带宽度量为 2000Hz，此时系统频带利用率为 $R_B/B = 0.5\text{Baud/Hz}$；传输函数（b）的频带宽度量为 1000Hz，此时系统频带利用率为 $R_B/B = 1\text{Baud/Hz}$；传输函数（c）的频带宽度量为 1000Hz，此时系统频带利用率为 $R_B/B = 1\text{Baud/Hz}$。

从频带利用率性能方面比较可得，图 4-17 中传输函数（b）和（c）的频带利用率为 1Baud/Hz，大于传输函数（a）的频带利用率。所以，应选择传输函数（b）或（c）。传输函数

(b)是理想低通特性,其单位冲激响应为 $Sa(x)$ 型,与时间 t 成反比,尾部收敛慢且传输函数难以实现;传输函数(c)是三角形特性,其单位冲激响应为 $Sa^2(x)$ 型,与时间 t^2 成反比,尾部收敛快且传输函数较易实现。因此,选择传输函数(c)较好。

4-12 某二进制数字基带系统所传送的是单极性基带信号,且数字信息"1"和"0"的出现概率相等。

(1)若数字信息为"1"时,接收滤波器输出信号在抽样判决时刻的值 $A=1$V,且接收滤波器输出噪声是均值为 0,均方根值 $\sigma_n=0.2$V,试求这时的误码率 P_e。

(2)若要求误码率 P_e 不大于 10^{-5},试确定 A 至少应该是多少?

解:(1)根据定义可以得到单极性基带信号误码率为

$$P_e = \frac{1}{2}\text{erfc}\left(\frac{A}{2\sqrt{2}\,\sigma_n}\right) = \frac{1}{2}\text{erfc}\left(\frac{1}{2\sqrt{2}\times 0.2}\right) = \frac{1}{2}\text{erfc}(1.7678) = \frac{1}{2}\times 0.012\,31 \approx 0.006\,16$$

(2) P_e 不大于 10^{-5} 时, $\dfrac{A}{2\sqrt{2}\,\sigma_n}=3.6$,则 $A=3.6\times 2\sqrt{2}\,\sigma_n=2.04$(V)。

4-13 若将习题 4-12 中的单极性基带信号改为双极性基带信号,而其他条件不变,重做习题 4-12(1)。

解:根据定义可以得到单极性基带信号误码率为

$$P_e = \frac{1}{2}\text{erfc}\left(\frac{A}{2\sigma_n}\right) = \frac{1}{2}\text{erfc}\left(\frac{1}{\sqrt{2}\times 0.2}\right) = \frac{1}{2}\text{erfc}(3.5355) = \frac{1}{2}\text{erfc}(\sqrt{12.5}) \approx \frac{1}{2\sqrt{12.5\pi}}e^{-12.5}$$

$$= 2.97\times 10^{-7}$$

4-14 试画出 $1110010011010\cdots$ 的眼图(示波器扫描速率为 $f_b=1/T_b$)。"1"码用 $g(t)$ 表示,"0"码用 $-g(t)$ 表示。

(1) $g(t)=[1+\cos(\pi t/T_b)]/2$。

(2) $g(t)=[1+\cos(2\pi t/T_b)]/2$。

解:根据题目给出的定义,可以得到如图 4-18 所示眼图。

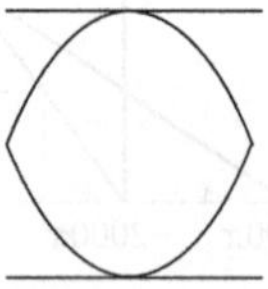

$g(t)=[1+\cos(\pi t/T_b)]/2$ 的眼图 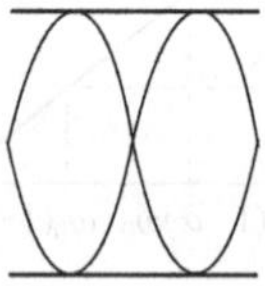　　　　$g(t)=[1+\cos(2\pi t/T_b)]/2$ 的眼图

图 4-18　不同情况下的眼图

4-15 设有一个 3 抽头的时域均衡器,如图 4-19 所示。输入波形 $x(t)$ 在各抽样点的值依次为 $x_{-2}=1/8$,$x_{-1}=1/3$,$x_0=1$,$x_{+1}=1/4$,$x_{+2}=1/16$(在其他抽样点均为 0)。试求均衡器输出波形 $y(t)$ 在各抽样点的值。

解:根据题意得

$$y_{-2}=-\frac{1}{24},\quad y_{-1}=-\frac{1}{72},\quad y_0=-\frac{1}{32},\quad y_1=\frac{5}{6},\quad y_2=\frac{1}{48},\quad y_3=0,\quad y_4=-\frac{1}{48}$$

4-16 设一相关编码系统如图 4-20 所示。图中理想低通滤波器的截止频率为 $1/2T_b$,通带增益为 T_b。试求该系统的频率特性和单位冲激响应。

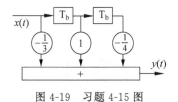

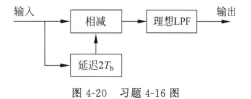

图 4-19 习题 4-15 图   图 4-20 习题 4-16 图

解：时域描述为

$$x(t) - x(t - 2T_b) = y(t)$$

频域变换为

$$X(\omega)(1 - e^{-j\omega 2T_b}) = Y(\omega), \quad H_1(\omega) = 1 - e^{-j\omega 2T_b}$$

因此，系统的频率特性为

$$H(\omega) = H_1(\omega)H_{\text{LPB}}(\omega)$$

其中，

$$H_{\text{LPB}}(\omega) = \begin{cases} T_b, & |\omega| \leqslant \pi/T_b \\ 0, & \text{其他} \end{cases}$$

对 $H_{\text{LPB}}(\omega)$ 进行傅里叶反变化可得

$$h_{\text{LPB}}(t) - T_b \cdot 2B Sa(2\pi Bt) - T_b \cdot 2 \cdot \frac{1}{2T_b} \cdot Sa\left(2\pi \frac{1}{2T_b} t\right) = Sa\left(\frac{\pi t}{T_b}\right)$$

因此，系统的单位冲激响应为

$$h(t) = h_1(t) * h_{\text{LPB}}(t) = [\delta(t) - \delta(t - T_b)] * Sa\left(\frac{\pi t}{T_b}\right) = Sa\left(\frac{\pi t}{T_b}\right) - Sa\left(\frac{\pi(t - T_b)}{T_b}\right)$$

第5章 数字频带传输系统

CHAPTER 5

5.1 基本要求

内　容	学习要求			备　注
	了解	理解	掌握	
1. 二进制数字幅移键控 *				
（1）基本原理		√		波形的理解
（2）信号的功率谱及带宽			√	载波、带宽描述
（3）系统的抗噪声性能△		√		信噪比的定义
2. 二进制数字频率调制 *				
（1）基本原理		√		波形的理解
（2）信号的解调△		√		方式很多
（3）信号的功率谱及带宽△			√	双峰、马鞍和单峰
（4）系统的抗噪声性能	√			噪声功率的计算
3. 二进制数字相位调制 *				
（1）基本原理△			√	PSK 和 DPSK 差异
（2）信号的功率谱及带宽			√	与 ASK 进行比较
（3）系统的抗噪声性能△		√		DPSK 性能的分析
4. 二进制数字调制系统的性能比较	√			信噪比的计算
5. 多进制数字调制				与二进制的比较
（1）多进制幅移键控	√			
（2）多进制频移键控	√			
（3）多进制绝对相移键控	√			
（4）多进制差分相移键控	√			
6. 现代数字调制技术				简单了解内容
（1）正交振幅调制	√			
（2）最小频移键控	√			
（3）正交频分复用	√			

5.2　核心内容

1. 二进制数字幅移键控

基本原理　2ASK 是利用代表数字信息"0"或"1"的基带矩形脉冲去键控一个连续的载波,使载波时断时续地输出。有载波输出时表示发送"1",无载波输出时表示发送"0"。

信号产生　2ASK 信号可表示为

$$s_{2ASK}(t) = s(t)\cos\omega_c t \tag{5-1}$$

其中,ω_c 为载波角频率;$s(t)$ 为单极性 NRZ 矩形脉冲序列。2ASK 信号的产生方法或者调制方法有模拟幅度调制方法和键控方法两种。

包络检波法　包络检波系统中带通滤波器(BPF)使 2ASK 信号完整地通过,同时滤除带外噪声;经包络检测后,输出其包络,其中低通滤波器(LPF)的作用是滤除高频杂波,使基带信号(包络)通过。抽样判决器完成抽样、判决及码元形成功能,恢复出数字序列,这里位同步信号的重复周期为码元的宽度。

相干检测法　也就是同步解调,要求接收机产生一个与发送载波同频同相的本地载波信号,称其为同步载波或相干载波。利用此载波与收到的已调信号相乘,经低通滤波器(LPF)滤除高频分量后,再通过抽样判决器即可恢复出数字序列。在 2ASK 相干解调法中,需要在接收端产生本地载波,会增加接收设备复杂性。

功率谱　由连续谱和离散谱两部分组成。其中,连续谱取决于数字基带信号经线性调制后的双边带谱,而离散谱则由载波分量确定,如图 5-1 所示。

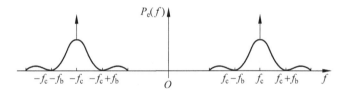

图 5-1　2ASK 信号的功率谱示意图

带宽和频带利用率　类似模拟调制中的 DSB,2ASK 信号的带宽 B_{2ASK} 是数字基带信号带宽的两倍,即 $B_{2ASK}=2f_b$。因为系统的传码率 $R_B=1/T_b$(Baud),故 2ASK 系统的频带利用率为

$$\eta = \frac{1/T_b}{2/T_b} = \frac{R_B}{2f_b} = \frac{1}{2}(\text{Baud/Hz}) \tag{5-2}$$

抗噪声性能分析模型　图 5-2 给出 2ASK 抗噪声性能分析模型,为了简化分析,这里的信道加性噪声既包括实际信道中的噪声,又包括接收设备噪声折算到信道中的等效噪声。

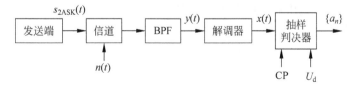

图 5-2　2ASK 抗噪声性能分析模型

相关假设：信道特性为恒参信道，信道噪声 $n(t)$ 为加性高斯白噪声，其双边功率谱密度为 $n_0/2$；BPF 传递函数是幅度为 1、宽度为 $2f_b$、中心频率为 f_c 的矩形，其恰好让信号无失真地通过，并抑制带外噪声进入；LPF 传递函数是幅度为 1、宽度为 f_b 的矩形，其让基带信号主瓣的能量通过；抽样、判决的同步时钟 CP 准确，判决门限为 U_d。

包络检测的系统性能   可以证明，当选择最佳判决门限时，系统的误码率近似为

$$P_e = \frac{1}{4}\text{erfc}(\sqrt{r/4}) + \frac{1}{2}e^{-r/4} \tag{5-3}$$

在大信噪比的情况下，系统的误码率近似为

$$P_e = \frac{1}{2}e^{-r/4} \tag{5-4}$$

其中，$r = a^2/(2\sigma_n^2)$ 为包检器输入信噪比，也就是发送"1"码时的信噪比。由此可见，包络解调 2ASK 系统的误码率随输入信噪比 r 的增大，近似地按指数规律下降。必须指出，式(5-3)是在等概率、最佳门限下推导得出的；式(5-4)适用条件是等概率、大信噪比、最佳门限。因此，在公式使用时应注意适用的条件。

相干解调的系统性能   可以证明，当选择最佳判决门限时，系统的误码率为

$$P_e = \frac{1}{2}\text{erfc}(\sqrt{r/4}) \tag{5-5}$$

处于大信噪比情况下，式(5-5)可以近似为

$$P_e \approx \frac{1}{\sqrt{\pi r}}e^{-r/4} \tag{5-6}$$

必须注意，式(5-5)的适用条件是等概率、最佳门限；式(5-6)的适用条件是等概率、大信噪比、最佳门限。

包络解调和相干解调的比较   可以看出，在相同信噪比情况下，2ASK 信号相干解调时的误码率总是低于包络检波时的误码率，即相干解调 2ASK 系统的抗噪声性能优于非相干解调系统。然而，包络检波解调不需要稳定的本地相干载波，故在电路上要比相干解调简单得多。但是，包络检波法存在门限效应，同步检测法无门限效应。因此，对 2ASK 系统，大信噪比条件下使用包络检测，即非相干解调，而小信噪比条件下使用相干解调。

2. 二进制数字频率调制

基本情况   二进制数字频率调制又称为频移键控(2 Frequency Shift Keying，2FSK)，它是一种出现较早的数字调制方式，由于 2FSK 调制幅度不变，因此，它的抗衰落和抗噪声性能均优于 2ASK，被广泛应用于中、低速数据传输系统中。根据相邻两个码元调制载波的相位是否连续，可进一步将 FSK 分为 CPFSK 和 DPFSK。目前，FSK 技术已经有了相当大的发展，例如多进制频移键控(MFSK)、最小频移键控(MSK)和正交频分复用(OFDM)等技术，以其良好的性能在无线通信中得到广泛的应用。

信号描述   2FSK 是用载波的频率传送数字消息，即用所传送的数字消息控制载波的频率。例如，将符号"1"对应于载频 f_1，将符号"0"对应于载频 f_2，而且 f_1 与 f_2 之间的改变是瞬间完成的。因此，2FSK 信号可以表示为

$$s_{2FSK}(t) = \begin{cases} A\cos(\omega_1 t + \varphi_1), & \text{发"1"} \\ A\cos(\omega_2 t + \varphi_2), & \text{发"0"} \end{cases} \tag{5-7}$$

信号产生　2FSK 信号通常采用键控法产生,则已调信号的表达式还可以写为

$$s_{2FSK}(t) = s(t)\cos(\omega_1 t + \varphi_1) + \overline{s(t)}\cos(\omega_2 t + \varphi_2) \tag{5-8}$$

其中,$s(t)$为单极性 NRZ 矩形脉冲序列。可以看出,一个 2FSK 信号可看作两路中心频率不同的 2ASK 信号的合成。

包络检波法　可视为由两路 2ASK 解调电路组成,结构如图 5-3 所示。通过上、下支路的抽样值进行判决比较,进而确定输出"0"或者"1"。

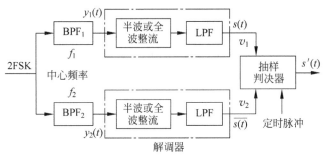

图 5-3　2FSK 信号包络检波框图

相干检测法　相干检测法有时也称为同步检测法,结构如图 5-4 所示。

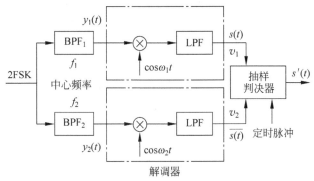

图 5-4　2FSK 信号相干检测框图

过零检测法　单位时间内信号经过零点的次数,可以用来衡量信号频率的高低,得到相关频率的差异,这就是过零检测法的基本思想,其结构和对应点波形如图 5-5 所示。

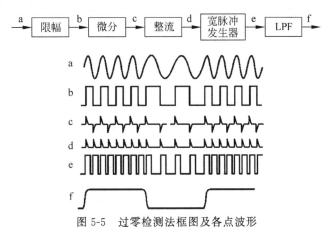

图 5-5　过零检测法框图及各点波形

差分检测法 输入信号经带通滤波器滤除带外无用信号后被分成两路,一路直接送乘法器,另一路经时延 τ 后送乘法器,相乘后再经低通滤波器去除高频成分即可提取基带信号,其结构如图 5-6 所示。

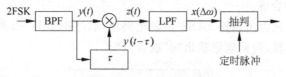

图 5-6 差分检测法框图

功率谱 1 个 2FSK 信号可视为两个 2ASK 信号的合成,因此,2FSK 信号的功率谱亦为两个 2ASK 功率谱之和,其功率谱曲线如图 5-7 所示。

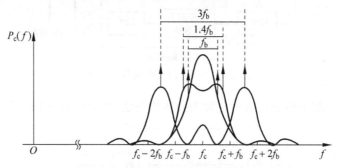

图 5-7 2FSK 信号的功率谱示意图

从图 5-7 可以看到,2FSK 信号的功率谱由离散谱和连续谱两部分组成。其中,连续谱由两个双边谱叠加而成,而离散谱出现在两个载频位置上,这表明 2FSK 信号中含有两个载波的分量;连续谱的形状随着频率间隔的大小而异,会出现双峰、马鞍和单峰等形状。

带宽和频带利用率 2FSK 信号的频带宽度为

$$B_{2\text{FSK}} = |f_1 - f_2| + 2f_b = 2(f_D + f_b) = (D+2)f_b \qquad (5-9)$$

频带利用率为

$$\eta = \frac{R_B}{|f_1 - f_2| + 2f_b} (\text{Baud/Hz}) \qquad (5-10)$$

相干检测的系统性能 2FSK 信号采用相干检测法性能分析模型,如图 5-8 所示。

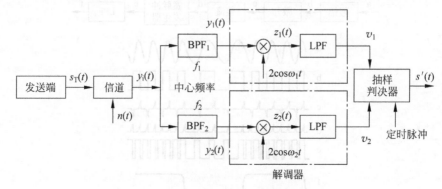

图 5-8 2FSK 相干检测法性能分析模型

图 5-8 所示模型中,信道特性为恒参信道,信道噪声 $n(t)$ 为加性高斯白噪声,其双边功率谱密度为 $n_0/2$;$\mathrm{BPF_1}$ 传递函数是幅度为 1、宽度为 $2f_b$、中心频率为 f_1 的矩形,它恰好让频率为 f_1 对应的上支路的 2ASK 信号无失真地通过,并抑制带外噪声进入;$\mathrm{BPF_2}$ 传递函数是幅度为 1、宽度为 $2f_b$、中心频率为 f_2 的矩形,它恰好让频率为 f_2 对应的上支路的 2ASK 信号无失真地通过,并抑制带外噪声进入;LPF 传递函数是幅度为 1,宽度为 f_b 的矩形,它让基带信号主瓣的能量通过;抽样、判决的同步时钟准确。

经推导计算,2FSK 信号采用相干检测法解调时系统的误码率为

$$P_e = P(1)P(0/1) + P(0)P(1/0) = \frac{1}{2}\mathrm{erfc}\left(\sqrt{\frac{r}{2}}\right)\left[P(1) + P(0)\right] = \frac{1}{2}\mathrm{erfc}(\sqrt{r/2})$$

(5-11)

在大信噪比条件下,误码率可近似表示为

$$P_e \approx \frac{1}{\sqrt{2\pi r}}e^{-r/2}$$

(5-12)

包络检波的系统性能　2FSK 信号采用包络检波法性能分析模型,如图 5-9 所示。其中,噪声、滤波器、抽样判决器等模块参数与 2FSK 相干检测法一致。

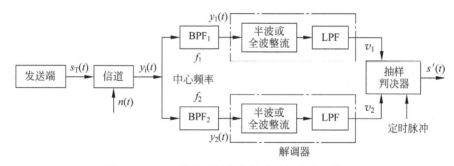

图 5-9　2FSK 信号采用包络检波法性能分析模型

根据图 5-9 所示的模型,以及相关模块的假设,2FSK 信号包络检波法解调时,系统误码率为

$$P_e = P(1)P(0/1) + P(0)P(1/0) = \frac{1}{2}e^{-\frac{r}{2}}\left[P(1) + P(0)\right] = \frac{1}{2}e^{-\frac{r}{2}}$$

(5-13)

两种方法得到系统性能的比较　在输入信号信噪比 r 一定时,相干解调的误码率小于非相干解调的误码率;当系统的误码率一定时,相干解调比非相干解调对输入信号的信噪比要求低。所以,相干解调 2FSK 系统的抗噪声性能优于非相干解调的包络检测。但是,当输入信号的信噪比 r 很大时,两者的相对差别不是很明显。相干解调时,需要插入两个与发送端载波同频且同相的本地载波。因此,相干解调对系统要求较高,包络检测无须本地载波。通常,在大信噪比情况下常用包络检测法,小信噪比情况才用相干解调法,这与 2ASK 的情况相同。

3. 二进制数字相位调制

基本情况　二进制相移键控(2 Phase Shift Keying,2PSK)是利用载波相位的变化传送数字信息的。根据载波相位表示数字信息的方式不同,数字调相又可以进一步分为绝对相移(PSK)和相对相移(DPSK)两种。由于相移键控在抗干扰性能与频带利用等方面具有明

显的优势,因此,在中、高速数据传输系统中应用广泛。

2PSK 信号产生 绝对相移是利用载波的相位(指初相)直接表示数字信号的相移键控方式。二进制相移键控中,通常用相位 0 和 π 分别表示"0"或"1"。与产生 2ASK 信号的方法比较,只是对 $s(t)$ 的要求不同,因此,2PSK 信号可以看作双极性基带信号作用下的调幅信号。

2PSK 信号解调 由于 2PSK 信号用载波相位表示数字信息,因此,只能采用相干解调的方法。由于 2PSK 信号实际上是以一个固定初相的未调载波为参考的,因此,解调时必须有与此同频同相的本地载波。如果本地载波的相位发生变化,如 0 相位变为 π 相位或 π 相位变为 0 相位,则恢复的数字信息就会发生"0"变"1"或"1"变"0",从而造成错误的解调。这种因为本地参考载波倒相,而在接收端发生错误恢复的现象称为"倒 π"现象或"反向工作"现象。因此,绝对移相的主要缺点是容易产生相位模糊,造成反向工作。

二进制相对相移键控(2DPSK) 2PSK 容易产生相位模糊现象,为此提出了二进制差分相移键控技术,这种技术也被简称为二进制相对调相,记作 2DPSK。2DPSK 不是利用载波相位的绝对数值传送数字信息,而是用前后码元的相对载波相位值传送数字信息。所谓相对载波相位是指本码元对应的载波相位与前一码元对应载波相位之差。

2DPSK 信号产生 首先对数字信号进行差分编码,即由绝对码表示变为相对码(差分码)表示,然后再进行 2PSK 调制。

相干解调码变换法实现 2DPSK 信号解调 这种方法就是采用 2PSK 解调加差分译码的结构。2PSK 解调器将输入的 2DPSK 信号还原成相对码 $\{b_n\}$,再由差分译码器把相对码转换成绝对码,输出 $\{a_n\}$。

差分相干解调法实现 2DPSK 信号解调 直接比较前后码元的相位差构成,故也称为相位比较法解调,其原理框图如图 5-10 所示。

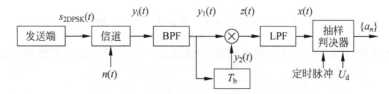

图 5-10 2DPSK 信号差分相干解调法框图

功率谱 无论是 2PSK 还是 2DPSK 信号都可以等效成双极性基带信号作用下的调幅信号。因此,2DPSK 和 2PSK 信号具有相同形式的表达式,所不同的是数字基带信号表示的码序不同,2DPSK 表达式是数字基带信号变换而来的差分码。因此,当双极性基带信号以相等的概率出现时,2PSK 和 2DPSK 信号的功率谱仅由连续谱组成,如图 5-11 所示。

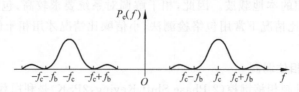

图 5-11 2PSK(2DPSK)信号的功率谱示意图

带宽和频带利用率 2PSK 和 2DPSK 的连续谱部分与 2ASK 信号的连续谱基本相同。因此，2PSK 和 2DPSK 的带宽、频带利用率也与 2ASK 信号的相同。

$$B_{2DPSK} = B_{2PSK} = B_{2ASK} = \frac{2}{T_b} = 2f_b \tag{5-14}$$

$$\eta_{2DPSK} = \eta_{2PSK} = \eta_{2ASK} = \frac{1}{2}(\text{Baud/Hz}) \tag{5-15}$$

2PSK 相干解调抗噪声性能分析 2PSK 信号相干解调系统性能分析模型如图 5-12 所示。

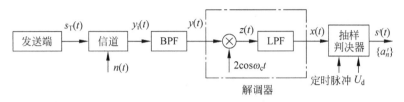

图 5-12 2PSK 相干解调系统性能分析模型

假设信道特性为恒参信道，信道噪声 $n(t)$ 为加性高斯白噪声，其双边功率谱密度为 $n_0/2$。可以证明，当 $P(1) = P(0) = 1/2$ 时，2PSK 系统的最佳判决门限电平为 $U_d^* = 0$，2PSK 系统的误码率为

$$P_e = \frac{1}{2}\text{erfc}(\sqrt{r}) \tag{5-16}$$

在大信噪比情况下，式(5-16)成为

$$P_e = \frac{1}{2\sqrt{\pi r}}e^{-r} \tag{5-17}$$

2DPSK 相干解调码变换系统抗噪声性能分析 其解调框图如图 5-13 所示，从图可以看到要求 2DPSK 系统误码率，只需在 2PSK 误码率分析的基础上，考虑码反变换器引起的误码率即可。

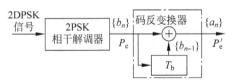

图 5-13 2DPSK 信号相干解调码变换系统性能分析模型

可以证明 2DPSK 系统误码率可以表示为

$$P_e' \approx 2(1 - P_e)P_e \tag{5-18}$$

当误码率 $P_e \ll 1$ 时，式(5-18)可近似表示为

$$P_e' \approx 2P_e = \text{erfc}(\sqrt{r}) \tag{5-19}$$

2PSK 与 2DPSK 系统的比较 2PSK 与 2DPSK 信号带宽均为 $2f_b$；当输入端信噪比 r 增大时，误码率均下降；检测这两种信号时，判决器均可工作在最佳门限电平(零电平)；2DPSK 系统的抗噪声性能不及 2PSK 系统；2PSK 系统存在"反向工作"问题，而 2DPSK

系统不存在。因此在实际应用中,真正作为传输用的数字调相信号几乎都是 DPSK 信号。

4. 二进制数字调制系统的性能比较

传输带宽 2ASK 系统和 2PSK(2DPSK)系统信号传输带宽相同,均为 $2f_b$;2FSK 系统信号传输宽度频带宽 $|f_1-f_2|+2f_b$,大于 2ASK 系统和 2PSK(2DPSK)系统的频带宽度。

频带利用率 2ASK 系统和 2PSK(2DPSK)系统频带利用率均为 $\frac{1}{2}$(Baud/Hz),2FSK 的系统频带利用率为

$$\eta = \frac{R_B}{B} = \frac{f_b}{2f_b + |f_1 - f_2|}(\text{Baud/Hz}) \tag{5-20}$$

误码率计算条件 一是接收机输入端出现的噪声是均值为 0 的高斯白噪声;二是未考虑码间串扰的影响,采用瞬时抽样判决;三是所有计算误码率的公式都仅是 r 的函数。其中,$r=a^2/2\sigma_n^2$ 是解调器输入端的信号噪声功率比;而 2ASK 系统误码率公式中 $r=a^2/2\sigma_n^2$ 表示发"1"时的信噪比,在 2FSK、2PSK 和 2DPSK 系统中发送"0"和"1"的信噪比相同,因此它也是平均信噪比。

二进制数字调制系统抗噪声性能比较 对于同一调制方式的不同检测方法,相干检测的抗噪声性能优于非相干检测。但是,随着信噪比 r 的增大,相干误码性能与非相干误码性能的相对差别越不明显。在相同误码率条件下,对信噪比 r 的要求是:2PSK 比 2FSK 小 3dB,2FSK 比 2ASK 小 3dB;非相干检测时,在相同误码率条件下,对信噪比 r 的要求是:2DPSK 比 2FSK 小 3dB,2FSK 比 2ASK 小 3dB。反过来,若信噪比 r 一定,2PSK 系统的误码率低于 2FSK 系统,2FSK 系统的误码率低于 2ASK 系统。因此,从抗加性白噪声性能方面讲,相干 2PSK 最好,2FSK 次之,2ASK 最差。

对信道特性变化的敏感性 信道特性变化的灵敏度对最佳判决门限有一定的影响。在 $P(0)=P(1)=1/2$ 时,2FSK 和 2PSK 判决门限不随信道特性的变化而变化,接收机总能工作在最佳判决门限状态。对于 2ASK 系统,接收机不容易保持在最佳判决门限状态,误码率将会增大。当信道有严重衰落时,通常采用非相干解调或差分相干解调。当发射机有严格的功率限制时,可以考虑采用相干解调。

5. 多进制数字调制

与二进制数字调制相比多进制数字调制的优势 在码元速率(传码率)相同的条件下,可以提高信息速率(传信率),使系统频带利用率增大;码元速率相同时,M 进制数字传输系统的信息速率是二进制的 $\log_2 M$ 倍;在信息速率相同条件下,可以降低码元速率,以提高传输的可靠性,减小码间串扰的影响等。

多进制幅移键控(MASK) 在一个码元期间 T_b 内,发送其中一种幅度的载波信号。其功率谱是 $(M-1)$ 个 2ASK 信号的功率谱之和,因而具有与 2ASK 功率谱相似的形式。MASK 信号的带宽为 $B_{\text{MASK}}=2f_b$,如果以信息速率来考虑频带利用率 η,则按定义得

$$\eta = \frac{kf_b}{B_{MASK}} = \frac{kf_b}{2f_b} = \frac{k}{2} \tag{5-21}$$

若 M 个幅值出现的概率相等,并采用相关解调法和最佳判决门限电平,则可以证明其误码率为

$$P_e = \left(\frac{M-1}{M}\right)\mathrm{erfc}\left(\sqrt{\frac{3r}{M^2-1}}\right) \tag{5-22}$$

多进制频移键控（MFSK） 利用 M 个不同的载波频率代表 M 种数字信息,其中 $M = 2^k$。键控法产生的 MFSK 信号,可以看作由 M 个幅度相同、载频不同、时间上互不重叠的 2ASK 信号叠加的结果。因此,MFSK 信号的带宽为 $B_{MFSK} = |f_M - f_1| + 2f_b$,其功率谱图如图 5-14 所示。

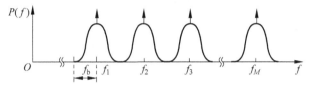

图 5-14 MFSK 信号的功率谱示意图

若相邻载频之差等于 $2f_b$,即相邻频率的功率谱主瓣刚好互不重叠,这时 MFSK 信号的带宽及频带利用率分别为

$$B_{MFSK} = 2Mf_b \tag{5-23}$$

$$\eta_{MFSK} = \frac{kf_b}{B_{MFSK}} = \frac{k}{2M} = \frac{\log_2 M}{2M} \tag{5-24}$$

可以证明,MFSK 信号采用非相干解调时系统的误码率为

$$P_e \approx \left(\frac{M-1}{2}\right)\mathrm{e}^{-r/2} \tag{5-25}$$

采用相干解调时系统的误码率为

$$P_e \approx \left(\frac{M-1}{2}\right)\mathrm{erfc}(\sqrt{r/2}) \tag{5-26}$$

MFSK 系统的主要缺点是信号频带宽,频带利用率低,但是其抗衰落和时延变化特性好。因此,MFSK 多用于调制速率较低及多径延时比较严重的信道,如短波信道等。

多进制绝对相移键控（MPSK） 利用载波的多种不同相位状态来表征数字信息的调制方式。MPSK 信号可以看成是两个正交载波分别进行多进制幅移键控,也就是两个载波相互正交的 MASK 信号的叠加。因此,MPSK 信号的频带宽度应与 MASK 时的相同,即

$$B_{MPSK} = B_{MASK} = 2f_b \tag{5-27}$$

可以证明,QPSK 信号采用相干解调时系统的误码率为

$$P_e \approx \mathrm{erfc}\left(\sqrt{r}\sin\frac{\pi}{4}\right) \tag{5-28}$$

多进制差分相移键控（MDPSK） 与 2PSK 和 2DPSK 关系类似，与 MPSK 对应的是 MDPSK。为了便于分析和比较，这里以 4DPSK（也就是 QDPSK）为例进行讨论。与 2DPSK 信号的产生相类似，在 QPSK 的基础上加了码变换器，就可形成 QDPSK 信号。解调可以采用相干解调码反变换器方式（极性比较法），也可采用差分相干解调（相位比较法）。

可以证明，QDPSK 信号采用相干解调时系统的误码率为

$$P_e \approx \text{erfc}\left(\sqrt{2r}\sin\frac{\pi}{8}\right) \tag{5-29}$$

其中，r 为信噪比。

多进制相移键控是一种频带利用率较高的传输方式，再加上其有较好的抗噪声性能，因而得到广泛的应用。但是 MDPSK 比 MPSK 用得更广泛一些。

6. 现代数字调制技术

正交振幅调制（QAM） 用两路独立的基带信号对两个相互正交的同频载波进行抑制载波双边带调幅，实现两路并行的数字信息的传输。如果某一方向载波可以用电平数 m 进行调制，则相互正交的两个载波能够表示信号的 $M(M=m^2)$ 个状态。QAM 调制方式通常可以表示为二进制 QAM（4QAM）、四进制 QAM（16QAM）、八进制 QAM（64QAM）等。对于 4QAM，当两路信号幅度相等时，其产生、解调、性能及相位矢量均与 4PSK 相同。对于相同状态数的多进制数字调制，QAM 抗噪性能优于 PSK，而这类调制性能描述通常用相邻矢量端点的距离来表示，例如：

$$\left.\begin{array}{l} d_{16\text{PSK}} = 2A \cdot \sin\dfrac{\pi}{16} \approx 0.39A \\[3mm] d_{16\text{QAM}} = \dfrac{\sqrt{2}A}{3} \approx 0.47A \end{array}\right\} \tag{5-30}$$

式（5-30）说明在最大功率（振幅）相等的条件下，16QAM 抗噪性能优于 16PSK。

最小频移键控（MSK） MSK 是一种能够产生恒定包络、连续相位的数字频移键控技术。在码元转换时刻信号的相位是连续的；信号的频率偏移严格等于 $\pm T_b/4$；在一个码元期间内，信号包括 1/4 载波周期的整数倍；信号相位在一个码元期间内准确地线性变化 $\pm\pi/2$。如果基带信号先经过高斯滤波器滤波，再进行 MSK 调制就能够产生 GMSK 信号，是一种在移动通信中得到广泛应用的恒包络调制方法。

正交频分复用（OFDM） 为了提高频谱利用率，OFDM 方式中各子载波频谱有 1/2 重叠，但保持相互正交。通常利用离散傅里叶（反）变换来实现 OFDM 信号的产生与解调。在忽略旁瓣的功率的情况下，OFDM 信号的频谱宽带为

$$B_{\text{OFDM}} = (N-1)\frac{1}{T_b} + \frac{2}{T_b} = \frac{N+1}{T_b} \tag{5-31}$$

频带利用率为

$$\eta_{\text{OFDM}} = \frac{R_B}{B_{\text{OFDM}}} = \frac{N}{N+1} \approx 1 \tag{5-32}$$

5.3 知识体系

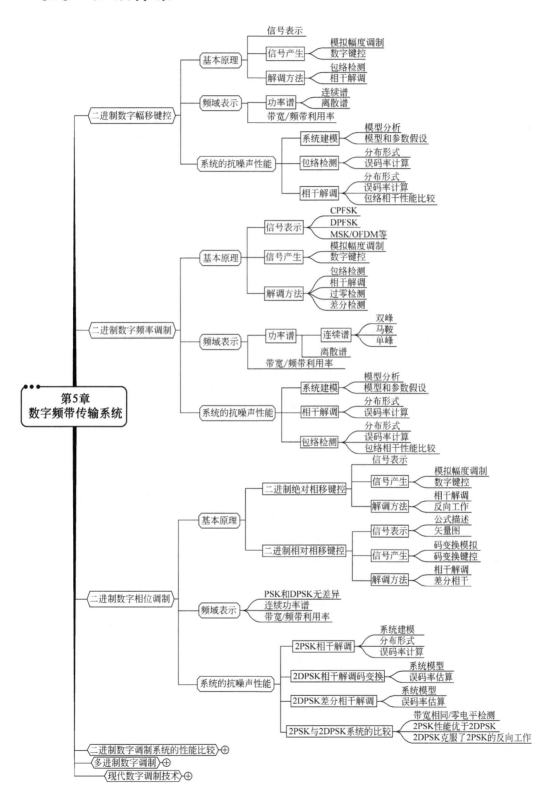

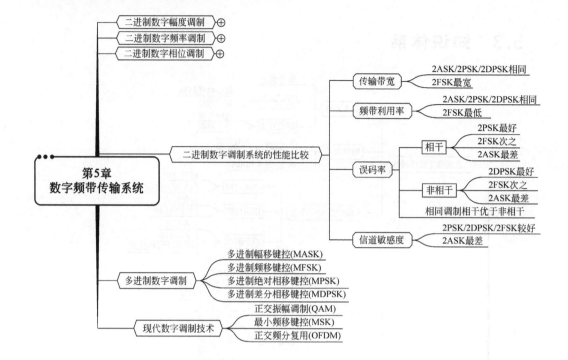

5.4　思考题解答

5-1　数字调制系统与数字基带传输系统有哪些异同点？

答：数字基带信号中包含丰富的低频分量，为了使数字信号在带通信道中传输，必须用数字基带信号对载波进行调制，以使信号与信道的特性相匹配，因此，两者的重要差异就在是否对数字信号进行调制。与之相对应地，在接收端通过解调器把数字频带信号还原成数字基带信号的过程称为数字解调。

5-2　什么是 2ASK 调制？2ASK 信号调制和解调方式有哪些？简述其工作原理。

答：2ASK 是利用代表数字信息"0"或"1"的基带矩形脉冲去键控一个连续的载波，使载波时断时续地输出，因此，被称为二进制幅移键控（2 Amplitude Shift Keying，2ASK），也被称为开关键控或者通断键控（On Off Keying，OOK）。

调制的实现方式包括模拟幅度调制方法和键控方法，具体实现过程如图 5-15 所示。

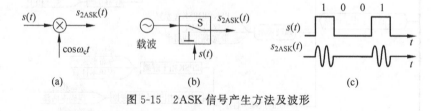

图 5-15　2ASK 信号产生方法及波形

解调的方法主要包括包络检波法和相干检测法，具体实现过程如图 5-16 所示。

5-3　2ASK 信号的功率谱有什么特点？

答：2ASK 信号的功率谱由连续谱和离散谱两部分组成。其中，连续谱取决于数字基带信号 $s(t)$ 经线性调制后的双边带谱，而离散谱则由载波分量确定。

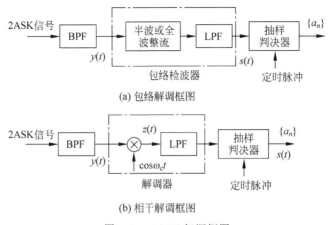

(a) 包络解调框图

(b) 相干解调框图

图 5-16　2ASK 解调框图

5-4　试比较相干解调 2ASK 系统和包络解调 2ASK 系统的性能及特点。

答：在相同信噪比情况下，2ASK 信号相干解调时的误码率总是低于包络检波时的误码率，即相干解调 2ASK 系统的抗噪声性能优于非相干解调系统。然而，包络检波解调不需要稳定的本地相干载波，故在电路上要比相干解调简单得多。但是，包络检波法存在门限效应，同步检测法无门限效应。所以，一般而言，对 2ASK 系统，大信噪比条件下使用包络检测，即非相干解调，而小信噪比条件下使用相干解调。

5-5　什么是 2FSK 调制？2FSK 信号调制和解调方式有哪些？其工作原理如何？

答：二进制数字频率调制又称为频移键控（2 Frequency Shift Keying，2FSK），它是一种出现较早的数字调制方式，由于 2FSK 调制幅度不变，因此，它的抗衰落和抗噪声性能均优于 2ASK，被广泛应用于中、低速数据传输系统中。

从原理上讲，数字调频可用模拟调频法实现，也可用键控法实现。模拟调频法是利用一个矩形脉冲序列对一个载波进行调频。2FSK 键控法则是利用受矩形脉冲序列控制的开关电路，对两个不同的独立频率源进行选通。2FSK 信号产生方法及波形如图 5-17 所示。

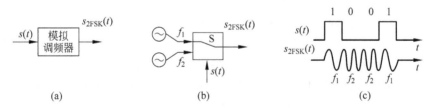

图 5-17　2FSK 信号产生方法及波形

2FSK 信号的解调方法很多，如鉴频法、包络检波法、相干检测法、过零检测法、差分检测法等。

5-6　画出频率键控法产生 2FSK 信号和包络检测法解调 2FSK 信号时系统的原理框图。

答：频率键控法产生 2FSK 信号和包络检测法解调 2FSK 信号的原理如图 5-18 所示。

5-7　2FSK 信号的功率谱有什么特点？

答：（1）2FSK 信号的功率谱由离散谱和连续谱两部分组成。连续谱由两个双边谱叠加而成，而离散谱出现在两个载频位置上，这表明 2FSK 信号中含有载波 f_1、f_2 的分量。

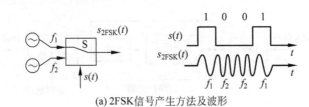

(a) 2FSK信号产生方法及波形

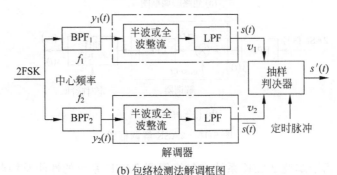

(b) 包络检测法解调框图

图 5-18 2FSK 信号产生与解调框图

（2）连续谱的形状随着 $|f_2-f_1|$ 的大小而异,将出现双峰、马鞍和单峰等形状。

5-8 试比较相干解调 2FSK 系统和包络解调 2FSK 系统的性能和特点。

答：将相干解调与包络(非相干)解调系统误码率进行比较,可得如下特点。

（1）在输入信号信噪比 r 一定时,相干解调的误码率小于非相干解调的误码率；当系统的误码率一定时,相干解调比非相干解调对输入信号的信噪比要求低。所以,相干解调 2FSK 系统的抗噪声性能优于非相干解调的包络检测。但是,当输入信号的信噪比 r 很大时,两者的相对差别不是很明显。

（2）相干解调需要插入两个与发送端载波同频同相的本地载波(相干载波),对系统要求较高。包络检测无须本地载波。一般而言,大信噪比情况下常用包络检测法,小信噪比情况下才用相干解调法,这与 2ASK 的情况相似。

5-9 简述 FSK 过零检测法的工作原理。

答：单位时间内信号经过零点的次数,可以用来衡量信号频率的高低。2FSK 信号的过零点次数与载频有关,因此得出过零点次数,就可以得到相关频率的参数,这就是过零检测法的基本思想。为此得到过零检测法框图及各点波形,如图 5-19 所示。

从图 5-19 可以看到,2FSK 输入信号经放大限幅后产生矩形脉冲序列,通过微分及全波整流形成与频率变化相应的尖脉冲序列,这个序列就代表着调频波的过零点。尖脉冲触发一宽脉冲发生器(如单稳态电路等),变换成具有一定宽度的矩形波,该矩形波的直流分量代表信号的频率,脉冲越密,直流分量越大,反映输入信号的频率越高。经低通滤波器就可得到脉冲波的直流分量。这样就完成了频率到幅度变换,从而再根据直流分量幅度上的区别还原出数字信号"1"和"0"。

5-10 推导并描述 FSK 差分解调法的工作原理。

答：差分解调 2FSK 信号的原理框图如图 5-20 所示。输入信号经带通滤波器滤除带外无用信号后被分成两路,一路直接送乘法器,另一路经时延 τ 后送乘法器,相乘后再经低通滤波器去除高频成分即可提取基带信号。

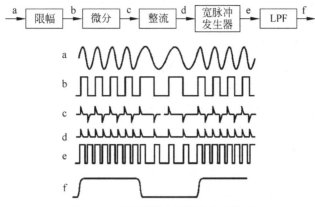

图 5-19 过零检测法框图及各点波形

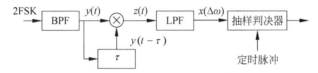

图 5-20 差分解调 2FSK 信号的原理框图

具体解调原理如下。

将 2FSK 信号表示为 $A\cos(\omega_c+\Delta\omega)t$,则角频率频移 $\Delta\omega$ 包含数字基带信息,因此

$$\begin{cases} y(t)=A\cos(\omega_c+\Delta\omega)t \\ y(t-\tau)=A\cos(\omega_c+\Delta\omega)(t-\tau) \end{cases}$$

乘法器输出为

$$\begin{aligned} z(t) &= y(t) \cdot y(t-\tau) \\ &= A\cos(\omega_c+\Delta\omega)t \cdot A\cos(\omega_c+\Delta\omega)(t-\tau) \\ &= \frac{A^2}{2}\cos(\omega_c+\Delta\omega)\tau + \frac{A^2}{2}\cos[2(\omega_c+\Delta\omega)t-(\omega_c+\Delta\omega)\tau] \end{aligned}$$

经低通滤波器去除高频分量,得到输出为

$$x(t)=\frac{A^2}{2}\cos(\omega_c+\Delta\omega)\tau=\frac{A^2}{2}\cos(\omega_c\tau+\Delta\omega\tau)$$

可见,$x(t)$ 与 t 无关,且是角频偏 $\Delta\omega$ 的函数。若取 $\omega_c\tau=\pi/2$,则

$$x(t)=-\frac{A^2}{2}\sin\Delta\omega\tau$$

通常 $\omega_c\gg\Delta\omega$,因此,$\omega_c\tau=\dfrac{\pi}{2}\gg|\Delta\omega\tau|$,即 $|\Delta\omega\tau|\ll1$,则

$$x(t)\approx-\frac{A^2}{2}\Delta\omega\tau$$

上式说明,根据 $\Delta\omega$ 的极性不同,$x(t)$ 有不同的极性,由此可以判决出基带信号。当 $\Delta\omega>0$ 时,$x(t)<0$,则判断输出"0";当 $\Delta\omega\leqslant0$ 时,$x(t)\geqslant0$,则判断输出"1"。当然也可以取 $\omega_c\tau=3\pi/2$,此时需要改变判决规则。

5-11 什么是绝对移相调制？什么是相对移相调制？它们之间有什么相同点和不同点？

答：根据载波相位表示数字信息的方式不同，数字调相又可以进一步分为绝对相移（PSK）和相对相移（DPSK）两种。

绝对相移是利用载波的相位（指初相）直接表示数字信号的相移键控方式。二进制相移键控中，通常用相位 0 和 π 分别表示"0"或"1"。

相对移相调制记作 2DPSK。2DPSK 不是利用载波相位的绝对数值传送数字信息，而是用前后码元的相对载波相位值传送数字信息。所谓相对载波相位是指本码元对应的载波相位与前一码元对应载波相位之差。

5-12 2PSK 信号、2DPSK 信号的调制和解调方式有哪些？试说明其工作原理。

答：2PSK 信号的调制框图如图 5-21 所示。产生 2PSK 信号的方法包括模拟调制法和键控法。

由于 2PSK 信号用载波相位表示数字信息，因此，只能采用相干解调的方法。

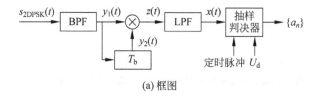

图 5-21　2PSK 调制器框图

2DPSK 的产生方法：首先对数字信号进行差分编码，即由绝对码表示变为相对码（差分码）表示，然后再进行 2PSK 调制。

2DPSK 信号的解调有两种解调方式：一种是相干解调码变换法，又称为极性比较码变换法；另一种是差分相干解调。

5-13 画出 2DPSK 差分相干解调法的原理框图及波形图。

答：2DPSK 差分相干解调法的原理框图如图 5-22 所示。

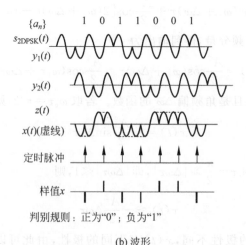

(a) 框图

(b) 波形

图 5-22　2DPSK 信号差分相干法解调框图及各点波形

5-14 2PSK、2DPSK 信号的功率谱有什么特点？

答：（1）当双极性基带信号以相等的概率出现时，2PSK 和 2DPSK 信号的功率谱仅由连续谱组成。

（2）2PSK 和 2DPSK 的连续谱部分与 2ASK 信号的连续谱基本相同。因此，2PSK 和 2DPSK 的带宽、频带利用率也与 2ASK 信号的相同。

5-15 试比较 2ASK 信号、2FSK 信号、2PSK 信号和 2DPSK 信号的功率谱密度和带宽之间的相同点与不同点。

答：（1）2ASK 系统和 2PSK（2DPSK）系统信号传输带宽相同，均为 $2f_b$。

（2）2FSK 系统信号传输频带宽度为 $|f_2 - f_1| + 2f_b$，大于 2ASK 系统和 2PSK（2DPSK）系统的频带宽度。

5-16 试比较 2ASK 信号、2FSK 信号、2PSK 信号和 2DPSK 信号的抗噪声性能。

答：（1）同一调制方式不同检测方法的比较。

对于同一调制方式不同检测方法，相干检测的抗噪声性能优于非相干检测。但是，随着信噪比 r 增大，相干误码性能与非相干误码性能的相对差别越不明显。

（2）同一检测方法不同调制方式的比较。

相干检测时，在相同误码率条件下，对信噪比 r 的要求是：2PSK 比 2FSK 小 3dB，2FSK 比 2ASK 小 3dB；非相干检测时，在相同误码率条件下，对信噪比 r 的要求是：2DPSK 比 2FSK 小 3dB，2FSK 比 2ASK 小 3dB。反过来，若信噪比 r 一定，2PSK 系统的误码率低于 2FSK 系统，2FSK 系统的误码率低于 2ASK 系统。因此，从扰加性白噪声性能上讲，相干 2PSK 最好，2FSK 次之，2ASK 最差。

5-17 简述 2ASK、2FSK 和 2PSK 三种调制方式各自的主要优点和缺点。

答：（1）2ASK 和 2PSK 传输带宽及频带利用率一样，比 2FSK 系统好。

（2）2FSK 和 2PSK 的可靠性优于 2ASK。

（3）2ASK 对信道特性变化敏感，2FSK 和 2PSK 好一些。

5-18 简述多进制数字调制的原理，与二进制数字调制比较，多进制数字调制有哪些优点。

答：对于一个码元而言，多进制包含的信息量要多于二进制，因此，多进制数字调制有以下特点。

（1）在码元速率（传码率）相同的条件下，可以提高信息速率（传信率），使系统频带利用率增大。码元速率相同时，M 进制数字传输系统的信息速率是二进制的 $\log_2 M$ 倍。

（2）在信息速率相同的条件下，可以降低码元速率，从而提高传输的可靠性，减小码间串扰的影响等。

5-19 画出 4PSK（B 方式）系统的原理框图，并说明其工作原理。

答：（1）相位选择法产生 4PSK 信号的框图如图 5-23 所示。

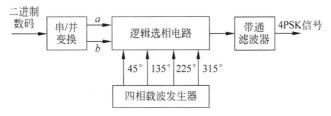

图 5-23　相位选择法产生 4PSK 信号（B 方式）框图

（2）直接调相法。4PSK 信号也可以采用正交调制的方式产生，因此，4PSK 也常被称为正交相移键控（QPSK），其实现框图如图 5-24 所示。

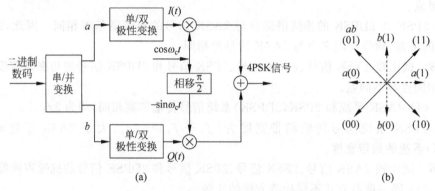

(a)　　　　　　　　　　(b)

图 5-24　直接调相法产生 4PSK 信号框图

5-20　画出 4DPSK（A 方式）系统的原理框图，并说明其工作原理。

答：在 QPSK 的基础上加码变换器，就可形成 QDPSK 信号。图 5-25 给出了 A 方式 QDPSK 信号产生的框图。

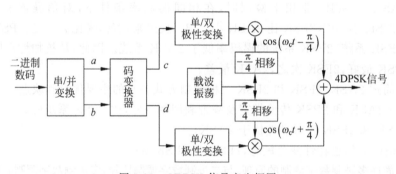

图 5-25　QDPSK 信号产生框图

设图 5-25 中的单/双极性变换的规律为 0→+1 和 1→−1，码变换器将并行绝对码 a、b 转换为并行相对码 c、d。

5-21　简述 QAM 的工作原理，并绘制产生和解调 QAM 信号的数学模型。

答：QAM 是用两路独立的基带信号对两个相互正交的同频载波进行抑制载波双边带调幅，实现两路并行的数字信息的传输，如果某一方向载波可以用电平数 m 进行调制，则相互正交的两个载波能够表示信号的 M 个状态，这里 $M=m^2$。因此，QAM 调制方式通常可以表示为二进制 QAM（4QAM）、四进制 QAM（16QAM）、八进制 QAM（64QAM）等。对于 4QAM，当两路信号幅度相等时，其产生、解调、性能及相位矢量均与 4PSK 相同。图 5-26 给出了产生多进制 QAM 信号的数学模型。

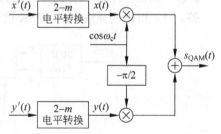

图 5-26　产生多进制 QAM 信号的数学模型

5-22　简述 MSK 的工作原理，并绘制产生和解调 MSK 信号的数学模型。

答：最小频移键控（Minimum Frequency Shift Keying，MSK）是一种能够产生恒定包络、连续相位的数字频移键控技术。由于 MSK 是 FSK 的一种正交调制，因此，其信号波形的相关系数等于零。利用三角公式进行处理展开，得

$$s_{MSK}(t) = A\left(\cos\frac{a_k\pi}{2T_b}t\cos\varphi_k\cos\omega_c t - \sin\frac{a_k\pi}{2T_b}t\cos\varphi_k\sin\omega_c t\right)$$
$$= I(t)\cos\omega_c t - Q(t)\sin\omega_c t$$

其中，$I(t)$ 为同相分量；$Q(t)$ 为正交分量。$I(t)$ 和 $Q(t)$ 可以表示为

$$\begin{cases} I(t) = \cos\dfrac{a_k\pi}{2T_b}t\cos\varphi_k = \cos\dfrac{\pi t}{2T_b}\cos\varphi_k = a_I(t)\cos\dfrac{\pi t}{2T_b} \\ Q(t) = \sin\dfrac{a_k\pi}{2T_b}t\cos\varphi_k = a_k\sin\dfrac{\pi t}{2T_b}\cos\varphi_k = a_Q(t)\sin\dfrac{\pi t}{2T_b} \end{cases}$$

其中，$a_k = \pm 1$；$a_I(t) = \cos\varphi_k$；$a_Q(t) = a_k\cos\varphi_k$。

可以证明，$a_I(t)$ 和 $a_Q(t)$ 每 $2T_b$ 输出一对码元，其中 $a_I(t)$ 是数字序列 a_k 的差分编码 c_k 的奇数位输出，$a_Q(t)$ 是 c_k 的偶数位，并延时 T_b 的输出。具体 MSK 调制器原理如图 5-27 所示。

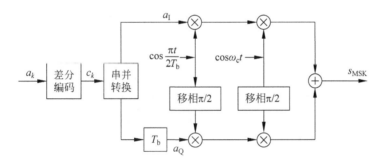

图 5-27　MSK 调制器原理框图

与产生过程相对应，MSK 解调器原理框图如图 5-28 所示。

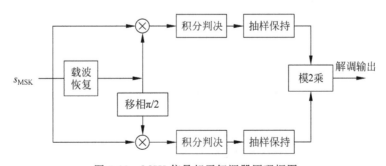

图 5-28　MSK 信号相干解调器原理框图

5-23　简述 OFDM 的工作原理，并绘制产生和解调 OFDM 信号的数学模型。

答：OFDM 是并行体制，它是将高速率的信息数据流经串/并变换，分割为若干路低速率并行数据流，然后每路低速率数据采用一个独立的载波调制，并叠加在一起构成发送信号；在接收端，用同样数量的载波对接收信号进行相干接收，获得低速率信息数据后，再通过并/串变换得到原来的高速信号，具体传输系统如图 5-29 所示。

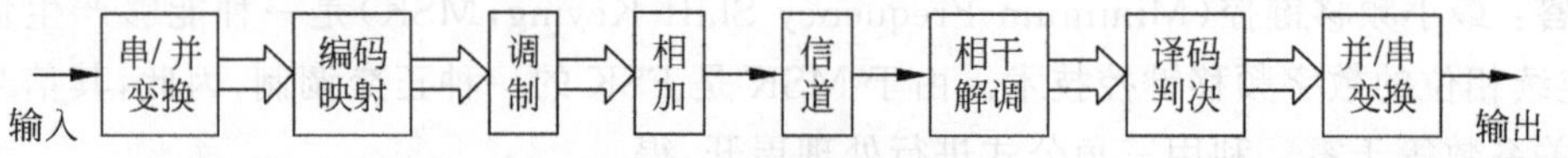

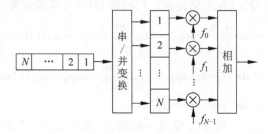

图 5-29　多载波传输系统

为了提高频谱利用率,OFDM 方式中各子载波频谱有 1/2 重叠,但保持相互正交。具体实现过程如图 5-30 所示。

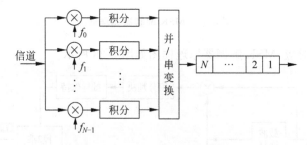

图 5-30　OFDM 调制原理示意图

在发射端,N 个待发送的串行数据经串/并变换后,得到周期为 T_b 的 N 路并行码,码型选用双极性 NRZ 矩形脉冲,经 N 个子载波分别对 N 路并行码进行调制,相加后得到波形。

$$s_{\text{OFDM}}(t) = \sum_{k=0}^{N-1} B_k \cos\omega_k t$$

其中,B_k 为第 k 路并行码;ω_k 为第 k 路码的子载波角频率。

在接收端,对 $s_m(t)$ 用频率 $f_k(k=0,1,\cdots,N-1)$ 的正弦载波在 $[0,T_b]$ 进行相关运算,就可得到各子载波携带的信息 B_k,然后通过并/串变换,恢复出发送的二进制数据序列。解调原理示意图如图 5-31 所示。

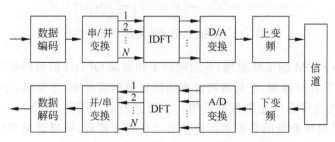

图 5-31　OFDM 解调原理示意图

利用 DFT 可以进一步简化系统,如图 5-32 所示。在发送端,输入的二进制数据序列先

图 5-32　用 DFT 实现 OFDM 的原理示意图

进行串/并变换,得到 N 路并行码,再经 IDFT 变换得 OFDM 信号数据流各离散分量,送 D/A 变换形成双极性多电平方波,最后经上变频调制形成 OFDM 信号发送出去。在接收端,OFDM 信号的解调过程是其调制的逆过程,这里不再赘述。

5.5　习题详解

5-1　已知某 2ASK 系统的码元速率为 1200Baud,载频为 2400Hz,若发送的数字信息序列为 011011010,试画出 2ASK 信号的波形图,并计算其带宽。

解:根据题意得,码元周期是载波周期的 2 倍,所以一个码元宽度包含两个载波,2ASK 信号的波形如图 5-33 所示。

对应系统带宽为

$$B_{2ASK} = 2f_b = 2400(Hz)$$

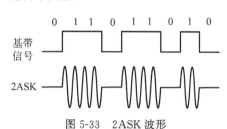

图 5-33　2ASK 波形

5-2　已知 2ASK 系统的传码率为 1000Baud,调制载波为 $A\cos140\pi\times10^6 t$。

(1)求该 2ASK 信号的频带宽度。

(2)若采用相干解调器接收,请画出解调器中的带通滤波器和低通滤波器的传输函数幅频特性示意图。

解:(1)根据题意可以求出 2ASK 信号的频带宽度为

$$B_{2ASK} = 2f_b = 2000(Hz)$$

(2)相干解调框图如图 5-34 所示。

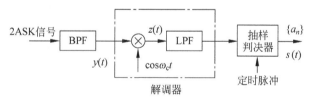

图 5-34　2ASK 相干解调框图

解调器中的带通滤波器为

$$H_{BPF}(f) = \begin{cases} K, & 69.999\text{MHz} \leqslant f \leqslant 70.001\text{MHz} \\ 0, & \text{其他} \end{cases}$$

解调器中的低通滤波器为

$$H_{LPF}(f) = \begin{cases} K, & 0 \leqslant f \leqslant 1000\text{Hz} \\ 0, & \text{其他} \end{cases}$$

它们的幅频特性分别如图 5-35 所示。

5-3　在 2ASK 系统中,已知码元速率 $R_B = 10^6$ Baud,信道噪声为加性高斯白噪声,其双边功率谱密度 $n_0/2 = 3\times10^{-14}$ W/Hz,接收端解调器输入信号的振幅 $a = 4$mV。

(1)若采用相干解调,试求系统的误码率。

(2)若采用非相干解调,试求系统的误码率。

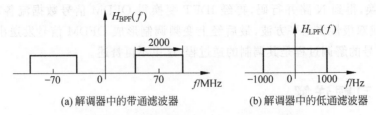

(a) 解调器中的带通滤波器   (b) 解调器中的低通滤波器

图 5-35 带通和低通滤波器的幅频特性曲线

解：根据题意可以得到 2ASK 信号带宽为

$$B_{2\text{ASK}} = 2f_b = 2 \times 10^6 (\text{Hz})$$

BPF 输出的噪声功率为

$$N_o = \sigma_n^2 = 2 \times \frac{n_0}{2} \times B_{2\text{ASK}} = 2 \times 3 \times 10^{-14} \times 2 \times 10^6 = 1.2 \times 10^{-7} (\text{W})$$

解调器输入信噪比为

$$r = \frac{A^2}{2\sigma_n^2} = \frac{4^2 \times 10^{-6}}{2 \times 1.2 \times 10^{-7}} = 66.7$$

（1）相干解调时系统的误码率为

$$P_e = \frac{1}{2}\text{erfc}(\sqrt{r/4}) = \frac{1}{\sqrt{\pi r}}e^{-\frac{r}{4}} = \frac{1}{\sqrt{3.14 \times 66.7}}e^{-16.7} = 0.069 \times 5.588 \times 10^{-8} = 3.86 \times 10^{-9}$$

（2）非相干解调时系统的误码率为

$$P_e = \frac{1}{2}e^{-r/4} = \frac{1}{2} \times 5.588 \times 10^{-8} = 2.79 \times 10^{-8}$$

5-4 2ASK 相干检测接收机输入平均信噪比为 9dB，欲保持相同的误码率，包络检测接收机输入的平均信噪比应为多大？

解：2ASK 相干检测接收机输入平均信噪比为 9dB 表明 $\rho = 8 \Rightarrow r = 16$，则误码率为

$$P_e = \frac{1}{2}\text{erfc}\left(\frac{\sqrt{r}}{2}\right) = \frac{1}{2}\text{erfc}\left(\frac{\sqrt{16}}{2}\right) = \frac{1}{2}\text{erfc}(2) = 2.34 \times 10^{-3}$$

要使包络检测达到此误码率，则

$$P_e = \frac{1}{2}e^{-\frac{r}{4}} = 2.34 \times 10^{-3} \Rightarrow r = 21.46 \Rightarrow \rho = \frac{r}{2} = 10.73$$

因此，包络检测接收机输入的平均信噪比为

$$10\lg 10.73 = 10.31\text{dB}$$

5-5 2ASK 包络检测接收机输入端的平均信噪比 r 为 7dB，输入端高斯白噪声的双边功率谱密度为 $2 \times 10^{-14}\,\text{V}^2/\text{Hz}$，码元速率为 50Baud，设"0"和"1"等概率出现。试计算最佳判决门限及系统的误码率。

解：平均信噪比为 7dB 表明 $\rho = 5 \Rightarrow r = 10$。

输入噪声的功率为

$$N_i = \sigma^2 = \frac{n_0}{2} \times 2 \times 2 \times 50 = 4 \times 10^{-12} (\text{W})$$

因此，$a = \sqrt{2\sigma^2 r} = 8.94\mu\text{V}$，则最佳判决门限为

$$b^* = a/2 = 4.47\mu V$$

系统误码率为

$$P_e = \frac{1}{4}\mathrm{erfc}\left(\frac{\sqrt{r}}{2}\right) + \frac{1}{2}\mathrm{e}^{-\frac{r}{4}} = 0.0064 + \frac{1}{2} \times 0.0821 = 0.04745$$

相干解调系统误码率为

$$P_e = \frac{1}{2}\mathrm{erfc}\left(\frac{\sqrt{r}}{2}\right) = 0.0127$$

5-6　已知某 2FSK 系统的码元传输速率为 1200Baud，发"0"时载频为 2400Hz，发"1"时载频为 4800Hz，若发送的数字信息序列为 011011010，试画出 2FSK 信号波形图，并计算其带宽。

解：根据题意得，码元周期是发"0"时载波周期的 2 倍，是发"1"时载波周期的 4 倍，所以一个码元宽度包含 2 个载波和 4 个载波，形成波形如图 5-36 所示。

2FSK 信号的带宽为

$$B_{2\mathrm{FSK}} = |f_1 - f_2| + 2f_b = |4800 - 2400| + 2 \times 1200 = 4800(\mathrm{Hz})$$

5-7　设某 2FSK 调制系统的码元速率为 1000Baud，已调信号的载频为 1000Hz 或 2000Hz。

（1）若发送数字信息为 011010，试画出相应的 2FSK 信号波形。

（2）试讨论这时的 2FSK 信号，应选择怎样的解调器解调。

（3）若发送数字信息是等可能的，试画出它们的功率谱密度草图。

解：（1）根据题意得，码元周期是发"0"时载波周期的 1 倍，是发"1"时载波周期的 2 倍，所以一个码元宽度包含 1 个载波和 2 个载波，形成波形如图 5-37 所示。

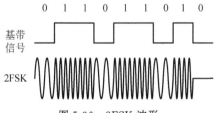

图 5-36　2FSK 波形

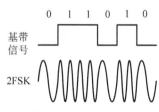

图 5-37　2FSK 波形

（2）由于两种 2FSK 载频的频差 $\Delta f = |f_1 - f_2| = 1000\mathrm{Hz} = R_B$ 较小，2FSK 信号的频谱重叠部分较多，因此采用非相干解调时上下两个支路的串扰较大，使得解调性能下降。另外，2FSK 信号的相干解调差频会产生 1000Hz 分量，正好在 LPF 边缘，影响正确判决，所以，本题最好解调法是过零点检测法。

（3）由于 $|f_2 - f_1| = f_b$，因此功率谱密度如图 5-38 所示。

5-8　某 2FSK 系统的传码率为 2×10^6 Baud，"1"和"0"码对应的载波频率分别为 $f_1 = 10\mathrm{MHz}$，$f_2 = 15\mathrm{MHz}$。

（1）请问相干解调器中的两个带通滤波器及两个低通滤波器应具有怎样的幅频特性？画出示意图

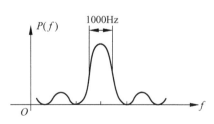

图 5-38　2FSK 的功率谱

说明。

（2）试求该 2FSK 信号占用的频带宽度。

解：（1）两个带通滤波器的中心频率为 $f_1=10\text{MHz}$，$f_2=15\text{MHz}$，带宽为 4MHz，所以滤波器可以表示为

$$H_1(f)=\begin{cases}K, & 8\text{MHz}\leqslant f\leqslant 12\text{MHz}\\ 0, & \text{其他}\end{cases} \qquad H_2(f)=\begin{cases}K, & 13\text{MHz}\leqslant f\leqslant 17\text{MHz}\\ 0, & \text{其他}\end{cases}$$

$$H_{\text{LPF}}(f)=\begin{cases}K, & 0\leqslant f\leqslant 2\text{MHz}\\ 0, & \text{其他}\end{cases}$$

对应带通滤波器和低通滤波器分别如图 5-39 所示。

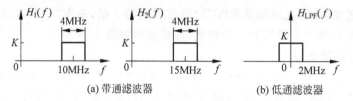

(a) 带通滤波器   (b) 低通滤波器

图 5-39　相干解调器中的带通滤波器和低通滤波器

（2）该 2FSK 信号占用的频带宽度为

$$B_{2\text{FSK}}=|\,f_1-f_2\,|+2f_b=|\,15-10\,|+2\times 2=9(\text{MHz})$$

5-9　在 2FSK 系统中，码元速率 $R_B=0.2\text{MBaud}$，发送"1"符号的频率 $f_1=1.25\text{MHz}$，发送"0"符号的频率 $f_2=0.85\text{MHz}$，且发送概率相等。若信道噪声加性高斯白噪声的双边功率谱密度 $n_0/2=10^{-12}\text{W/Hz}$，解调器输入信号振幅 $a=4\text{mV}$。

（1）试求 2FSK 信号频带宽度。

（2）若采用相干解调，试求系统的误码率。

（3）若采用非相干解调，试求系统的误码率。

解：（1）2FSK 信号的第一零点带宽为

$$B_{\text{FSK}}=|\,f_1-f_2\,|+2f_b=|\,1.25-0.85\,|+2\times 0.2=0.8(\text{MHz})$$

（2）上下支路接收系统的带宽为

$$B=2f_b=0.4\text{MHz}$$

输入端噪声功率为

$$\sigma^2=\frac{n_0}{2}\times 2\times B=2\times 10^{-12}\times 0.4\times 10^6=0.8\times 10^{-6}(\text{W})$$

输入信噪比为

$$r=\frac{a^2}{2\sigma^2}=\frac{(4\times 10^{-3})^2}{2\times 0.8\times 10^{-6}}=10$$

相干解调时，系统的误码率为

$$P_e=\frac{1}{2}\text{erfc}\left(\sqrt{\frac{r}{2}}\right)=\frac{1}{2}\text{erfc}(\sqrt{5})=\frac{1}{2}\times[1-\text{erf}(2.236)]$$

$$=0.5\times[1-0.99839]=8\times 10^{-4}$$

（3）非相干解调时，系统的误码率为

$$P_e = \frac{1}{2}e^{\frac{r}{2}} = \frac{1}{2}e^{-5} = 0.003\,37$$

5-10　已知数字信息为 1101001，并设码元宽度是载波周期的两倍，试画出绝对码、相对码、2PSK 信号、2DPSK 信号的波形。

解：码元宽度是载波周期的两倍，因此，1 个码元周期对应 2 个周期的载波，具体波形如图 5-40 所示。

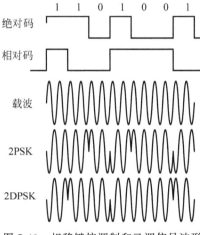

图 5-40　相移键控调制和已调信号波形

5-11　设某相移键控信号的波形如图 5-41 所示。

（1）若此信号是绝对相移信号，它所对应的二进制数字序列是什么？

（2）若此信号是相对相移信号，且已知相邻相位差为 0 时对应"1"码元，相位差为 π 时对应"0"码元，则它所对应的二进制数字序列又是什么？

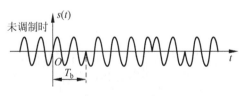

图 5-41　已调信号波形

解：根据题意可以得到如下结论。

（1）绝对相移对应的调制信号为 01101。

（2）相对相移对应的调制信号为 10100。

5-12　若载频为 2400Hz，码元速率为 1200Baud，发送的数字信息序列为 010110，试画出 $\Delta\varphi_n = 270°$ 代表"0"码、$\Delta\varphi_n = 90°$ 代表"1"码的 2DPSK 信号波形（注：$\Delta\varphi_n = \varphi_n - \varphi_{n-1}$）。

解：根据题意得，码元宽度是载波周期的 2 倍，因此，1 个码元周期对应 2 个周期的载波。根据相位关系可以得到已调信号的相位如表 5-1 所示，波形如图 5-42 所示。

表 5-1 已调信号的相位

初相	0	1	0	1	1	0
0	270°	0°	270°	0°	90°	0°

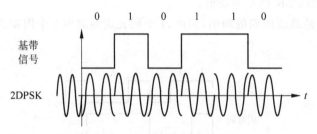

图 5-42 2DPSK 信号波形

5-13 设发送的二进制绝对信息为 1001100101,采用 2DPSK 方式传输。已知码元速率为 1200Baud,载频为 3600Hz。

(1) 试构成一种 2DPSK 信号调制器,并画出 2DPSK 信号时间波形。

(2) 若采用差分相干解调方式进行解调,试画出各点时间波形。

解:(1) 根据题意可以绘制出 2DPSK 信号调制器框图,以及 2DPSK 信号波形,如图 5-43 所示。

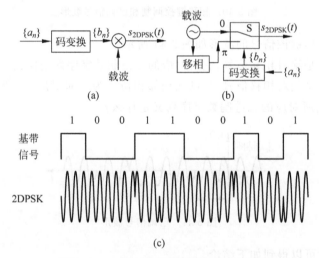

图 5-43 2DPSK 的 2 种调制方式和波形

(2) 差分相干解调方式进行解调框图如图 5-44 所示,各点时间波形如图 5-45 所示。

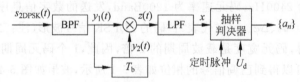

图 5-44 差分相干解调方式进行解调框图

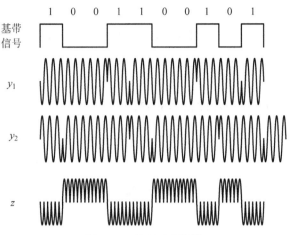

图 5-45　各点对应波形

5-14　在二进制数字调制系统中,设解调器输入信噪比 $r=7\mathrm{dB}$。试求相干解调 2PSK、相干解调码变换 2DPSK 和差分相干 2DPSK 系统的误码率。

解：根据题意可得,信噪比 7dB 表明,信噪比实际数值为 5,则可以利用相关公式进行计算相干解调 2PSK 的误码率为

$$P_\mathrm{e}=\frac{1}{2}\mathrm{erfc}(\sqrt{r})=\frac{1}{2}\mathrm{erfc}(\sqrt{5})=\frac{1}{2}\times[1-\mathrm{erf}(2.236)]=0.5\times(1-0.998\,39)=8\times10^{-4}$$

相干解调码变换 2DPSK 的误码率为

$$P'_\mathrm{e}=2P_\mathrm{e}=1.6\times10^{-3}$$

差分相干 2DPSK 的误码率为

$$P_\mathrm{e}=\frac{1}{2}\mathrm{e}^{-r}=3.4\times10^{-3}$$

5-15　在二进制数字调制系统中,已知码元速率 $R_\mathrm{B}=10^6\,\mathrm{Baud}$,接收机输入高斯白噪声的双边功率谱密度为 $n_0/2=2\times10^{-16}\,\mathrm{W/Hz}$。若要求解调器输出误码率 $P_\mathrm{e}\leqslant10^{-4}$,试求相干解调和非相干解调 2ASK、相干解调和非相干解调 2DPSK 及相干解调 2PSK 系统的输入信号功率。

解：相干解调和非相干解调 2ASK 误码率计算公式为

$$P_\mathrm{e}=\frac{1}{2}\mathrm{erfc}(\sqrt{r/4}),\quad P_\mathrm{e}=\frac{1}{2}\mathrm{e}^{-r/4}$$

相干解调和差分相干解调 2DPSK 误码率计算公式为

$$P_\mathrm{e}=\mathrm{erfc}(\sqrt{r}),\quad P_\mathrm{e}=\frac{1}{2}\mathrm{e}^{-r}$$

相干解调 2PSK 系统误码率计算公式为

$$P_\mathrm{e}=\frac{1}{2}\mathrm{erfc}(\sqrt{r})$$

输入端噪声功率为

$$\sigma^2=\frac{n_0}{2}\times2\times B=2\times2\times10^{-16}\times2\times10^6=8\times10^{-10}\,(\mathrm{W})$$

（1）相干解调。

为了统一进行计算，令 $P_e = \frac{1}{2}\text{erfc}\sqrt{x}$，对于 $P_e \leqslant 10^{-4}$，则

$$P_e = \frac{1}{2}\text{erfc}\sqrt{x} = \frac{1}{2} \times (1 - \text{erf}\sqrt{x}) \leqslant 10^{-4}$$

$\text{erf}\sqrt{x} = 0.9998$ 可得 $\sqrt{x} \geqslant 2.63, x \geqslant 6.92$。

2ASK 的信噪比为

$$r = 4x = 27.68$$

输入信号功率为

$$S_i = r \times \sigma^2 = 27.68 \times 8 \times 10^{-10} = 221.4 \times 10^{-10} = 2.21 \times 10^{-8}(\text{W})$$

2PSK 信噪比为

$$r = x = 6.92$$

输入信号功率为

$$S_i = r \times \sigma^2 = 6.92 \times 8 \times 10^{-10} = 55 \times 10^{-10} = 5.50 \times 10^{-9}(\text{W})$$

2DPSK 相干解调的误码率为 $P_e = \text{erfc}\sqrt{r}$，经计算得 $r = 7.56$。

输入信号功率为

$$S_i = r \times \sigma^2 = 7.56 \times 8 \times 10^{-10} = 60.5 \times 10^{-10} = 6.05 \times 10^{-9}(\text{W})$$

（2）非相干解调的其他解调方式。

为了统一进行计算，令 $P_e = \frac{1}{2}e^{-x}$，对于 $P_e \leqslant 10^{-4}$，则 $x \geqslant 8.5172$

2ASK 信噪比为

$$r = 4x = 34.07$$

输入信号功率为

$$S_i = r \times \sigma^2 = 34.07 \times 8 \times 10^{-10} = 273 \times 10^{-10} = 2.73 \times 10^{-8}(\text{W})$$

2DPSK 信噪比为

$$r = x = 8.51$$

输入信号功率为

$$S_i = r \times \sigma^2 = 8.51 \times 8 \times 10^{-10} = 6.88 \times 10^{-9}(\text{W})$$

5-16　四相调制系统输入的二进制码元速率为 2400Baud，载波频率为 2400Hz，试画出 4PSK（A 方式）信号波形图。

解：4PSK 信号的 1 个码元周期，包含 1 个载波：00 输出 0°，10 输出 90°，11 输出 180°，01 输出 270°。因此，可以得到如图 5-46 所示波形。

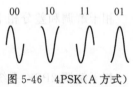

图 5-46　4PSK（A 方式）对应信号波形

5-17　已知数字基带信号的信息速率为 2048kb/s，请问分别采用 2PSK 方式及 4PSK 方式传输时所需的信道带宽为多少？频带利用率为多少？

解：若 $R_b = 2048\text{kb/s}$，则 $R_{2B} = 2048\text{kB}, R_{4B} = 1024\text{kB}$。

对应带宽为

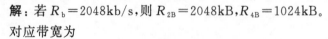

$$B_{2\text{PSK}} = \frac{2}{T_b} = 4096\text{kHz}, \quad B_{4\text{PSK}} = \frac{2}{T_b} = 2048\text{kHz}$$

对应频带利用率为

$$\eta_{2\text{PSK}} = \frac{R_{2B}}{B_{2\text{PSK}}} = \frac{2048}{4096} = \frac{1}{2}(\text{Baud/Hz}), \quad \eta_{4\text{PSK}} = \frac{R_{4B}}{B_{4\text{PSK}}} = \frac{1024}{2048} = \frac{1}{2}(\text{Baud/Hz})$$

如果按信息速率考虑频带利用率,则

$$\eta_{2\text{PSK}} = \frac{R_b}{B_{2\text{PSK}}} = \frac{2048}{4096} = \frac{1}{2}((\text{b/s})/\text{Hz}), \quad \eta_{4\text{PSK}} = \frac{R_b}{B_{4\text{PSK}}} = \frac{2048}{2048} = 1((\text{b/s})/\text{Hz})$$

5-18 码元速率为 200Baud,试比较 8ASK、8FSK、8PSK 系统的带宽、信息速率及频带利用率。(设 8FSK 的频率配置使得功率谱主瓣刚好不重叠)

解:根据题意可得,$R_B = 200\text{Baud} \Rightarrow f_s = 200\text{Hz}$。

进而可以得到带宽、信息速率及频带利用率的具体描述,如表 5-2 所示。

表 5-2 带宽、信息速率及频带利用率

信号	带宽/Hz	信息速率/(b/s)	频带利用率/((b/s)/Hz)
8ASK	400	600	$\frac{3}{2}$
8FSK	3200	600	$\frac{3}{16}$
8PSK	400	600	$\frac{3}{2}$

5-19 当输入数字消息分别为 00、01、10、11 时,试分析图 5-47 所示电路的输出相位。

注:① 当输入为"01"时,a 端输出为"0",b 端输出为"1"。

② 单/双极性变换电路将输入的"0"和"1"码分别变换为 A 及 $-A$ 两种电平。

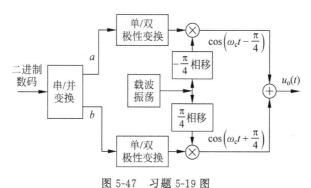

图 5-47 习题 5-19 图

解:经分析可得:00 输出 $0°$,10 输出 $90°$,11 输出 $180°$,01 输出 $270°$。

第 6 章

CHAPTER 6

数字信号最佳接收

6.1 基本要求

内　　容	学习要求			备　　注
	了解	理解	掌握	
1. 最佳接收准则				
(1) 二元假设检验的模型 *		√		数学分析与物理意义
(2) 错误概率最小准则△		√		与贝叶斯准则的关系
2. 二元确知信号的最佳接收				
(1) 最佳接收机的结构 * △			√	"最佳"的含义
(2) 最佳接收机的性能分析	√			性能的物理含义
3. 二元随参信号的最佳接收				
(1) 随相信号的最佳接收	√			物理意义的理解
(2) 起伏信号的最佳接收	√			规律的回溯
4. 实际接收机与最佳接收机的比较	√			注意带宽
5. 数字信号的匹配滤波接收				
(1) 基本原理 * △		√		信噪比最大
(2) 匹配滤波器的主要性质 *			√	结合物理概念
(3) 匹配滤波器组成的最佳接收机△		√		具体应用

6.2 核心内容

1. 最佳接收准则

假设检验准则　最佳接收准则属于假设检验的准则,它主要包括二元假设检验和多元假设检验。二元假设检验是在接收端收到信号与噪声的混合波形后,判断究竟发送端发出的是哪一种信号的检验,其任务是在给定的观测时间 T 内,对混合波形得到多次观测的样本进行分析,并且在这种分析基础上作出判断,选择发送端两种信号之一。多元假设检验与二元假设检验类似,不同的是其要对所得到的抽样值序列做出发送端多种信号之一的判断。

二元假设检验的模型　图 6-1 给出了二元假设检验的模型结构。

在图 6-1 所示的观测空间中,对混合波形 $x(t)$ 进行 N 次观测,得抽样值 $X = (x_1,$

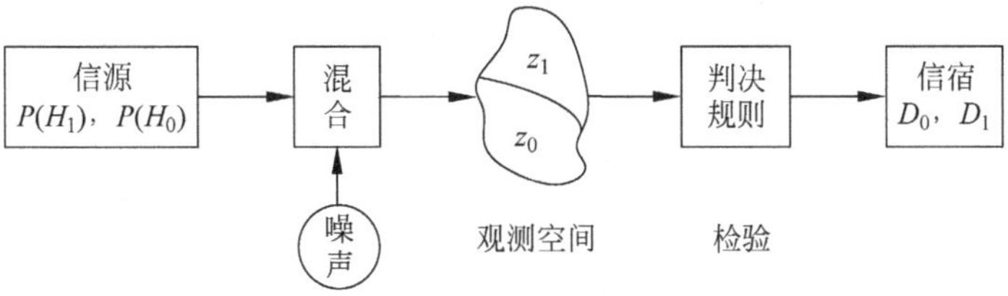

图 6-1 二元假设检验的模型结构

$x_2, \cdots, x_N)$,根据判决准则能够得出某一判决规则,依据此规则可以将判决空间划分为 z_0 和 z_1 两个判决域。X 落在 z_0 内,则假设 H_0 成立,即认为发送端发出 $s_0(t)$ 信号;X 落在 z_1 内,则假设 H_1 成立,即认为发送端发送 $s_1(t)$ 信号。

虚警概率 假设为 H_0 时,且 X 落在 z_1 判决域内,则它的概率为

$$P(D_1/H_0) = \int_{z_1} f(X/H_0)\mathrm{d}X = \int_{z_1} \cdots \int f(x_1 x_2 \cdots x_N/H_0)\mathrm{d}x_1 \mathrm{d}x_2 \cdots \mathrm{d}x_N \quad (6\text{-}1)$$

漏报概率 假设为 H_1 时,且 X 落在 z_0 判决域内,则它的概率为

$$P(D_0/H_1) = \int_{z_0} f(X/H_1)\mathrm{d}X = \int_{z_0} \cdots \int f(x_1 x_2 \cdots x_N/H_1)\mathrm{d}x_1 \mathrm{d}x_2 \cdots \mathrm{d}x_N \quad (6\text{-}2)$$

其中,$f(X/H_1)$ 和 $f(X/H_0)$ 分别为发 $s_1(t)$ 和发 $s_0(t)$ 时 $X = (x_1, x_2, \cdots, x_N)$ 的概率密度函数。

平均错误概率 得到虚警概率 $P(D_1/H_0)$ 和漏报概率 $P(D_0/H_1)$,及先验概率 $P(H_1)$ 和 $P(H_0)$ 后,就可计算出平均错误概率,即

$$P_e = P(H_1)P(D_0/H_1) + P(H_0)P(D_1/H_0) \quad (6\text{-}3)$$

贝叶斯(Bayes)准则 其代价函数可表示为

$$\bar{R} = C_{00}P(D_0 H_0) + C_{10}P(D_1 H_0) + C_{01}P(D_0 H_1) + C_{11}P(D_1 H_1) \quad (6\text{-}4)$$

应用贝叶斯公式,整理后可得

$$\bar{R} = C_{10}P(H_0) + C_{11}P(H_1) + \int_{z_0} [P(H_1)(C_{01} - C_{11})f(X/H_1) - P(H_0)(C_{10} - C_{00})f(X/H_0)]\mathrm{d}X \quad (6\text{-}5)$$

使 $\bar{R}$ 最小的 X_0 可通过微分求得

$$\frac{\partial \bar{R}}{\partial X_0} = 0 = P(H_1)(C_{01} - C_{11})f(X_0/H_1) - P(H_0)(C_{10} - C_{00})f(X_0/H_0)$$

其中,X_0 为最佳划分点(界)。经数学推导可以得到贝叶斯准则为

$$\begin{cases} \text{判决为 } D_0, \quad \lambda(X) = \dfrac{f(X/H_1)}{f(X/H_0)} < \dfrac{P(H_0)(C_{10} - C_{00})}{P(H_1)(C_{01} - C_{11})} = \lambda_B & (6\text{-}6\mathrm{a}) \\[4mm] \text{判决为 } D_1, \quad \lambda(X) = \dfrac{f(X/H_1)}{f(X/H_0)} > \dfrac{P(H_0)(C_{10} - C_{00})}{P(H_1)(C_{01} - C_{11})} = \lambda_B & (6\text{-}6\mathrm{b}) \end{cases}$$

其中,$\lambda(X)$ 是似然函数比;λ_B 是似然比门限。

贝叶斯准则特例 假定正确判决不付出代价,错误判决应付出相同的代价,也就是假定 $C_{00} = C_{11} = 0$、$C_{10} = C_{01} = 1$,则式(6-6a)与式(6-6b)就可以写为

$$\begin{cases} 判决为 D_0, & \lambda(X) = \dfrac{f(X/H_1)}{f(X/H_0)} < \dfrac{P(H_0)}{P(H_1)} = \lambda_0 & (6\text{-}7a) \\[3mm] 判决为 D_1, & \lambda(X) = \dfrac{f(X/H_1)}{f(X/H_0)} > \dfrac{P(H_0)}{P(H_1)} = \lambda_0 & (6\text{-}7b) \end{cases}$$

或者取对数可以写为

$$\begin{cases} 判决为 D_0, & \ln\lambda(X) < \ln\lambda_0 & (6\text{-}8a) \\[2mm] 判决为 D_1, & \ln\lambda(X) > \ln\lambda_0 & (6\text{-}8b) \end{cases}$$

其中，似然比门限 λ_0 仅取决于先验概率 $P(H_1)$ 和 $P(H_0)$，而利用式(6-7)和式(6-8)准则可以设计出错误概率最小的二元确知信号的最佳接收机。

2. 二元确知信号的最佳接收

二元确知信号 指信号的参数(幅度、频率、相位、到达时间等)或者波形是已知的二进制数字信号，其状态可以表示为"0"和"1"。

数字最佳接收机 基于错误概率最小准则设计出来的接收机，因为错误概率最小是数字通信的最佳描述。

接收机结构 经推导可以得到如下最佳判决准则：

$$\begin{cases} 判决为 D_0, & \displaystyle\int_0^T s_1(t)x(t)\mathrm{d}t - \int_0^T s_0(t)x(t)\mathrm{d}t < V_T & (6\text{-}9a) \\[3mm] 判决为 D_1, & \displaystyle\int_0^T s_1(t)x(t)\mathrm{d}t - \int_0^T s_0(t)x(t)\mathrm{d}t > V_T & (6\text{-}9b) \end{cases}$$

其中，$V_T = \dfrac{n_0}{2}\ln\lambda_0 + \dfrac{1}{2}\displaystyle\int_0^T (s_1^2(t) - s_0^2(t))\mathrm{d}t$。

根据最佳判决准则(式(6-9a)和式(6-9b))可画出二元确知信号最佳接收机模型如图 6-2 所示。

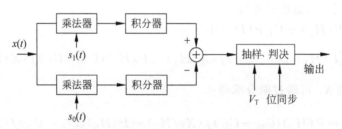

图 6-2 二元通信系统的最佳接收机模型

接收机的性能分析 经计算推导，可以得到在先验概率 $P(H_0)$ 和 $P(H_1)$ 相等情况下，平均错误概率为

$$P_e = \frac{1}{2}\mathrm{erfc}\left(\sqrt{\frac{E_s(1-\rho)}{2n_0}}\right) \tag{6-10}$$

分析式(6-10)可以得到结论：随着信号能量 E_s 的增大或噪声功率谱密度 n_0 的降低，可使错误概率减小，也就是接收质量得以提高；相关系数 ρ 是用来表示信号 $s_0(t)$ 和 $s_1(t)$ 之间相关程度的量，其取值范围是 $-1 \sim 1$。当互相关系数 $\rho = -1$ 时，平均错误概率 P_e 最小。

3. 二元随参信号的最佳接收

随相信号　产生随相信号的原因主要包括传输媒介的畸变等因素。例如,在多径传输中,不同路径有不同的传输长度,以及在发射机至接收机的传输媒介中存在着快速变化的时延等。二元随相信号包括 2ASK 随相信号和 2FSK 随相信号等。

2FSK 随相信号最佳接收机模型　经推导可以得到如下最佳判决准则:

$$\begin{cases} 判决为 D_0, & M_1 < M_0 \text{ 或 } M_1^2 < M_0^2 \qquad (6\text{-}11\text{a}) \\ 判决为 D_1, & M_1 > M_0 \text{ 或 } M_1^2 > M_0^2 \qquad (6\text{-}11\text{b}) \end{cases}$$

其中,参数 M_0 和 M_1 可以表示为

$$\begin{cases} X_0 = \displaystyle\int_0^T x(t)\cos\omega_0 t \, \mathrm{d}t & X_1 = \displaystyle\int_0^T x(t)\cos\omega_1 t \, \mathrm{d}t \\ Y_0 = \displaystyle\int_0^T x(t)\sin\omega_0 t \, \mathrm{d}t & Y_1 = \displaystyle\int_0^T x(t)\sin\omega_1 t \, \mathrm{d}t \\ M_0 = \sqrt{X_0^2 + Y_0^2} & M_1 = \sqrt{X_1^2 + Y_1^2} \end{cases} \qquad (6\text{-}12)$$

根据式(6-11)可构成最佳接收机模型如图 6-3 所示,其中,相关器是由乘法器和积分器组成的。

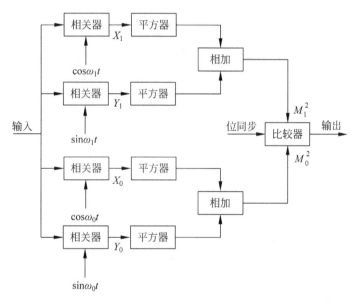

图 6-3　二元随相信号最佳接收机模型

接收机的性能分析　经推导,在假设 H_0 和 H_1 等概率条件下,错误概率 P_e 可以表示为

$$P_e = \frac{1}{2}\exp\left(-\frac{E_s}{2n_0}\right) \qquad (6\text{-}13)$$

上述最佳接收机及其误码率公式的形式类似 2FSK 确知信号的非相干接收机和误码率式。因为随相信号的相位带有由信道引入的随机变化,所以在接收端不可能采用相干接收方法。换句话说,相干接收只适用于相位确知的信号。对于随相信号,非相干接收已经是最佳的接收方法了。

2FSK 起伏信号的最佳接收机模型　对于互不相关的等能量、等先验概率的 2FSK 信号，计算似然函数比并进行判决，实际上就是比较 M_0^2 和 M_1^2，这与随相信号最佳接收一样。所以，不难得出推论，起伏信号最佳接收机的结构和随相信号最佳接收机的一样。

接收机的性能分析　由于信号的包络会发生随机起伏，接收机的性能与随相信号的误码率存在较大的差异，经推导可得

$$P_e = \frac{1}{2+(\bar{E}/n_0)} \tag{6-14}$$

其中，$\bar{E}$ 为接收码元的统计平均能量。

为了比较 2FSK 信号在无衰落和有多径衰落时的误码率性能，经过计算可以得到，在有衰落时，性能随误码率下降而迅速变坏。当误码率 P_e 为 10^{-2} 时，衰落使性能下降约 10dB；当误码率 P_e 为 10^{-3} 时，会下降约 20dB。

4. 实际接收机与最佳接收机的比较

两者之间的差异　可以发现实际接收机与最佳接收机误码率公式的形式是一样的，其中 r 对应于 E_s/n_0。因此，两种接收机性能的比较主要看相同条件下 r 与 E_s/n_0 的相互关系。

r 与 E_s/n_0 的关系　实际接收机的信噪比 r，与带通滤波器的特性有关。假设带通滤波器为理想滤波器，信号能顺利通过，并尽可能地限制带外噪声通过，于是信噪比 r 为信号平均功率 S 和通带内噪声功率 N 之比。设滤波器的带宽为理想矩形，用 B 表示，则信噪比为

$$r = \frac{S}{N} = \frac{S}{n_0 B} \tag{6-15}$$

对于最佳接收机来说，由于 $E_s = ST$，故 E_s/n_0 可表示为

$$\frac{E_s}{n_0} = \frac{ST}{n_0} = \frac{S}{n_0(1/T)} \tag{6-16}$$

比较式(6-15)与式(6-16)可以发现，如果要使实际接收系统和最佳接收系统性能相同，则必须满足：

$$B = 1/T \tag{6-17}$$

但实际接收机带通滤波器的带宽 B 往往大于 $1/T$，如 2ASK 和 2PSK 信号，它们的信号带宽 B 为 $2/T$。

5. 数字信号的匹配滤波接收法

匹配滤波器　是指符合最大信噪比准则的最佳线性滤波器。其中，最大信噪比是指输出信号在某一时刻的瞬时功率对噪声平均功率之比达到最大，按照该准则设计的滤波器。因为对于数字信号在抽样判决时刻只要信噪比达到最大，误码率就能达到最小。

最大输出信噪比　假设有一个线性滤波器，其输入端加入信号和噪声的混合波，假定噪声 $n_i(t)$ 为高斯白噪声，其双边功率谱密度为 $n_0/2$，可以证明，线性滤波器所能给出的最大输出信噪比为

$$r_{0max} = \frac{2E_s}{n_0} \tag{6-18}$$

匹配滤波器的传输函数　可以证明当线性滤波器传输函数 $H(\omega)$ 为输入信号频谱 $S_i(\omega)$

复共轭时,该滤波器可给出最大的输出信噪比。其幅频和相频特性为

$$| H(\omega) |= K | S_{\mathrm{i}}(\omega) | \tag{6-19a}$$

$$\varphi(\omega) = -\varphi_{s_{\mathrm{i}}}(\omega) - \omega t_0 \tag{6-19b}$$

匹配滤波器的冲激响应 对匹配滤波器传输函数 $H(\omega)$ 进行傅里叶反变换,可以得到它的冲激响应,即

$$h(t) = K s_{\mathrm{i}}(t_0 - t) \tag{6-20}$$

为了获得物理可实现的匹配滤波器,要求 $t<0$ 时,$h(t)=0$,故式(6-21)可写成

$$h(t) = \begin{cases} K s_{\mathrm{i}}(t_0 - t), & t \geqslant 0 \\ 0, & t < 0 \end{cases} \tag{6-21}$$

式(6-21)说明,滤波器得到其最大的输出信噪比 $2E_{\mathrm{s}}/n_0$ 的时刻 t_0,必须是在输入信号 $s_{\mathrm{i}}(t)$ 全部结束之后,才能得到全部信号的 E_{s}。同时,匹配滤波器与信号的幅度和时延无关。

匹配滤波器输出特性 匹配滤波器输出信号可以表示为

$$S_{\mathrm{o}}(\omega) = S_{\mathrm{i}}(\omega) \cdot H(\omega) = S_{\mathrm{i}}(\omega) K S_{\mathrm{i}}^{*}(\omega) \mathrm{e}^{-\mathrm{j}\omega t_0} = K | S_{\mathrm{i}}(\omega) |^2 \mathrm{e}^{-\mathrm{j}\omega t_0} \tag{6-22}$$

对式(6-22)求傅里叶反变换可得

$$s_{\mathrm{o}}(t) = \frac{1}{2\pi} \int_{-\infty}^{\infty} S_{\mathrm{o}}(\omega) \mathrm{e}^{\mathrm{j}\omega t} \mathrm{d}\omega = \frac{1}{2\pi} \int_{-\infty}^{\infty} K | S_{\mathrm{i}}(\omega) |^2 \mathrm{e}^{-\mathrm{j}\omega t_0} \mathrm{e}^{\mathrm{j}\omega t} \mathrm{d}\omega = K R(t - t_0) \tag{6-23}$$

可见,匹配滤波器的输出是输入信号的自相关函数,当 $t = t_0$ 时刻,其值为输入信号的总能量 E_{s}。

基于匹配滤波器的二元确知信号最佳接收机 可以证明,由匹配滤波器组成先验等概率二元确知信号最佳接收机模型如图 6-4 所示。

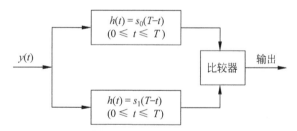

图 6-4 先验等概率的二元确知信号匹配滤波器形式的最佳接收机模型

基于匹配滤波器的二元随相信号最佳接收机 可以证明,二元随相信号最佳接收机可以用匹配滤波器来实现,具体模型如图 6-5 所示。

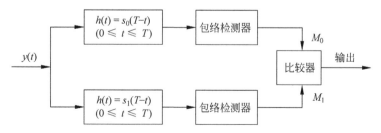

图 6-5 二元随相信号匹配滤波器形式的最佳接收机模型

6.3 知识体系

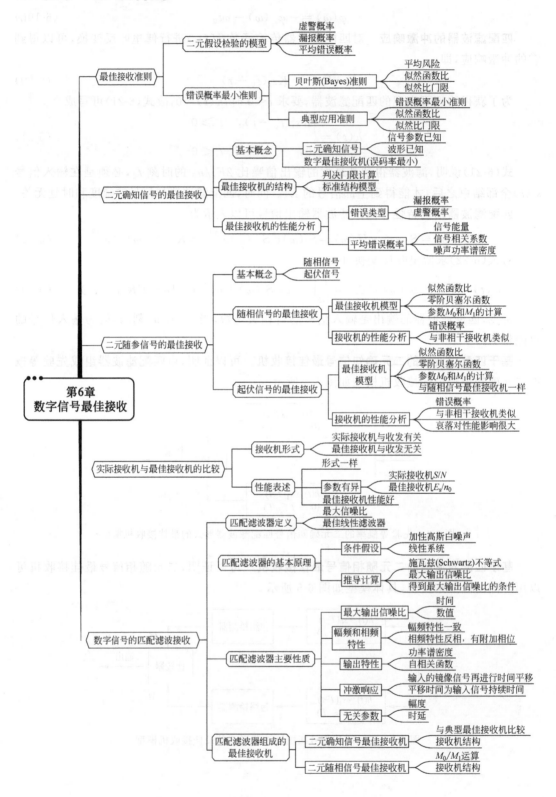

6.4 思考题解答

6-1 什么是最佳接收？它的准则是什么？

答：数字信号接收属于从有噪声干扰的信号中判决有用信号是否出现的假设检验，因此，存在最佳假设检验结果，也就是数字信号的最佳接收问题。这里所谓的"最佳"是一个相对概念，它是按某种准则建立起的最佳接收机，属于这种准则下的最佳，如果用其他准则进行衡量，其性能不一定是最佳的。其中，错误概率最小是其常用的准则。

6-2 简述二进制信号的最佳接收的判决准则。

答：最佳接收准则也就是假设检验的准则，它主要包括二元假设检验和多元假设检验。二元假设检验是在接收端收到信号与噪声的混合波形后，判断究竟发送端发出的是哪种信号的检验，其系统的任务是在给定的观测时间 T 内（通常是 1 个码元周期），对混合波形得到多次观测的样本进行分析，并且在这种分析基础上进行判断，选择发送端的两种信号之一。用"错误概率最小"作为数字通信的检测准是最直观和合理的，而由此准则构成的接收机就是数字信号的最佳接收机。

二元确知信号是指信号的参数（幅度、频率、相位、到达时间等）或者波形是已知的二进制数字信号，其状态可以表示为"0"和"1"，而最佳接收机则是指基于错误概率最小准则设计出来的接收机。因为，错误概率最小也就是误码率最小，是数字通信的最佳描述。

6-3 什么是漏报概率，什么是虚警概率。

答：（1）漏报概率：假设为 H_1 时，而 X 落在 z_0 判决域内，则它的概率可以表示为

$$P(D_0/H_1) = \int_{z_0} f(X/H_1)\mathrm{d}X = \int_{z_0} \cdots \int f(x_1 x_2 \cdots x_N/H_1)\mathrm{d}x_1\mathrm{d}x_2\cdots\mathrm{d}x_N$$

（2）虚警概率：假设为 H_0 时，而 X 落在 z_1 判决域内，则它的概率可以表示为

$$P(D_1/H_0) = \int_{z_1} f(X/H_0)\mathrm{d}X = \int_{z_1} \cdots \int f(x_1 x_2 \cdots x_N/H_0)\mathrm{d}x_1\mathrm{d}x_2\cdots\mathrm{d}x_N$$

6-4 请绘制二进制确知信号最佳接收机的框图。写出其最佳接收的误码率表示式，说明它与哪些因素有关。

答：二进制确知信号最佳接收机的框图如图 6-6 所示。

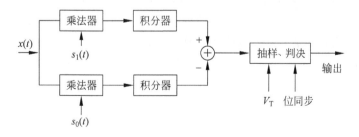

图 6-6 二进制确知信号最佳接收机的框图

图 6-6 中，$V_T = \dfrac{n_0}{2}\ln\lambda_0 + \dfrac{1}{2}\int_0^T (s_1^2(t) - s_0^2(t))\mathrm{d}t$

误码率表示式为

$$P_e = \frac{1}{2} \text{erfc}\left(\sqrt{\frac{E_s(1-\rho)}{2n_0}}\right)$$

(1) 信号能量 E_s 的增大或噪声功率谱密度 n_0 的降低,可使错误概率减小,也就是接收质量得以提高。

(2) 从上式可以看出,相关系数 ρ 是用来表示信号 $s_0(t)$ 和 $s_1(t)$ 之间相关程度的量,其取值范围是 $-1 \sim +1$。当互相关系数 $\rho = -1$ 时,平均错误概率 P_e 最小。

6-5 请绘制二进制数随相信号最佳接收机的原理框图。

答: 二进制数随相信号最佳接收机的原理框图如图 6-7 所示。

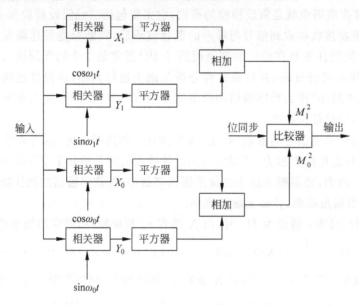

图 6-7　二进制数随相信号最佳接收机的原理框图

6-6 起伏信号的最佳接收性能有何特点?

答: 当信号经过多径传输时,信号的包络会发生随机起伏,相位也会出现随机变化的现象,通常将这种信号称为起伏信号。如果以 2FSK 信号为例讨论其最佳接收问题,可以发现计算似然函数比并进行判决,实际上就是比较 $f(X/s_0)$ 和 $f(X/s_1)$ 的大小,进而转换为 M_0^2 和 M_1^2 的比较,这与随相信号最佳接收机一样。所以,不难得出推论,起伏信号最佳接收机的结构和随相信号最佳接收机的一样,如图 6-7 所示。由于信号的包络会发生随机起伏,因此接收机的性能与随相信号的误码率存在较大的差异,经推导可得

$$P_e = \frac{1}{2 + (\bar{E}/n_0)}$$

其中,$\bar{E}$ 为接收码元的统计平均能量。

6-7 以 2FSK 为例比较实际接收机与最佳接收机的性能。

答: 根据题意得出比较结果如表 6-1 所示。

表 6-1 实际接收机与最佳接收机的性能比较

名 称	实际接收机	最佳接收机
相干 2FSK	$P_{\text{e}} = \dfrac{1}{2}\text{erfc}\left(\sqrt{\dfrac{r}{2}}\right)$	$P_{\text{e}} = \dfrac{1}{2}\text{erfc}\left(\sqrt{\dfrac{E_{\text{s}}}{2n_0}}\right)$
非相干 2FSK	$P_{\text{e}} = \dfrac{1}{2}\exp\left(-\dfrac{r}{2}\right)$	$P_{\text{e}} = \dfrac{1}{2}\exp\left(-\dfrac{E_{\text{s}}}{2n_0}\right)$

从表 6-1 中的公式可以发现，实际接收机与最佳接收机误码率公式的形式是一样的，其中 r 对应于 E_{s}/n_0。因此，两种接收机性能的比较主要看相同条件下 r 与 E_{s}/n_0 的相互关系。

设滤波器的带宽为理想矩形，用 B 表示，实际接收机的信噪比为

$$r = \frac{S}{N} = \frac{S}{n_0 B}$$

对于最佳接收机来说，由于 $E_{\text{s}} = ST$，故 E_{s}/n_0 可表示为

$$\frac{E_{\text{s}}}{n_0} = \frac{ST}{n_0} = \frac{S}{n_0(1/T)}$$

如果要使实际接收系统和最佳接收系统的性能相同，则必须满足：

$$B = 1/T$$

但是，实际接收机带通滤波器的带宽 B 往往大于 $1/T$，2FSK 的信号带宽 B 通常都大于 $2/T$。因此，实际接收机性能要比最佳接收机的性能差很多。

6-8 什么是匹配滤波？请写出它的系统函数和冲激响应。

答：匹配滤波器是指符合最大信噪比准则的最佳线性滤波器。

最佳滤波器的传输函数为

$$H(\omega) = K S_{\text{i}}^*(\omega)\text{e}^{-\text{j}\omega t_0}$$

匹配滤波器的冲激响应为

$$h(t) = K s_{\text{i}}(t_0 - t)$$

6-9 简述匹配滤波器的性质。

答：(1) 匹配滤波器在 t_0 时刻可获得最大输出信噪比，其数值为 $2E_{\text{s}}/n_0$。

(2) 匹配滤波器的幅频特性与输入信号的幅频特性一致。其目的在于信号强的频率成分滤波器衰减小，信号弱的频率成分滤波器衰减大，这样可相对地加强信号和减弱噪声，使滤波器尽可能地滤除噪声的影响。

(3) 匹配滤波器相频特性与输入信号的相频特性反相，并有一个附加的相位项。

(4) 匹配滤波器的输出信号是输入信号的自相关函数，可以表示为

$$s_{\text{o}}(t) = K R(t - t_0)$$

(5) 匹配滤波器的冲激响应是输入信号 $s_{\text{i}}(t)$ 的镜像信号再平移 t_0，可以表示为

$$h(t) = K s_{\text{i}}(t_0 - t)$$

(6) 匹配滤波器与信号的幅度和时延无关。

6-10 请绘制由匹配滤波器构成的二进制数信号最佳接收机的原理框图。

答：基于匹配滤波器构成二进制数信号最佳接收机的原理框图如图 6-8 所示。

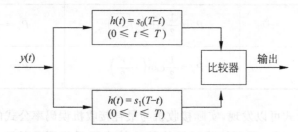

图 6-8　匹配滤波器构成最佳接收机的原理框图

6-11 请绘制由匹配滤波器构成的二进制数随相信号最佳接收机的原理框图。

答：基于匹配滤波器构成二进制数随相信号最佳接收机的原理框图如图 6-9 所示。

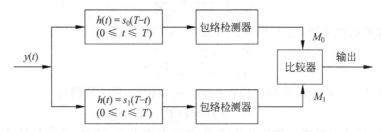

图 6-9　匹配滤波器构成随相信号最佳接收机的原理框图

6.5　习题详解

6-1 设有一个等先验概率的 2ASK 信号，其中码元周期是载波周期的 2 倍，当接收的信息为"101"时，完成以下工作：

（1）画出其最佳接收机结构框图。

（2）画出方框图中各点可能的工作波形。

（3）若其非零码元的能量为 E_s，白噪声的双边功率谱密度为 $n_0/2$，试求出其在高斯白噪声环境下的误码率。

解：（1）根据题意计算可得

$$\ln\lambda_0 = \ln\frac{P(H_0)}{P(H_1)} = 0$$

$$V_T = \frac{n_0}{2}\ln\lambda_0 + \frac{1}{2}\left\{\int_0^T (s_1^2(t) - s_0^2(t))\mathrm{d}t\right\} = \frac{1}{2}\int_0^T s_1^2(t)\mathrm{d}t = \frac{1}{4}A^2T$$

故 2ASK 信号最佳接收机为

$$\text{判决为 } D_0, \int_0^T s_1(t)x(t)\mathrm{d}t < V_T$$

$$\text{判决为 } D_1, \int_0^T s_1(t)x(t)\mathrm{d}t > V_T$$

2ASK 信号最佳接收机的结构框图如图 6-10 所示，最佳接收机的抽样时刻应选在码元结束时刻。

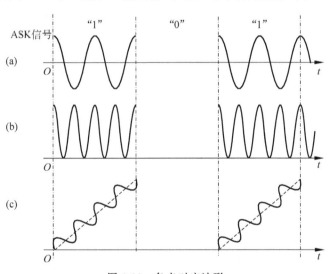

图 6-10　2ASK 信号最佳接收机结构框图

（2）根据题意设信号为

$$\begin{cases} s_1(t) = A\cos 2\pi f_c t, & 发"1" \\ s_0(t) = 0, & 发"0" \end{cases}$$

其中，码元周期是载波周期的 2 倍。因此，信息为"101"的波形如图 6-11（a）所示。

当发送"1"时，图 6-10 中 b 点的输出为

$$s_b(t) = k\cos^2 2\pi f_c t = \frac{k}{2}(1 + \cos 4\pi f_c t)$$

当发送"1"时，图 6-10 中 c 点的输出为

$$s_c(t) = k_1 t + k_2 \sin 4\pi f_c t$$

其中，k、k_1、k_2 都是常数。

当发送"0"时，图 6-10 中 b 点和 c 点的输出均为 0。具体情况如图 6-11 所示。

ASK信号

(a)

(b)

(c)

图 6-11　各点对应波形

（3）高斯白噪声环境下的误码率为

$$P_e = \frac{1}{2}\mathrm{erfc}\left(\sqrt{\frac{E_{s1}}{4n_0}}\right) = \frac{1}{2}\mathrm{erfc}\left(\sqrt{\frac{A^2 T}{8n_0}}\right)$$

6-2　设有一个等先验概率的 2FSK 信号，其中 $f_0 = 2/T_b$，$f_1 = 3/T_b$，当接收的信息为"101"时，完成以下工作。

（1）画出最佳接收机结构原理框图。

（2）画出框图中各点可能的工作波形。

（3）若其非零码元的能量为 E_s，白噪声的双边功率谱密度为 $n_0/2$，试求出其在高斯白

噪声环境下的误码率。

解：（1）设发送信号 $s_0(t)$ 和 $s_1(t)$ 分别表示为

$$\begin{cases} s_1(t) = A\cos 2\pi f_1 t, & \text{发“1”} \\ s_0(t) = A\cos 2\pi f_0 t, & \text{发“0”} \end{cases}$$

根据题意可求得

$$\ln\lambda_0 = \ln\frac{P(H_0)}{P(H_1)} = 0, \quad V_T = \frac{n_0}{2}\ln\lambda_0 + \frac{1}{2}\left\{\int_0^T (s_1^2(t) - s_0^2(t))\mathrm{d}t\right\} = 0$$

因此，最佳接收机结构原理框图如图 6-12 所示。

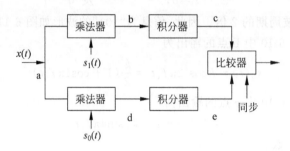

图 6-12 2FSK 信号最佳接收机结构原理框图

（2）原理框图中各点可能的工作波形如图 6-13 所示，当然，为绘图方便这里用正弦函数表示。

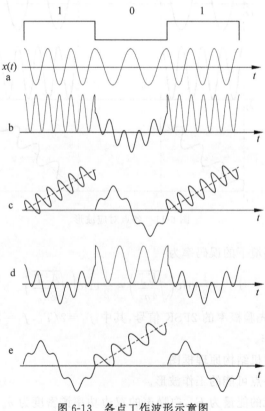

图 6-13 各点工作波形示意图

说明：在传输"1"时，b 点输出直流和 $6/T_b$ 叠加的信号，d 点输出 $5/T_b$ 和 $1/T_b$ 叠加的信号；在传输"0"时，b 点输出 $5/T_b$ 和 $1/T_b$ 叠加的信号，d 点输出直流和 $4/T_b$ 叠加的信号。

（3）高斯白噪声环境下的误码率为

$$P_e = \frac{1}{2}\text{erfc}\left(\sqrt{\frac{E_s}{2n_0}}\right) = \frac{1}{2}\text{erfc}\left(\sqrt{\frac{A^2T}{4n_0}}\right)$$

6-3　设有一个等先验概率的 2PSK 信号，码元周期是载波周期的 2 倍，当接收的信息为"101"时，完成以下工作。

（1）画出其最佳接收机结构原理框图。

（2）画出框图中各点可能的工作波形。

（3）若其非零码元的能量为 E_s，白噪声的双边功率谱密度为 $n_0/2$，试求出其在高斯白噪声环境下的误码率。

解：（1）设发送信号 $s_0(t)$ 和 $s_1(t)$ 分别表示为

$$\begin{cases} s_0(t) = A\cos 2\pi f_c t, & 发"1" \\ s_1(t) = -A\cos 2\pi f_c t, & 发"0" \end{cases}$$

根据题意可求得

$$\ln\lambda_0 = \ln\frac{P(H_0)}{P(H_1)} = 0; \quad V_T = \frac{n_0}{2}\ln\lambda_0 + \frac{1}{2}\left\{\int_0^T [s_1^2(t) - s_0^2(t)]dt\right\} = 0$$

因此，最佳接收机结构原理框图如图 6-14 所示。

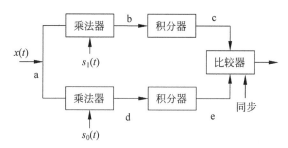

图 6-14　最佳接收机结构原理框图

（2）原理框图中各点可能的工作波形如图 6-15 所示。

（3）高斯白噪声环境下的误码率为

$$P_e = \frac{1}{2}\text{erfc}\left(\sqrt{\frac{E_s}{n_0}}\right) = \frac{1}{2}\text{erfc}\left(\sqrt{\frac{A^2T}{2n_0}}\right)$$

6-4　设 PSK 信号的最佳接收机与实际接收机有相同的 E_s/n_0，如果 $E_s/n_0 = 10\text{dB}$，实际接收机的带通滤波器带宽为 $(6/T)$，问两接收机误码性能相差多少？

解：PSK 信号最佳接收机的误码率为

$$P_e = \frac{1}{2}\text{erfc}\left(\sqrt{\frac{E_s}{n_0}}\right) \tag{6-24}$$

当大信噪比时有近似公式，式(6-24)可以写为

$$P_e = \frac{1}{2\sqrt{\pi E_s/n_0}}\exp(-E_s/n_0) = \frac{1}{2\sqrt{10\pi}}\exp(-10) = 4.0 \times 10^{-6}$$

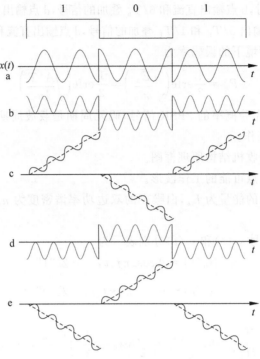

图 6-15　各点工作波形示意图

对于实际接收机,接收信噪比为

$$r = \frac{S}{N} = \frac{S}{n_0 6/T} = \frac{E_s}{n_0 \times 6} = \frac{5}{3} = 1.6667$$

因此,实际接收机误码率为

$$P'_e = \frac{1}{2}\text{erfc}\sqrt{r} = \frac{1}{2}\text{erfc}\sqrt{1.6667} = \frac{1}{2}(1 - \text{erf}(1.29)) = 0.0846$$

$$\frac{P'_e}{P_e} = \frac{0.0846}{4.0 \times 10^{-6}} = 21\ 150$$

6-5　设有一个等先验概率的 2ASK 信号,载波频率为 ω_c,载波相位在 $(0, 2\pi)$ 内均匀分布,试完成以下工作。

(1) 画出其最佳接收机结构框图。

(2) 若其非零码元的能量为 E_s,白噪声的双边功率谱密度为 $n_0/2$,试求出其在高斯白噪声环境下的误码率。

解:(1) 根据题意可得

$$\ln\lambda_0 = \ln\frac{P(H_0)}{P(H_1)} = 0; \quad V_T = \frac{n_0}{2}\ln\lambda_0 + \frac{1}{2}\left\{\int_0^T [s_1^2(t) - s_0^2(t)]dt\right\} = \frac{1}{2}\int_0^T s_1^2(t)dt = \frac{1}{4}A^2T$$

其中,2ASK 信号假设为

$$\begin{cases} s_1(t) = A\cos 2\pi f_c t, & \text{发"1"} \\ s_0(t) = 0, & \text{发"0"} \end{cases}$$

2ASK 随相信号的最佳接收机结构框图如图 6-16 所示。

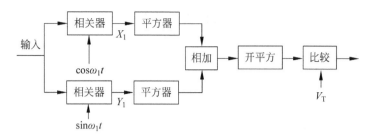

图 6-16 2ASK 随相信号的最佳接收机结构框图

（2）高斯白噪声环境下，FSK 的误码率为

$$P_e = \frac{1}{2}\exp\left(-\frac{E_s}{2n_0}\right)$$

由于 FSK 可以理解为两个 ASK 的线性组合，则可得

$$P_e = \frac{1}{2}\exp\left(-\frac{E_s}{4n_0}\right)$$

其中，E_s 是发送"1"时，一个码元周期内的能量。

6-6 设高斯白噪声的双边功率谱密度为 $n_0/2$，试对图 6-17 中的信号波形设计一个匹配滤波器，并完成以下工作。

（1）试问如何确定最大输出信噪比的时刻。

（2）试求此匹配滤波器的冲激响应和输出信号波形的表示式，并画出波形。

（3）试求出其最大输出信噪比。

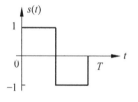

图 6-17 习题 6-6 图

解：（1）最大输出信噪比时刻应选在信号码元结束时刻或之后，即 $t_0 \geqslant T$。

（2）若取 $t_0 = T$，$k = 1$，则匹配滤波器可以表示为

$$h(t) = s(T-t) = \begin{cases} -1, & 0 \leqslant t < T/2 \\ 1, & T/2 \leqslant t \leqslant T \\ 0, & \text{其他} \end{cases}$$

对应冲激响应和输出信号波形如图 6-18 所示。

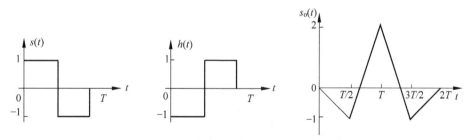

图 6-18 匹配滤波器冲激响应和输出信号波形

（3）信号一个周期的能量为 $E_s = T$，则

$$r_{max} = \frac{2E_s}{n_0} = \frac{2T}{n_0}$$

6-7 根据习题6-1的条件,绘制匹配滤波器形式的最佳接收机框图,并画出框图中各点可能的工作波形。

解:2ASK信号可以表示为

$$s(t) = \begin{cases} A\cos2\pi f_c t, & \text{发"1"} \\ 0, & \text{发"0"} \end{cases}$$

(1)根据题意,计算可得

$$\ln\lambda_0 = \ln\frac{P(H_0)}{P(H_1)} = 0$$

$$V_T = \frac{n_0}{2}\ln\lambda_0 + \frac{1}{2}\left\{\int_0^T (A\cos2\pi f_c t)^2 dt\right\} = \frac{1}{4}A^2 T$$

$$h(t) = s(T-t) = \begin{cases} h_1(t) = A\cos2\pi f_c(T-t) \\ h_2(t) = 0 \end{cases}$$

令 $T = kT_c$,可得

$$h(t) = s(T-t) = \begin{cases} h_1(t) = A\cos2\pi f_c t \\ h_2(t) = 0 \end{cases}$$

至此,可以得到基于匹配滤波器的最佳接收机结构的原理框图如图6-19所示。

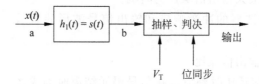

图 6-19 基于匹配滤波器的 2ASK 最佳接收机的原理框图

(2)匹配滤波器的最佳接收机的输出为

$$s_o(t) = s(t) * h(t) = \int_{-\infty}^{\infty} s(\tau)h(t-\tau)d\tau = \int_0^t s(\tau)h(t-\tau)d\tau$$

$$= \frac{A^2 t}{2}\cos2\pi f_c t + \frac{1}{4\pi f_c}\sin2\pi f_c t \approx \frac{A^2 t}{2}\cos2\pi f_c t \quad (0 \leqslant t \leqslant T)$$

对应接收机各点波形如图6-20所示。

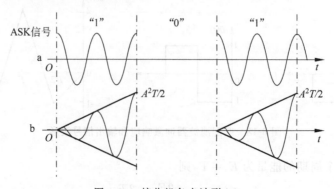

图 6-20 接收机各点波形(1)

6-8 根据习题 6-2 的条件,绘制匹配滤波器形式的最佳接收机,并画出框图中各点可能的工作波形。

解:2FSK 信号可以表示为

$$s(t) = \begin{cases} A\cos 2\pi f_1 t, & \text{发"1"} \\ A\cos 2\pi f_2 t, & \text{发"0"} \end{cases}$$

令 $T = k_1 T_1 = k_2 T_2$,且 k_1 和 k_2 都是整数,则

$$h(t) = \begin{cases} h_1(t) = A\cos 2\pi f_1 t \\ h_2(t) = A\cos 2\pi f_2 t \end{cases}$$

至此,可以得到基于匹配滤波器的最佳接收机结构的原理框图如图 6-21 所示。

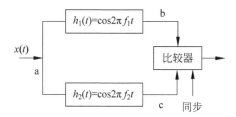

图 6-21 基于匹配滤波器的 2FSK 最佳接收机结构的原理框图

对应接收机各点波形如图 6-22 所示。

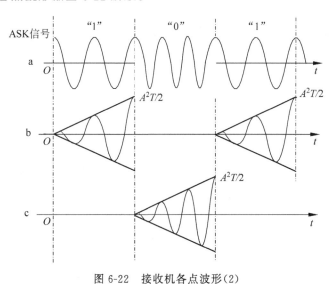

图 6-22 接收机各点波形(2)

6-9 根据习题 6-3 的条件,绘制匹配滤波器形式的最佳接收机,并画出框图中各点可能的工作波形。

解:(1) PSK 信号可以表示为

$$s(t) = \begin{cases} -A\cos 2\pi f_c t, & \text{发"1"} \\ A\cos 2\pi f_c t, & \text{发"0"} \end{cases}$$

令 $T = k T_c$,且 k 是整数,则

$$h(t) = \begin{cases} h_1(t) = -A\cos 2\pi f_c t \\ h_0(t) = A\cos 2\pi f_c t \end{cases}$$

因此,基于匹配滤波器的最佳接收机结构原理框图如图 6-23 所示。

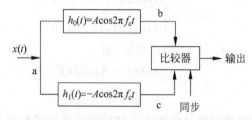

图 6-23 基于匹配滤波器的 2PSK 最佳接收机结构原理框图

(2) 匹配滤波器的最佳接收机的输出为

$$s_o(t) = s_1(t) * h_1(t) = s_0(t) * h_0(t) = \int_{-\infty}^{\infty} s(\tau)h(t-\tau)\mathrm{d}\tau = \int_0^t s(\tau)h(t-\tau)\mathrm{d}\tau$$

$$= \frac{A^2 t}{2}\cos 2\pi f_c t + \frac{1}{4\pi f_c}\sin 2\pi f_c t \approx \frac{A^2 t}{2}\cos 2\pi f_c t \quad (0 \leqslant t \leqslant T)$$

$$s_o(t) = s_0(t) * h_1(t) = s_1(t) * h_0(t) = -\int_{-\infty}^{\infty} s(\tau)h(t-\tau)\mathrm{d}\tau = -\int_0^t s(\tau)h(t-\tau)\mathrm{d}\tau$$

$$= -\frac{A^2 t}{2}\cos 2\pi f_c t - \frac{1}{4\pi f_c}\sin 2\pi f_c t \approx -\frac{A^2 t}{2}\cos 2\pi f_c t \quad (0 \leqslant t \leqslant T)$$

因此,得到对应接收机各点的波形图 6-24 的波形。

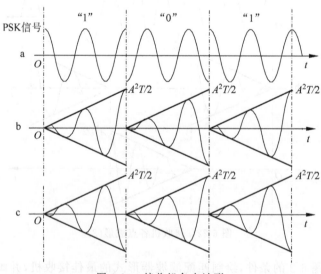

图 6-24 接收机各点波形

6-10 根据习题 6-5 的条件,绘制匹配滤波器形式的最佳接收机。

解:根据题意得

$$\ln\lambda_0 = \ln\frac{P(H_0)}{P(H_1)} = 0$$

$$V_T = \frac{n_0}{2}\ln\lambda_0 + \frac{1}{2}\left\{\int_0^T \left[s_1^2(t) - s_0^2(t)\right]\mathrm{d}t\right\} = \frac{1}{2}\int_0^T s_1^2(t)\mathrm{d}t = \frac{1}{4}A^2 T$$

其中,2ASK 信号假设为

$$s(t) = \begin{cases} A\cos 2\pi f_c t, & \text{发"1"} \\ 0, & \text{发"0"} \end{cases}$$

令 $T = kT_c$,且 k 是整数,则

$$h(t) = \begin{cases} h_1(t) = A\cos 2\pi f_c t \\ h_0(t) = 0 \end{cases}$$

2ASK 随相信号的最佳接收机结构框图如图 6-25 所示。

图 6-25 基于匹配滤波器的 2ASK 随相信号最佳接收机结构框图

第7章
CHAPTER 7

信 源 编 码

7.1 基本要求

内　　容	学习要求			备　　注
	了解	理解	掌握	
1. 模拟信号的数字化		√		思考数字化的目的
2. 抽样定理				
(1) 低通信号抽样 *			√	数学与物理的联系
(2) 带通信号抽样	√			以频谱不混叠为目标
3. 脉冲振幅调制				
(1) 自然抽样 *		√		结合物理过程
(2) 平顶抽样△		√		注意实际 AD 电路
4. 模拟信号的量化				
(1) 基本概念 *			√	状态离散的意义
(2) 均匀量化△			√	量化信噪比
(3) 非均匀量化 *		√		应用需求
5. 脉冲编码调制原理				
(1) 常用的二进制码型		√		"起名字"的理解
(2) 13 折线的码位安排 *			√	注意定义描述
(3) 逐次比较型编码原理 * △		√		通过例题分析讲解
(4) 译码原理		√		7-12 变换电路
(5) 码元速率和带宽 *		√		注意理想和升余弦
(6) 系统抗噪性能	√			量化噪声无码噪声
6. 增量调制				
(1) 简单增量调制 *			√	PCM 的特例
(2) 过载特性与编码的动态范围△		√		数学推导
(3) 系统抗噪性能	√			量化噪声无码噪声
7. 改进型增量调制				
(1) 总和增量调制	√			微分和积分的处理
(2) 自适应技术	√			自适应的处理过程
(3) 脉码增量调制	√			两种技术的组合
8. 时分复用和多路数字电话系统				
(1) PAM 时分复用原理	√			收发需要同步

续表

内　　容	学习要求			备　　注
	了解	理解	掌握	
（2）时分复用的 PCM 系统	√			复用以后速率的计算
（3）帧结构	√			速率、时隙定义
（4）PCM 的高次群	√			基群、高次群
9．压缩编码技术				
（1）基本原理方法	√			各种分类的描述
（2）音频压缩编码	√			结合实际讲解
（3）数据压缩编码 * △		√		注意哈夫曼编码

7.2　核心内容

1．模拟信号的数字化

信源编码　主要包括模拟信号的数字化和压缩编码两部分内容，其目的是提高通信系统传输的有效性。

模拟信号在数字通信系统中传输　在发送端把模拟信号转换为数字信号，也就是 A/D 转换，通常要经过抽样、量化和编码 3 个步骤，其中抽样是把时间上连续的信号变成时间上离散的信号；量化是把抽样值在幅度上进行离散化处理，使得量化后只存在预定的 Q 个有限的值；编码是用一个 M 进制的代码表示量化后的抽样值，通常采用 $M=2$ 的二进制代码来表示。

从数字通信系统中恢复模拟信号　在接收端把接收到的代码（数字信号）还原为模拟信号，这个过程简称为数模转换，也就是 D/A 转换，数模转换是通过译码和低通滤波器完成的，其中，译码是把代码转换为相应的量化值。

2．抽样定理

低通信号的抽样定理　一个频带限制在 $(0,f_H)$ 内的时间连续信号 $x(t)$，如果以不大于 $1/(2f_H)$ 秒的间隔对它进行等间隔抽样，则 $x(t)$ 将被所得到的抽样值 $x_s(t)$ 完全确定。而最小抽样频率 $f_s=2f_H$ 被称为奈奎斯特频率，$1/(2f_H)$ 这个最大抽样时间间隔称为奈奎斯特间隔。

抽样后输出信号的频谱函数的特点　具有无穷大的带宽；只要抽样频率 $f_s \geqslant f_H$，$X_s(f)$ 的频谱函数就不会出现重叠的现象；$X_s(f)$ 中 $n=0$ 时的成分是 $X(f)/T_s$，它与 $X(f)$ 的频谱函数只差 1 个常数 $1/T_s$。因此，只要用一个带宽 B 满足 $f_H \leqslant B \leqslant f_s-f_H$ 的理想低通滤波器，就可以取出 $X(f)$ 的成分，进而不失真地恢复 $x(t)$ 的波形。

带通信号抽样　对于频带限制在 (f_L,f_H) 内的带通信号 $x(t)$，其信号带宽为 $B=f_H-f_L$。可以证明，此带通模拟信号所需最小抽样频率 f_s 满足式（7-1）：

$$f_s=2B\left(1+\frac{k}{n}\right) \tag{7-1}$$

3．脉冲振幅调制

脉冲调制　用调制（基带）信号改变脉冲的某些参数的过程。按调制信号改变脉冲参数（幅度、宽度、时间位置）的不同，可以把脉冲调制分为脉冲振幅调制（PAM，简称为脉幅调制）、脉冲宽度调制（PDM，简称为脉宽调制）、脉冲时间位置调制（PPM，简称为脉位调制）等。

自然抽样　采用窄脉冲串实现脉冲载波的 PAM 方式。设脉冲载波用 $s(t)$ 表示，它是由脉宽为 τ、重复周期为 T_s 的矩形脉冲串组成的，其中 T_s 是按抽样定理确定的，即有 $T_s = 1/(2f_H)$。自然抽样工作框图如图 7-1(a)所示，调制信号的波形及频谱如图 7-1(b)所示，脉冲载波的波形及频谱如图 7-1(c)所示，已抽样的信号波形及频谱如图 7-1(d)所示。

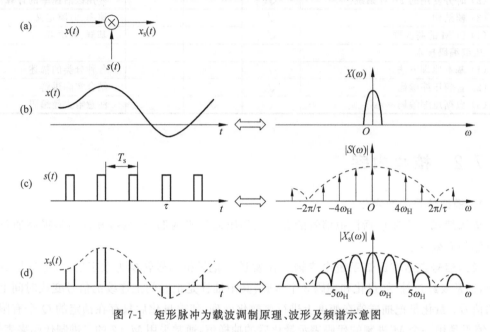

图 7-1　矩形脉冲为载波调制原理、波形及频谱示意图

矩形窄脉冲进行抽样的特点　抽样与信号恢复过程与理想抽样完全相同，差别只是采用的抽样信号不同；抽样的包络总趋势是随 $|f|$ 上升而下降，因此带宽是有限的；τ 的大小要兼顾通信中对带宽和脉冲宽度这两个互相矛盾的要求，通信中一般对信号带宽的要求是越小越好，因此要求 τ 大；但通信中为了增加时分复用的路数，要求 τ 小，显然二者是矛盾的。

平顶抽样　所得到的已抽样信号如图 7-2(a)所示，这里每个抽样脉冲的幅度正比于瞬时抽样值，但其形状都相同。从原理上讲，平顶抽样可以由理想抽样和脉冲形成电路得到，原理框图如图 7-2(b)所示，这里脉冲形成电路的 $h(t)$ 通常是一个宽度为 τ 的门函数。从原理实现框图中可以看到，$x(t)$ 信号首先与 $\delta_T(t)$ 相乘，形成理想抽样信号，然后让它通过一个脉冲形成电路，其输出即为所需的平顶抽样信号 $x_H(t)$。

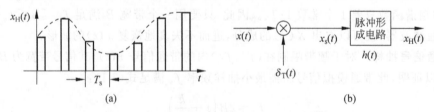

图 7-2　平顶抽样信号波形及其产生原理框图

4. 模拟信号的量化

量化　用有限个电平来表示模拟信号抽样值的过程。抽样是把时间连续的模拟信号变成了时间上离散的模拟信号，量化则进一步把时间上离散但幅度上仍然连续的信号变成了

时间上和幅度上都离散了的信号,显然这种信号就是数字信号。

量化噪声 由于量化后的信号 $x_q(t)$ 是对原来信号 $x(t)$ 的近似,因此,$x_q(kT_s)$ 和 $x(kT_s)$ 存在误差,这种误差被称为量化误差。量化误差一旦形成,就是无法去掉的,这个量化误差像噪声一样影响通信质量,因此也称量化噪声。

量化信噪比 由量化误差产生的功率称为量化噪声功率,通常用符号 N_q 表示,而由 $x_q(kT_s)$ 产生的功率称为量化信号功率,其平均值用 S_q 表示。量化信号平均值功率 S_q 与量化噪声功率 N_q 之比称为量化信噪功率比,它是衡量量化性能好坏的常用指标,通常定义为

$$\frac{S_q}{N_q} = \frac{E[x_q^2(kT_s)]}{E[x(kT_s) - x_q(kT_s)]^2} \tag{7-2}$$

均匀量化 把原信号 $x(t)$ 的值域按等幅值分割的量化过程就是均匀量化。从图 7-3 中可以看到,每个量化区间的量化电平均取在各区间的中点,其量化间隔(量化台阶)Δ 取决于 $x(t)$ 的变化范围和量化电平数。当信号的变化范围和量化电平数确定后,量化间隔也被确定。

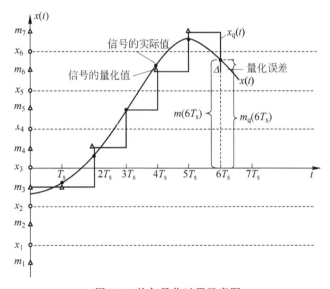

图 7-3 均匀量化过程示意图

均匀量化的量化信噪比 经过推导可以得到均匀量化的量化信噪比为

$$\frac{S_q}{N_q} = \left[\frac{(Q^2-1)\Delta^2}{12}\right] \Big/ \left(\frac{\Delta^2}{12}\right) = Q^2 - 1 \tag{7-3}$$

通常 $Q = 2^k \gg 1$,这时 $\frac{S_q}{N_q} \approx Q^2 = 2^{2k}$,如果用分贝表示,则为

$$\left(\frac{S_q}{N_q}\right)\Big/\text{dB} \approx 10\lg Q^2 = 20\lg Q = 20\lg 2^k = 20k\lg 2 \approx 6k \text{ (dB)} \tag{7-4}$$

其中,k 是表示量化阶的二进制码元个数,从式(7-4)可得,量化阶的 Q 值越大,用来表述的二进制码组越长,所得到的量化信噪比越大,信号的逼真度就越好。

非均匀量化 根据信号所处的不同区间确定量化间隔。对于信号取值小的区间,其量化间隔也小;反之量化间隔就大。这样可以提高小信号时的量化信噪比,适当减小大信号时的信噪比。它与均匀量化相比,有两个突出的优点:一是当输入量化器的信号具有非均匀

分布的概率密度(如语音)时,非均匀量化器的输出端可以得到较高的信号量化信噪比;二是非均匀量化时,量化噪声功率的均方根值基本上与信号抽样值成比例。因此,量化噪声对大、小信号的影响基本相同,即改善了小信号时的量化信噪比。

典型非均匀量化的压扩特性　主要包括美国采用的 μ 律,以及我国和欧洲各国采用的 A 律。

μ 律的压缩特性具有如下关系的压缩律:

$$y = \frac{\ln(1+\mu x)}{\ln(1+\mu)}, \quad 0 \leqslant x \leqslant 1 \tag{7-5}$$

A 律的压缩特性具有如下关系的压缩律:

$$y = \begin{cases} \dfrac{Ax}{1+\ln A}, & 0 < x \leqslant \dfrac{1}{A} \\[2mm] \dfrac{1+\ln Ax}{1+\ln A}, & \dfrac{1}{A} < x \leqslant 1 \end{cases} \tag{7-6}$$

数字压扩技术　利用大量数字电路形成若干根折线,并用这些折线来近似对数的压扩特性,从而达到压扩的目的。有两种常用的数字压扩技术:一种是 13 折线 A 律压扩,它的特性近似 $A = 87.6$ 的 A 律压扩特性;另一种是 15 折线 μ 律压扩,其特性近似 $\mu = 255$ 的 μ 律压扩特性。

13 折线 A 律压扩技术　简称 13 折线法,如图 7-4 所示。x 轴的 0~1 每次折半分为 8 个不均匀段,其中最大段取 1/2~1,作为第 8 段;最小段为 0~1/128,作为第 1 段。而 y 轴的 0~1 均匀地分为 8 段,它们与 x 轴的 8 段一一对应。这样,便可以作出由 8 段直线构成的一条折线。该折线与式(7-6)表示的压缩特性近似。由图 7-4 可得,除 1、2 段外,其他各段折线的斜率都不相同。当 x 在 -1~0 及 y 在 -1~0 的第三象限中,压缩特性的形状与以上讨论的第一象限压缩特性的形状相同,且它们以原点奇对称,所以负方向也有 8 段直线,合起来共有 16 个线段。由于正向 1、2 两段和负向 1、2 两段的斜率相同,这 4 段实际上

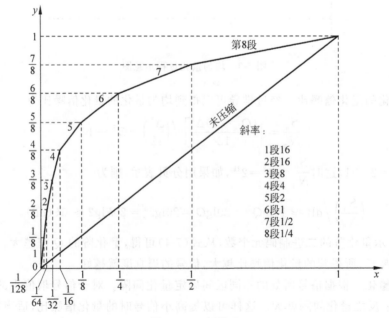

图 7-4　13 折线法

为一条直线,因此正、负双向的折线总共由 13 条直线段构成,故称其为 13 折线。

为了提高精度,可以进一步将 16 个折线的每个折线段再均匀地划分 16 个量化等级,也就是在每段折线内进行均匀量化。因此,对于折线中的第 1 段和第 2 段,由于其间隔最小(1/128),再均匀分成 16 份,就可以得到 13 折线最小量化间隔为

$$\Delta_{1,2} = \frac{1}{128} \times \frac{1}{16} = \frac{1}{2048} \tag{7-7}$$

其他间隔的最小量化间隔将成倍增加。而对于输出端,也就是 y 轴,由于是均匀划分的,各段间隔均为 1/8,每段再 16 等分,因此每个量化级间隔为 $1/(8\times16)=1/128$。

量化信噪比性能分析 可以证明,用 13 折线法进行压扩和量化后,能够做出量化信噪比与输入信号间的关系曲线,如图 7-5 所示。从图中可以看到,在小信号区域,13 折线法量化信噪比与 12 位线性编码的相同,但在大信号区域 13 折线法的量化信噪比不如 12 位线性编码。

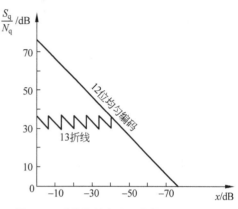

图 7-5 两种编码方法量化信噪比的比较

5. 脉冲编码调制(PCM)原理

PCM 系统 模拟信号经过抽样和量化以后,可以得到共有 Q 个电平状态的输出,通常在发射端通过编码器把 Q 进制数字信号变换为 k 位二进制数字信号($2^k \geq Q$)后再进行传输。在接收端将收到的二进制码元经过译码器再还原为 Q 进制信号,实现上述功能的系统就是脉冲编码调制系统,简称 PCM 系统。

自然码 就是大家最熟悉的二进制码,从左至右其权值分别为 8、4、2、1,故有时它也被称为 8-4-2-1 二进制码。

折叠二进制码 是目前 A 律 13 折线 PCM30/32 路设备所采用的码型。除去最高位,折叠二进制码的上半部分与下半部分呈倒影关系,也就是折叠关系。上半部分最高位为 0,其余各位由下而上按自然二进制码规则编码;下半部分最高位为 1,其余各位由上而下按自然码编码。这种码对于双极性信号(如话音信号)最高位可用于表示信号的正、负极性,而用其余码表示信号幅度的绝对值。

反射二进码 相邻两组码字之间只有 1 个码位的码符不同(即相邻两组码的码距均为 1)而构成的,其编码过程从 0000 开始,由后(低位)往前(高位)每次只变 1 个码符,而且只有当后面的那位码不能变时,才能变前面一位码。这种码通常可用于工业控制中的继电器控制或者通信中采用编码管进行的编码过程。

13 折线的码位安排 采用 8 位折叠二进制码来表示输入信号的抽样量化值,其中用第 1 位表示量化值的极性;第 2～4 位(段落码)的 8 种可能状态分别代表 8 个段落;其他 4 位码(段内码)的 16 种可能状态用来分别代表每段落 16 个均匀划分的量化级。这种编码方法是把压缩、量化和编码合为一体的方法。根据上述分析,用于 13 折线 A 律特性的 8 位非线性编码的码组结构如下:

极性码　　段落码　　　段内码
M_1　　　$M_2M_3M_4$　　$M_5M_6M_7M_8$

最小量化级间隔 在 13 折线编码过程中,虽然各段内的 16 个量化级是均匀的,但因段落长度不等,故不同段落间的量化级是非均匀的。当输入信号较小时,段落短、量化级间隔小;反之量化间隔大。在 13 折线中,第 1、2 段最短,归一化长度是 1/128,再将它等分 16 小段后,每小段长度为 1/2048,这就是 13 折线的最小量化级间隔 Δ。

13 折线编码相关参数 根据 13 折线的定义,以最小量化级间隔 Δ 为最小计量单位,可以计算出 13 折线 A 律每个量化段的电平范围、起始电平、段内码对应权值和各段落内量化间隔。具体结果如表 7-1 所示。

表 7-1 13 折线 A 律相关参数表

段落序号 $i = 1 \sim 8$	电平范围(Δ)	段落码 $M_2 M_3 M_4$	段落起始电平 $I_{si}(\Delta)$	量化间隔 $\Delta_i(\Delta)$	段内码对应权值(Δ)			
					M_5	M_6	M_7	M_8
8	1024~2048	111	1024	64	512	256	128	64
7	512~1024	110	512	32	256	128	64	32
6	256~512	101	256	16	128	64	32	16
5	128~256	100	128	8	64	32	16	8
4	64~128	011	64	4	32	16	8	4
3	32~64	010	32	2	16	8	4	2
2	16~32	001	16	1	8	4	2	1
1	0~16	000	0	1	8	4	2	1

逐次比较编码器原理 与用天平称重物的过程极为相似,"逐次"的含意可理解为称重是一次一次由粗到细进行的。而"比较"则是把上一次称重的结果作为参考,比较得到下一次输出权值的大小,如此反复进行下去,使所加权值逐步逼近物体的真实重量。基于上述分析,图 7-6 就是逐次比较编码器的原理框图。从图中可得,它由整流器、极性判决、保持电路、比较器及本地译码电路等组成。

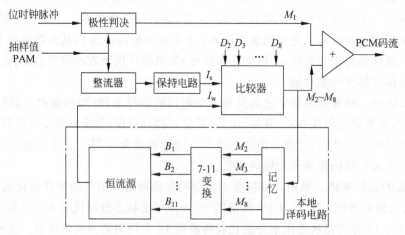

图 7-6 逐次比较型编码器原理框图

逐次比较编码器工作过程 利用极性判决电路确定信号的极性输出 M_1:当样值为正时,位脉冲到来时刻出"1"码;当样值为负时,出"0"码,同时将该双极性信号经过全波整流变为单极性信号。利用比较器比较样值电流 I_s 和标准电流 I_w,从而对输入信号抽样值实现非线性量化和编码。每比较一次输出 1 位二进制代码,并且当 $I_s > I_w$ 时,出"1"码;反之出"0"码。本地译码电路包括记忆电路、7-11 变换电路和恒流源。记忆电路用来寄存二进制代码,因为除第一次比较外,其余各次比较都要依据前几次比较的结果来确定标准电流 I_w 的值。因此,在完成最后一位比较之前,7 位码组中的前 6 位状态均应由记忆电路寄存下来。

7-11 变换电路　因为采用非均匀量化的 7 位非线性编码,所以反馈到本地译码电路的全部码也只有 7 位。由于恒流源有 11 个基本权值电流支路,需要 11 位控制脉冲来控制,因此必须把 7 位码变成 11 位码,其转换关系如表 7-2 所示。

表 7-2　A 律 13 折线非线性码与线性码间的关系

段落号	非线性码						线性码											
	起始电平	段落码 $M_2M_3M_4$	段内码权值(Δ)				B_1	B_2	B_3	B_4	B_5	B_6	B_7	B_8	B_9	B_{10}	B_{11}	B_{12}
			M_5	M_6	M_7	M_8	1024	512	256	128	64	32	16	8	4	2	1	1/2
8	1024	111	512	256	128	64	1	M_5	M_6	M_7	M_8	1*	0	0	0	0	0	0
7	512	110	256	128	64	32	0	1	M_5	M_6	M_7	M_8	1*	0	0	0	0	0
6	256	101	128	64	32	16	0	0	1	M_5	M_6	M_7	M_8	1*	0	0	0	0
5	128	100	64	32	16	8	0	0	0	1	M_5	M_6	M_7	M_8	1*	0	0	0
4	64	011	32	16	8	4	0	0	0	0	1	M_5	M_6	M_7	M_8	1*	0	0
3	32	010	16	8	4	2	0	0	0	0	0	1	M_5	M_6	M_7	M_8	1*	0
2	16	001	8	4	2	1	0	0	0	0	0	0	1	M_5	M_6	M_7	M_8	1*
1	0	000	8	4	2	1	0	0	0	0	0	0	0	M_5	M_6	M_7	M_8	1*

注:表中 1* 项为接收端解码时的补差项,在发送端编码时,该项均为 0。

译码原理　译码的作用是把接收端收到的 PCM 信号还原成相应的 PAM 信号,即实现 D/A 变换。A 律 13 折线译码器原理框图如图 7-7 所示,主要由极性控制部分和带有寄存读出的 7-12 位码变换电路两部分电路组成。7-12 位码变换原理如表 7-2 所示。

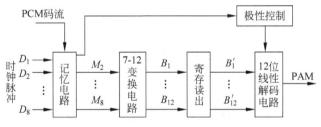

图 7-7　逐次比较型译码器原理框图

7-12 变换电路　是将 7 位非线性码转变为 12 位线性码的电路。通过增加 1 位输出的线性码,人为补上该段半个量化间隔,达到"四舍五入"的目的,从而改善量化信噪比。

码元速率　设 $x(t)$ 为低通信号,最高频率为 f_H,抽样频率 $f_s \geq 2f_H$,如果量化电平数为 Q,采用 M 进制代码,每个量化电平需要的代码数为 $k = \log_M Q$,因此码元速率为 kf_s。

传输带宽　假设抽样频率为 $f_s = 2f_H$,则最小码元传输频率为 $f_b = 2kf_H$。此时有两种带宽表述:也就是对于理想低通传输系统最小带宽为 $B_{PCM} = \dfrac{f_b}{2} = \dfrac{kf_s}{2}$;对于升余弦传输系统最小带宽为 $B_{PCM} = f_b = kf_s$。

PCM 系统抗噪性能　PCM 系统不仅包含量化噪声,而且包含误码噪声。因此,为了衡量 PCM 系统的抗噪声性能,通常将系统输出端总的信噪比定义为

$$\frac{S_o}{N_o} = \frac{E[x^2(t)]}{E[n_q^2(t)] + E[n_e^2(t)]} = \frac{S_o}{N_q + N_e} \tag{7-8}$$

由于量化噪声和误码噪声的来源不同,因此,它们互不依赖。

量化信噪比　在均匀量化情况下,信号 $x(t)$ 的概率密度函数 $f_x(x)$ 在 $(-a, +a)$ 区域内均匀分布时,其量化信噪比为 $S_o/N_q \approx Q^2 = 2^{2k}$。显然,码位数 k 越大量化信噪比就越高。但这里有两点需要说明:一是当采用非均匀量化的非线性编码时,在码位数相同、信号较小的条件下,非线性编码的 S_o/N_q 要比线性编码的高;二是实际信号的 $f_x(x)$ 不是常数,而且往往信号幅度小时 $f_x(x)$ 比较大,此时 S_o/N_q 的计算要复杂得多,但经过分析发现,这时的 S_o/N_q 比 $f_x(x)$ 为常数时的 S_o/N_q 要低。

误码信噪比　由于信道中加性噪声对 PCM 信号的干扰,将造成接收端判决器判决错误,其错误判决概率取决于信号的类型和接收机输入端的平均信号噪声功率比。经分析推导可得,误码信噪功率比与误码率 P_e 的关系为

$$\frac{S_o}{N_e} = \begin{cases} \dfrac{1}{P_e}, & x(t) \geqslant 0,自然二进制码 \\ \dfrac{1}{4P_e}, & x(t) 为可正可负的自然二进制码 \\ \dfrac{1}{5P_e}, & x(t) 为可正可负的折叠二进制码 \end{cases} \tag{7-9}$$

总信噪比分析　假如以折叠二进制码,$x(t)$ 可正可负的情况为例,总的信噪比可以写为

$$\frac{S_o}{N_o} = \frac{S_o}{N_q + N_e} = \frac{1}{\dfrac{1}{S_o/N_q} + \dfrac{1}{S_o/N_e}} = \frac{1}{(2^{-2k}) + 5P_e} \tag{7-10}$$

经过简单的推导可以说明,$P_e = 10^{-5} \sim 10^{-6}$ 时的误码信噪功率比大体上与 $k=7 \sim 8$ 位代码时的量化信噪功率比差不多。因此,对于 A 律 13 折线编成 8 位码的情况,当 $P_e < 10^{-6}$ 时由误码引起的噪声可以忽略不计,仅考虑量化信噪功率的影响;而当 $P_e > 10^{-5}$ 时,误码噪声将变成主要的噪声。

6. 增量调制

增量调制原理　增量调制(△M)产生的二进制代码表示模拟信号前后两个抽样值的差别(增加或减少),而不是代表抽样值本身的大小。在增量调制系统的发送端,调制后的二进制代码"1"和"0"只表示信号这个抽样时刻相对于前一个抽样时刻是增加还是减少。接收端译码器每收到 1 个"1"码,译码器的输出相对于前一个时刻的值上升一个量化阶;而接收到 1 个"0"码,译码器的输出相对于前一个时刻的值下降一个量化阶。

增量调制的优点　在比特率较低时,增量调制的量化信噪比高于 PCM 的量化信噪比;增量调制的抗误码性能好,能工作于误码率为 $10^{-2} \sim 10^{-3}$ 的信道中,而 PCM 通常要求误码率为 $10^{-4} \sim 10^{-6}$;增量调制的编译码器比 PCM 简单。

△M 编码　其编码过程如图 7-8 所示。

实现过程如下,在 t_i 时刻对信号 $x(t)$ 进行抽样得到 $x(t_i)$;用 $x(t_i)$ 与 $x'(t_{i-})$(t_{i-} 表

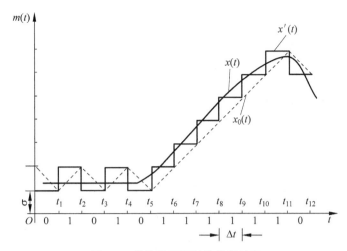

图 7-8　简单增量调制的编码过程

示 t_i 时刻前瞬间)比较;倘若 $x(t_i) > x'(t_{i-})$,就让 $x'(t_i)$ 上升一个量化阶,同时 ΔM 调制器输出二进制"1";反之 $x'(t_i)$ 下降一个量化阶,同时 ΔM 调制器输出二进制"0"。

ΔM 译码　一种译码方式是在译码时收到"1"码则上升 1 个量化阶(跳变),收到"0"码则下降 1 个量化阶,这样就可以把二进制代码经过译码变成如图 7-8 所示的阶梯波 $x'(t)$;另一种译码方式是收到"1"码后产生 1 个正斜变电压,在 Δt 时间内上升 1 个量化阶,收到 1 个"0"码产生 1 个负的斜变电压,在 Δt 时间内均匀下降 1 个量化阶。这样,二进制码经过译码后变为如 $x_0(t)$ 这样的锯齿波。

ΔM 系统实现框图　根据简单增量调制编、译码的基本原理,可组成 ΔM 系统方框图如图 7-9 所示。

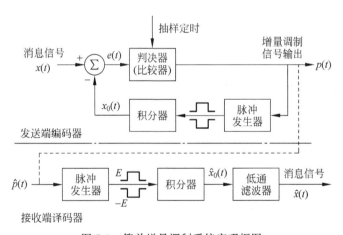

图 7-9　简单增量调制系统实现框图

ΔM 系统的带宽　从编码的基本思想中可得,每抽样一次,即传输一个二进制码元,因此码元传输速率为 $f_b = f_s$,从而有两种带宽表述方式:也就是对于理想低通传输系统最小带宽为 $B_{\Delta M} = \dfrac{f_b}{2} = \dfrac{f_s}{2}$;对于升余弦传输系统最小带宽为 $B_{\Delta M} = f_b = f_s$。

量化噪声　本地译码器输出与输入的模拟信号作差,可以得到量化误差 $e(t)$,具体计

算方法为 $e(t)=x(t)-x_0(t)$，如果 $e(t)$ 的绝对值小于量化阶 σ，即 $|e(t)|=|x(t)-x_0(t)|<\sigma$，$e(t)$ 在 $-\sigma$ 到 σ 范围内随机变化，这种噪声被称为一般量化噪声；超出 $-\sigma$ 到 σ 范围的就是过载量化噪声，简称过载噪声。

过载噪声产生原因　过载噪声发生在模拟信号斜率陡变时，由于量化阶 σ 是固定的，而且每秒采样数也是确定的，因此阶梯电压波形有可能跟不上信号的变化，形成了包含很大失真的阶梯电压波形。

过载特性描述　当出现过载时，量化噪声将急剧增加，因此，在实际应用中要尽量防止出现过载现象。设抽样时间间隔为 Δt（抽样频率 $f_s=1/\Delta t$），则上升或下降 1 个量化阶 σ，可以达到的最大斜率 K（这里仅考虑上升的情况），可以表示为

$$K=\frac{\sigma}{\Delta t}=\sigma \cdot f_s \tag{7-11}$$

这也就是译码器的最大跟踪斜率。显然，当译码器的最大跟踪斜率大于或等于模拟信号 $x(t)$ 的最大变化斜率时，即

$$K=\frac{\sigma}{\Delta t}=\sigma \cdot f_s \geqslant \left|\frac{\mathrm{d}x(t)}{\mathrm{d}t}\right|_{\max} \tag{7-12}$$

译码器输出能够跟上输入信号的变化，不会发生过载现象，因而不会形成很大的失真。但是，当信号实际斜率超过这个最大跟踪斜率时，将造成过载噪声。

动态范围　当 ΔM 系统参数（σ 和 f_s）确定以后，信号 $x(t)$ 能够进行正常 ΔM 编码的动态范围也就确定了，通常用幅度上限 $A_{\max}$ 和幅度下限 $A_{\min}$ 来表示。以正弦型信号为例，不过载且信号幅度又是最大值的条件为

$$\frac{\sigma}{\Delta t}=\sigma \cdot f_s=A \cdot \omega_k \Rightarrow A_{\max}=\frac{\sigma \cdot f_s}{\omega_k} \tag{7-13}$$

开始能够编码的正弦信号振幅为 $A_{\min}=\sigma/2$。因此，ΔM 系统编码的动态范围可以定义为

$$D_C=20\lg\frac{A_{\max}}{A_{\min}}=20\lg\frac{\sigma \cdot f_s/\omega_k}{\sigma/2}=20\lg\frac{2 \cdot f_s}{2\pi \cdot f_k}=20\lg\frac{f_s}{\pi \cdot f_k}(\mathrm{dB}) \tag{7-14}$$

ΔM 系统量化信噪比　在不过载情况下，经推导 ΔM 系统最大量化信噪比为

$$\left(\frac{S_o}{N_q}\right)_{\max}=0.04\times\frac{f_s^3}{f_L \cdot f_k^2} \tag{7-15}$$

ΔM 系统误码信噪比　经计算误码信噪比为

$$\frac{S_o}{N_e}=\frac{f_1 \cdot f_s}{16P_e \cdot f_k^2} \tag{7-16}$$

ΔM 系统总的信噪比　结合 ΔM 系统量化信噪比和误码信噪比的计算结果，ΔM 系统总的信噪比为

$$\frac{S_o}{N_o}=\frac{S_o}{N_q+N_e}=\frac{1}{\dfrac{1}{S_o/N_q}+\dfrac{1}{S_o/N_e}} \tag{7-17}$$

从以上分析可得，为提高 ΔM 系统抗噪声性能，采样频率 f_s 越大越好；但从节省频带角度考虑，f_s 越小越好，这两者是矛盾的，要根据对通话质量和节省频带两方面的要求选择一个恰当的数值。

7. 改进型增量调制

总和增量调制（Δ-Σ）　为了保障高低频增量调制系统的质量,提出一种称为总和增量调制的编码方法。这种编码方法首先对 $x(t)$ 信号进行积分,然后进行简单增量调制。图 7-10 给出了总和增量调制系统结构框图。

图 7-10　Δ-Σ 调制系统结构框图

ΔM 和 Δ-Σ 的比较　Δ-Σ 系统的接收部分更为简单;ΔM 系统的输出代码携带输入信号增量的信息,或者说携带输入信号微分的信息,而 Δ-Σ 调制的代码携带的是输入信号振幅的信息;ΔM 系统的 A_{max} 与信号频率 f_k 有关,A_{max} 随 f_k 增大而减小,此时信噪比也将减小。而 Δ-Σ 系统的 A_{max} 与信号频率 f_k 无关,这样信号频率不影响信噪比。

数字音节压扩自适应技术　实际上就是根据信号斜率的不同采用不同的量化阶,当信号的斜率 $|dx(t)/dt|$ 增大时,量化阶 σ 也增大;反之当 $|dx(t)/dt|$ 减小时,σ 也减小。发送端 σ 是可变的,接收端译码时也要使用相应变化。

控制 σ 变化的方法也有两种:一种是瞬时压扩式;另一种是音节压扩式。瞬时压扩式的 σ 随着信号斜率的变化立即变化,这种方法实现起来比较困难。音节压扩是用话音信号 1 个音节时间内的平均斜率控制 σ 的变化,即在 1 个音节内,σ 保持不变,而在不同音节内 σ 是变化的。音节是指话音信号包络变化的 1 个周期,这个周期不是固定的,但经大量统计分析后发现,这个周期趋于某一固定值,这里的音节就是指这个固定值。对于话音信号,1 个音节一般约为 10 毫秒。

数字音节压扩增量调制　数字检测、音节压缩与扩张自适应增量调制的简称,其原理框图如图 7-11 所示。

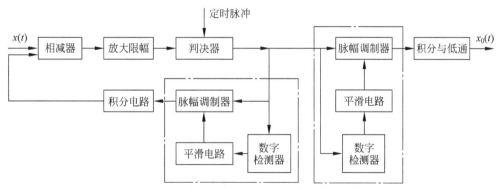

图 7-11　数字音节压扩 ΔM 系统的原理框图

与简单增量调制比较,系统在收发端均增加了虚线框内的 3 个部件,即数字检测器、平滑电路和脉幅调制器,这 3 个部件起到完成数字检测和音节压扩的作用。

数字音节压扩增量调制的物理过程　$x(t)$→若 $|dx(t)/dt|$ 在音节内的平均值增大→连码多→数字检测器输出脉冲数目增多→平滑电路输出在音节内的平均电压增大→脉幅调

制器得到的输入控制电压增大→脉幅调制器输出脉冲幅度增大→积分器的 σ 增大。

数字音节压扩总和增量调制 如果把数字音节压扩技术和总和增量调制结合起来,就变成现在用得最多的数字音节压扩总和增量调制,其原理框图如图 7-12 所示。

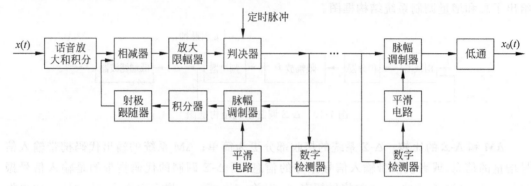

图 7-12 数字音节压扩 Δ-Σ 调制原理框图

系统首先对 $x(t)$ 进行积分再进行数字音节压扩 ΔM,因此,在接收端解调以后要对解调信号进行微分,以便恢复原来的信号。由于接收端译码器中有 1 个积分器,而译码器后面再加 1 个微分器,微分和积分的作用互相抵消,因此接收端只要有 1 个低通滤波器即可。

脉码增量调制(DPCM) 是一种综合了增量调制和脉冲编码调制两者特点的调制方式。这种调制方式的主要特点是把增量值分为 Q' 个等级,然后把 Q' 个不同等级的增量值编为 k' 位二进制代码($Q' = 2^{k'}$)再送到信道传输,因此,它兼有增量调制和 PCM 的特点。DPCM 系统原理框图如图 7-13 所示。

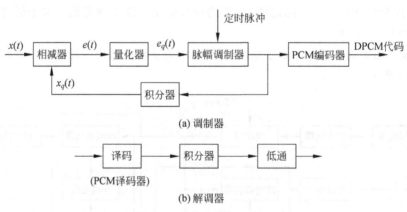

(a) 调制器

(PCM译码器)

(b) 解调器

图 7-13 DPCM 系统原理框图

8. 时分复用和多路数字电话系统

PAM 时分复用原理 根据抽样定理可知,一个频带限制在 f_x 范围内的信号,最小抽样频率值为 $2f_x$,这时就可利用带宽为 f_x 的理想低通滤波器恢复出原始信号来。对于频带都是 f_x 的 N 路复用信号,它们的独立抽样频率为 $2Nf_x$。如果将信道表示为一个理想的低通形式,则为了防止组合波形丢失信息,传输带宽必须满足 $B \geqslant 2Nf_x$。

时分复用的 PCM 系统 PCM 和 PAM 的区别在于 PCM 要在 PAM 的基础上经过量化和编码,把 PAM 中的一个抽样值量化后编为 k 位二进制代码。因此,从不产生码间串扰的条件出发,这时所要求的最小信道带宽为 $B = f_b/2 = (Nkf_s)/2$,实际应用中带宽通常取 $B = Nkf_s$。

PCM 30/32 路制式 1 个复帧由 16 帧组成;1 帧由 32 个时隙组成;1 个时隙为 8 位码组。时隙 $1\sim15$ 和时隙 $17\sim31$ 共 30 个时隙用来作为话路,传送话音信号,时隙 $0(TS_0)$ 是"帧定位码组",时隙 $16(TS_{16})$ 用于传送各话路的标志信号码。

时间域描述 抽样重复频率为 8000Hz,对应抽样周期为 $1/8000 = 125\mu s$,这也就是 PCM 30/32 的帧周期;1 复帧由 16 个帧组成,复帧周期为 2ms;1 帧内要时分复用 32 路,则每路占用的时隙为 $125\mu s/32 = 3.9\mu s$;每时隙包含 8 位码组,因此每位码元占 488ns。

传码率描述 每秒能传送 8000 帧,而每帧包含 $32\times8 = 256b$,因此,总码元速率为 $256b/f \times 8000f/s = 2048kb/s$。对于每个话路,每秒要传输 8000 个时隙,每个时隙为 8b,所以可得每个话路数字化后信息传输速率为 $8\times8000 = 64kb/s$。

PCM 的高次群 在时分多路复用系统中,高次群是由若干低次群通过数字复用设备汇总而成的。对于 PCM 30/32 路系统来说,其基群的速率为 2048kb/s;二次群由 4 个基群汇总而成,速率为 8448kb/s,话路数为 $4\times30 = 120$ 话路;更高次群描述请参考教材。

9. 压缩编码技术

预测编码 根据离散信号之间存在的关联性,利用信号的过去值对信号的现在值进行预测,然后对预测误差进行编码,达到数据压缩的目的。预测编码技术包括脉码增量调制(DPCM)、自适应脉码增量调制(ADPCM)等。

变换编码 先对信号按某种函数进行变换,从一种信号域变换到另一种信号域,再对变换后的信号进行编码。例如,离散傅里叶变换(DFT)就是将信号进行离散傅里叶变换,实现从时域到频域的变换,由于音频信号大多是低频信号,在低频区能量集中,在频域进行抽样和编码可以实现压缩数据的目的。

统计编码 利用消息出现概率的分布特性进行数据压缩编码。统计编码是基于在消息和码字之间找到具体的对应关系,将出现概率较大的消息使用的码字较短,否则使用较长的码字;在解码时找到相应消息和码字的对应关系,最终使失真或不对应的概率限制到最小或容许的范围内。

子带编码 利用人的感官对于不同时频组合的信号敏感程度不同的特性进行数据压缩编码。例如,采用一系列滤波器分解不同频率组合的信号,然后对人类感官敏感的频率范围内的信号进行编码,进而实现数据压缩。

音频信号类型 电话质量的音频,其频率范围为 300Hz~3.4kHz;调幅广播质量的音频,其频率范围为 50Hz~7kHz,又称"7kHz 音频信号";高保真立体声音频,其频率范围为 20Hz~22kHz。

语音压缩 在保证所需要传输质量的条件下,压缩比越大,传输成本越小,传输效率越高。为了全面衡量一种数据压缩编码算法的性能,通常可以从压缩比、压缩与解压速度、恢复效果和成本开销等 4 方面进行评价。

数据压缩编码 数据与话音或图像不同,对其压缩时通常不允许有任何损失,因此,只能采用无损压缩的方法。这样的压缩编码需要选用一种高效的编码表示信源数据,以减小信源数据的冗余度,也就是减小其平均比特数,并且,这种高效编码必须易于实现和能逆变换原信源数据。而减小信源数据的冗余度,就相当于增大信源的熵,所以,这样的编码又可以称为熵编码。

等长和变长编码 等长码中代表每个字符码字长度是相同的,但是各字符所含有的信息量是不同的。含信息量小的字符的等长码字必然有更多的冗余度,所以为了压缩,通常采用变长码。变长码中每个码字的长度是不等的。希望码长的字符出现概率低,码短的字符出现概率高,也就是希望字符的码长与字符出现概率成反比。只有当所有字符以等概率出现时,其编码才应当是等长的。

哈夫曼编码过程

(1) 将 n 个信源消息字符按其出现的概率大小依次排列。

(2) 取两个概率最小的字符分别配以"0"和"1"两个码元,并将这两个概率相加作为一个新的字符概率,与其他字符重新排队。

(3) 对重排后的两个概率最小的字符重复步骤(2)的过程。

(4) 不断重复上述过程,直到最后两个字符配以"0"和"1"为止。

(5) 从最后一级开始,向前返回得到各个信源字符所对应的码元序列,即为相应码字。

哈夫曼编码特点 编码方法保证了概率大的字符对应于短码,概率小的字符对应于长码,充分利用了短码;信源的最后两个码字总是最后一位不同,从而保证了哈夫曼码是即时码。

7.3 知识体系

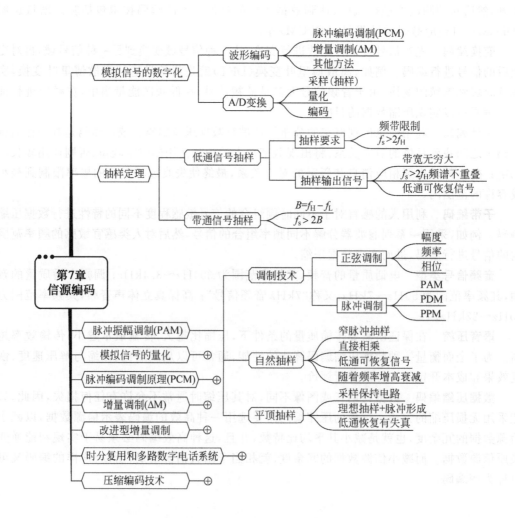

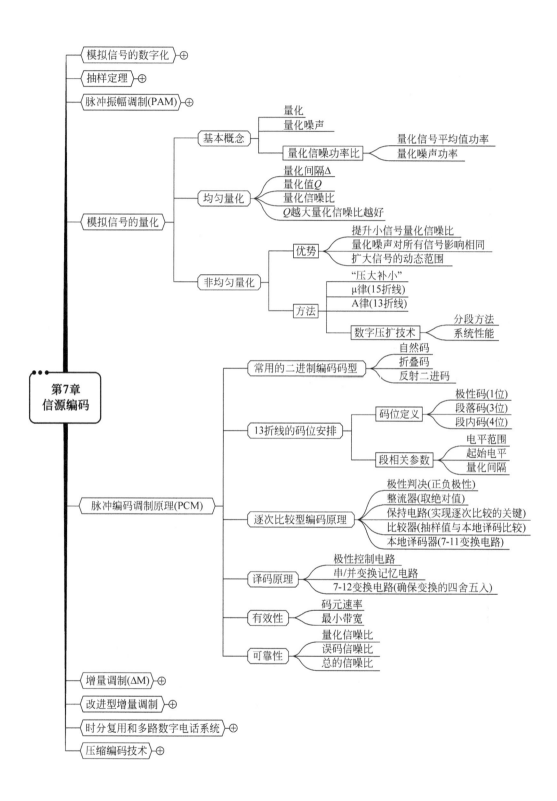

第7章
信源编码

- 模拟信号的数字化
- 抽样定理
- 脉冲振幅调制(PAM)
- 模拟信号的量化
  - 基本概念
    - 量化
    - 量化噪声
    - 量化信噪功率比
      - 量化信号平均值功率
      - 量化噪声功率
  - 均匀量化
    - 量化间隔Δ
    - 量化值Q
    - 量化信噪比
    - Q越大量化信噪比越好
  - 非均匀量化
    - 优势
      - 提升小信号量化信噪比
      - 量化噪声对所有信号影响相同
      - 扩大信号的动态范围
    - 方法
      - "压大补小"
      - μ律(15折线)
      - A律(13折线)
      - 数字压扩技术
        - 分段方法
        - 系统性能
- 脉冲编码调制原理(PCM)
  - 常用的二进制编码码型
    - 自然码
    - 折叠码
    - 反射二进码
  - 13折线的码位安排
    - 码位定义
      - 极性码(1位)
      - 段落码(3位)
      - 段内码(4位)
    - 段相关参数
      - 电平范围
      - 起始电平
      - 量化间隔
  - 逐次比较型编码原理
    - 极性判决(正负极性)
    - 整流器(取绝对值)
    - 保持电路(实现逐次比较的关键)
    - 比较器(抽样值与本地译码比较)
    - 本地译码器(7-11变换电路)
  - 译码原理
    - 极性控制电路
    - 串/并变换记忆电路
    - 7-12变换电路(确保变换的四舍五入)
  - 有效性
    - 码元速率
    - 最小带宽
  - 可靠性
    - 量化信噪比
    - 误码信噪比
    - 总的信噪比
- 增量调制(ΔM)
- 改进型增量调制
- 时分复用和多路数字电话系统
- 压缩编码技术

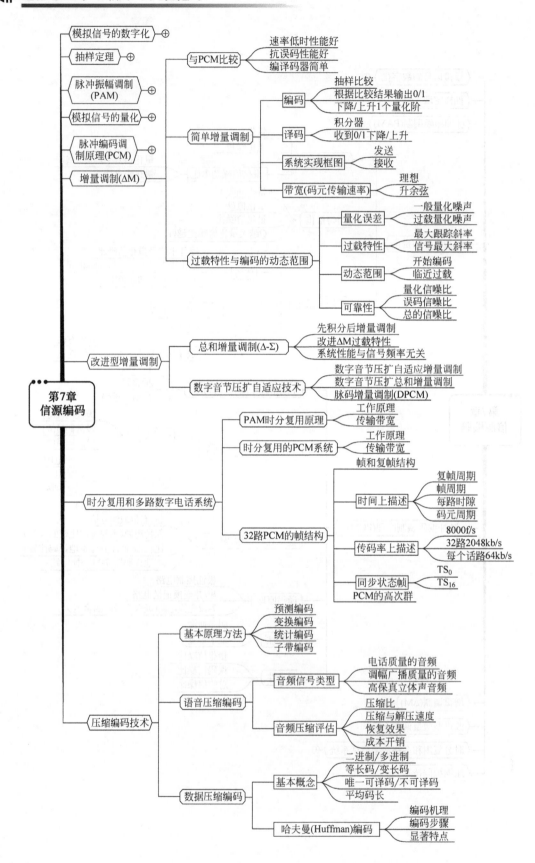

7.4 思考题解答

7-1 什么是信源编码?

答:为了提高系统传输的有效性而采取的编码被称为信源编码。因此,在编码过程中可尽量减小所使用的码元位数,以提升编码效率。具体包括模拟信号的数字化,以及数字信源的压缩编码等。

7-2 简述抽样定理。

答:一个频带限制在$(0, f_H)$内的时间连续信号$x(t)$,如果以不大于$1/(2f_H)$秒的间隔对它进行等间隔抽样,则$x(t)$将被所得到的抽样值$x_s(t)$完全确定。也可以这么说:如果以$f_s \geqslant f_H$的抽样频率进行均匀抽样,$x(t)$可以被所得到的抽样值完全确定。而最小抽样频率$f_s = 2f_H$称为奈奎斯特频率,$1/(2f_H)$这个最大抽样时间间隔称为奈奎斯特间隔。

7-3 比较理想抽样、自然抽样和平顶抽样的异同点。

答:理想抽样是冲激脉冲进行脉冲幅度调制(PAM)。

自然抽样是利用窄脉冲作为脉冲载波的PAM工作方式,它更具有实际意义。

平顶抽样得到的采样值顶部保持水平,相当于A/D器件中抽样保持电路起了作用。

理想抽样和自然抽样经过低通滤波器后,可以恢复出原始信号,而平顶抽样不行,需要用$1/H(\omega)$来消除畸变。

7-4 PAM与PCM有什么区别?

答:用调制信号改变脉冲的某些参数,通常被称为脉冲调制。按调制信号改变脉冲参数(幅度、宽度、时间位置)的不同,脉冲调制可分为脉幅调制(PAM)、脉宽调制(PDM)和脉位调制(PPM)等。

PCM也就是脉冲编码调制,它是对模拟信号经过抽样和量化以后,再进行编码的过程,它的输出是数字序列,如二进制码元序列。

7-5 已抽样信号的频谱混叠是什么原因引起的?若要求从已抽样信号$x_s(t)$中正确地恢复出原信号$x(t)$,抽样速率f_s和信号最高频率f_H之间应满足什么关系?

答:当抽样频率不满足$f_s \geqslant f_H$时,采样信号频谱函数就会出现重叠的现象;当抽样信号频谱函数不发生频率重叠时,为了从抽样信号$x_s(t)$中正确地恢复出原信号$x(t)$,只要用一个带宽B满足$f_H \leqslant B \leqslant f_s - f_H$的理想低通滤波器,就可以取出$X(f)$的成分,进而不失真地恢复$x(t)$的波形。

7-6 简述量化,分析量化噪声。

答:用有限个电平表示模拟信号抽样值被称为量化。量化后的信号$x_q(t)$是对原来信号$x(t)$的近似,因此,$x_q(kT_s)$和$x(kT_s)$存在误差,这种误差称为量化误差。量化误差一旦形成,就是无法去掉的,这个量化误差像噪声一样影响通信质量,因此也称为量化噪声。通常用量化信噪功率比来衡量量化性能好坏。

7-7 什么是均匀量化?它的主要缺点是什么?

答:把原来信号$x(t)$的值域按等幅值分割的量化过程称为均匀量化。在均匀量化时每个量化区间的量化电平均取在各区间的中点,其量化间隔(量化台阶)Δ取决于$x(t)$的变化范围和量化电平数。当信号的变化范围和量化电平数确定后,量化间隔也被确定。

均匀量化过程简单,但也存在明显的缺陷。例如,无论抽样值大或小,量化噪声的均方根值都固定不变。因此,当信号 $x(t)$ 较小时,信号的量化信噪比较小,因此对于小信号(信号弱)时的量化信噪比就难以达到给定的要求。

7-8 简述非均匀量化的原理。

答:非均匀量化根据信号的不同区间确定量化间隔。对于信号取值小的区间,其量化间隔也小;反之量化间隔就大。这样可以提高小信号时的量化信噪比,适当减小大信号时的信噪比,它与均匀量化相比,有如下两个突出的优点。

(1)当输入量化器的信号具有非均匀分布的概率密度(如话音)时,非均匀量化器的输出端可以得到较高的平均信号量化信噪比。

(2)非均匀量化时,量化噪声功率的均方根值基本上与信号抽样值成比例。因此,量化噪声对大、小信号的影响基本相同,即改善了小信号时的量化信噪比。

7-9 什么是 A 律压缩?什么是 μ 律压缩?

答:在数字通信系统中采用压扩特性通常包括美国采用的 μ 律,以及我国和欧洲各国采用 A 律。

(1)A 律压缩。A 律压缩的压缩关系为

$$y = \begin{cases} \dfrac{Ax}{1+\ln A}, & 0 < x \leqslant \dfrac{1}{A} \\ \dfrac{1+\ln Ax}{1+\ln A}, & \dfrac{1}{A} < x \leqslant 1 \end{cases}$$

其中,y 表示归一化的压缩器输出信号;x 表示归一化的压缩器输入信号;A 是压扩参数,表示压缩的程度,通常取 $A=87.6$。

(2)μ 律压缩。μ 律压缩的压缩关系为

$$y = \frac{\ln(1+\mu x)}{\ln(1+\mu)}, \quad 0 \leqslant x \leqslant 1$$

其中,y 表示归一化的压缩器输出信号;x 表示归一化的压缩器输入信号;μ 是压扩参数,表示压缩的程度。

7-10 简述 13 折线法。

答:13 折线法是一种典型的数字压扩技术,其基本思想是:利用大量数字电路形成若干根折线,并用这些折线来近似对数的压扩特性,从而达到压扩的目的。

用折线实现压扩特性,它既不同于均匀量化的直线,又不同于对数压扩特性的光滑曲线。虽然总的来说用折线做压扩特性是非均匀量化,但它既有非均匀(不同折线有不同斜率)量化,又有均匀量化(在同一折线的小范围内)。

在 13 折线法实施过程中,先把 x 轴的 0~1 分为 8 个不均匀段,其方法是:将 0~1 一分为二,其中点为 1/2,取 1/2~1 作为第 8 段;剩余的 0~1/2 再一分为二,中点为 1/4,取 1/4~1/2 作为第 7 段;再把剩余的 0~1/4 一分为二,中点为 1/8,取 1/8~1/4 作为第 6 段;以此类推,直至剩余的最小一段为 0~1/128,则将其作为第 1 段。

y 轴的 0~1 均匀地分为 8 段,它们与 x 轴的 8 段一一对应。从第 1 段到第 8 段分别为,0~1/8,1/8~2/8,…,7/8~1。这样便可以做出由 8 段直线构成的一条折线,考虑到第三象限中的 8 段,也就是负方向的 8 段直线,因此合起来共有 16 个线段。由于正向 1、2 两

段和负向 1、2 两段的斜率相同,这 4 段实际上为一条直线,因此,正、负双向的折线总共由 13 条直线段构成,故称其为 13 折线。

7-11 比较折叠二进制码、自然二进制码和格雷码。

答:(1) 折叠二进制码:除去最高位,折叠二进制码的上半部分与下半部分呈倒影关系,也就是折叠关系。上半部分最高位为 0,其余各位由下而上按自然二进制码规则编码;下半部分最高位为 1,其余各位由上向下按自然二进制码编码。它能够较好反应话音信号特点,因此应用广泛。

(2) 自然二进制码:自然码是大家最熟悉的二进制码,从左至右其权值分别为 8、4、2、1,故有时它也被称为 8-4-2-1 二进制码。

(3) 反射二进码:也叫作格雷码,格雷码是按照相邻两组码字之间只有 1 个码位的码符不同(即相邻两组码的码距均为 1)而构成的。以 4 位码为例,其编码过程如下:从 0000 开始,由后(低位)往前(高位)每次只变 1 个码符,而且只有当后面的那位码不能变时,才能变前面的一位码。

7-12 脉冲编码调制系统的输出信噪比与哪些因素有关?

答:为了衡量 PCM 系统的抗噪声性能,通常将系统输出端总的信噪比定义为

$$\frac{S_\text{o}}{N_\text{o}} = \frac{E[x^2(t)]}{E[n_\text{q}^2(t)] + E[n_\text{e}^2(t)]} = \frac{S_\text{o}}{N_\text{q} + N_\text{e}}$$

可见,分析 PCM 系统的抗噪声性能时,需要考虑量化噪声和信道加性噪声的影响。不过,由于量化噪声和信道加性噪声的来源不同,而且它们互不依赖,故可以先讨论它们单独存在时的系统性能,然后分析系统总的抗噪声性能。

7-13 什么是增量调制?它与脉冲编码调制有何异同?

答:增量调制简称 ΔM,最早由法国工程师 De Loraine 于 1946 年提出,其目的在于简化模拟信号的数字化方法。增量调制获得广泛应用的原因主要有以下 3 点。

(1) 在比特率较低时,增量调制的量化信噪比高于 PCM 的量化信噪比。

(2) 增量调制的抗误码性能好。能工作于误码率为 $10^{-2} \sim 10^{-3}$ 的信道中,而 PCM 要求误比特率通常为 $10^{-4} \sim 10^{-6}$。

(3) 增量调制的编译码器比 PCM 简单。

与脉冲编码调制相比,增量调制最主要的特点就是它所产生的二进制代码表示模拟信号前后两个抽样值的差别,而不是代表抽样值本身的大小,这一点与 PCM 差异很大。

7-14 增量调制系统输出的量化信噪比与哪些因素有关?

答:与 PCM 系统一样,对于简单增量调制系统的抗噪声性能,仍用系统的输出信号和噪声功率比来表征。ΔM 系统的噪声成分有两种,分别是量化噪声与加性噪声,可以表示为

$$\frac{S_\text{o}}{N_\text{o}} = \frac{S_\text{o}}{N_\text{q} + N_\text{e}} = \frac{1}{\dfrac{1}{S_\text{o}/N_\text{q}} + \dfrac{1}{S_\text{o}/N_\text{e}}}$$

由于量化噪声和加性噪声互不相关,因此可以分别进行讨论和分析。

(1) 量化信噪比为

$$\left(\frac{S_\text{o}}{N_\text{q}}\right)_{\max} = 0.04 \times \frac{f_\text{s}^3}{f_\text{L} \cdot f_k^2}$$

（2）误码信噪比为

$$\frac{S_o}{N_e} = \frac{f_1 \cdot f_s}{16 P_e \cdot f_k^2}$$

7-15 简述增量调制系统的一般量化噪声和过载量化噪声产生机理，如何防止过载？

答： ΔM 系统中量化噪声有两种形式，一般量化噪声和过载量化噪声。

本地译码器输出与输入的模拟信号做差，可以得到量化误差 $e(t)$；当 $e(t)$ 在 $-\sigma$ 到 σ 范围内随机变化时，这种噪声被称为一般量化噪声；当超出这个范围时就产生过载量化噪声。过载量化噪声（有时简称过载噪声）发生在模拟信号斜率陡变时，由于量化阶 σ 是固定的，而且每秒内台阶数也是确定的，因此，阶梯电压波形有可能跟不上信号的变化，形成包含很大失真的阶梯电压波形，这样的失真称为过载现象，也称过载噪声。

7-16 什么是时分复用？它在数字电话中是如何应用的？

答： 为了提高通信系统信道的利用率，话音信号的传输往往采用多路复用通信的方式。时分复用是将连续信号在时间上进行离散处理，也就是抽样（采样），当抽样脉冲占据较短时间时，在抽样脉冲之间就留出了时间空隙，利用这种空隙便可以传输其他信号的抽样值。从而，可沿一条信道同时传送若干基带信号。

7-17 衡量音频压缩编码算法性能的指标主要有哪些？

答： 衡量音频压缩编码算法性能的指标如下。

（1）压缩比。压缩比表示在压缩算法处理以后，对于音频信息所需要的存储空间或传输时间所减小的具体数量。

（2）压缩与解压速度。系统要求压缩速度和解压速度尽量要快。由于压缩和解压是两个分开的过程，可以提前压缩需要存储和传输的音频，而解压必须是实时的，因此，对解压的速度要求比较高，通常希望尽可能做到实时解压。

（3）恢复效果。数据压缩编码算法可分为两大类，即有损压缩算法和无损压缩算法。无损压缩算法是在经过压缩和解压之后，信号没有改变，因此，不必考虑信号在解压后的恢复效果，也就是输出的恢复信号与输入信号完全一致。有损压缩算法则会改变信号，使输出与输入不同。有损压缩算法要做到通过人的感官进行判决，通常这是一个主观评价，而客观评价可采用信噪比、分辨率等参数来确定。

（4）成本开销。要求数据压缩编码算法尽量简单，算法硬件和软件成本开销小，硬件可以使用通用芯片，也可以采用专用压缩芯片。专用芯片功能强，压缩比大，速度快，在没有广泛使用前价格昂贵，广泛使用后价格低廉。

7-18 简述压缩编码的主要方法。

答： 压缩编码的主要方法包括预测编码、变换编码、统计编码和子带编码。

（1）预测编码。根据离散信号之间存在的关联性，利用信号的过去值对信号的现在值进行预测，然后对预测误差进行编码，达到数据压缩的目的。

（2）变换编码。变换编码先对信号按某种函数进行变换，从一种信号域变换到另一种信号域，再对变换后的信号进行编码。

（3）统计编码。与预测编码、变换编码不同，统计编码是利用消息出现概率的分布特性进行数据压缩编码的。

（4）子带编码。子带编码利用人的感官对不同时频组合的信号敏感程度不同的特性进行数据压缩编码。例如,采用一系列滤波器分解不同频率组合的信号,然后对人类感官敏感频率范围内的信号进行编码,而不是对所有的频率采用相同的编码算法,进而实现数据压缩。

7-19　什么是熵编码?

答：数据与话音或图像不同,对其压缩时通常不允许有任何损失,因此,只能采用无损压缩的方法,这样的压缩编码需要选用一种高效的编码表示信源数据,以减小信源数据的冗余度,也就是减小其平均比特数,并且这种高效编码必须易于实现和能逆变换回原信源数据。而减小信源数据的冗余度,就相当于增大信源的熵,所以,这样的编码又可以称为熵编码。

7-20　简述哈夫曼编码的过程。

答：哈夫曼编码属于概率匹配编码,也就是对于出现概率大的符号用短码,对于出现概率小的符号用长码。其编码过程如下。

(1) 将 n 个信源消息字符按其出现的概率大小依次排列为 $P(x_1) \geqslant P(x_2) \geqslant \cdots \geqslant P(x_n)$。

(2) 取两个概率最小的字符分别配以"0"和"1"两个码元,并将这两个概率相加作为一个新的字符概率,与其他字符重新排队。

(3) 对重排后的两个概率最小字符重复步骤(2)的过程。

(4) 不断重复上述过程,直到最后两个字符配以"0"和"1"为止。

(5) 从最后一级开始,向前返回得到各个信源字符对应的码元序列,即为相应码字。

7.5　习题详解

7-1　信号 $x(t)=2\cos400\pi t+6\cos40\pi t$,用 $f_s=500\mathrm{Hz}$ 的抽样频率对它理想抽样,若已抽样后的信号经过一个截止频率为 $400\mathrm{Hz}$ 的理想低通滤波器,则输出端有哪些频率成分?

解：根据题意可知,信号的频谱为

$$X(\omega)=2\pi[\delta(\omega+400\pi)+\delta(\omega-400\pi)]+6\pi[\delta(\omega+40\pi)+\delta(\omega-40\pi)]$$

当 $f_s=500\mathrm{Hz}$ 时,抽样后信号的频谱为 $X_\delta(\omega)=f_s\sum\limits_{k=-\infty}^{\infty}X(\omega-k\omega_s)$,其频谱如图 7-14 所示。

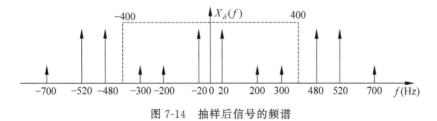

图 7-14　抽样后信号的频谱

若经过一个截止频率为 $400\mathrm{Hz}$ 的理想低通滤波器,根据频谱展示,输出端将有 $20\mathrm{Hz}$、$200\mathrm{Hz}$ 和 $300\mathrm{Hz}$ 的频率成分输出。

7-2　对于基带信号 $x(t)=\cos2\pi t+2\cos4\pi t$ 进行理想抽样。

(1) 为了在接收端能不失真地从已抽样信号 $x_q(t)$ 中恢复出 $x(t)$,抽样间隔应如何选取?

（2）若抽样间隔取为 0.2s，试画出已抽样信号的频谱图。

解：（1）基带信号中最大角频率为

$$\omega_H = 4\pi \quad \text{rad/s}$$

由抽样定理可知抽样频率应为

$$2\pi f_s \geqslant 2\omega_H = 8\pi \quad \text{rad/s}$$

所以，抽样间隔应取

$$T_s \leqslant \frac{2\pi}{8\pi} = 0.25\text{s}$$

根据题意信号的频谱为

$$X(\omega) = \pi[\delta(\omega+2\pi)+\delta(\omega-2\pi)]+2\pi[\delta(\omega+4\pi)+\delta(\omega-4\pi)]$$

（2）当抽样间隔取 0.2s，也就是 $f_s = 5\text{Hz}$ 时，抽样后信号的频谱如图 7-15 所示，同时还可以表示为

$$X_\delta(\omega) = f_s \sum_{k=-\infty}^{\infty} X(\omega - 10\pi k)$$

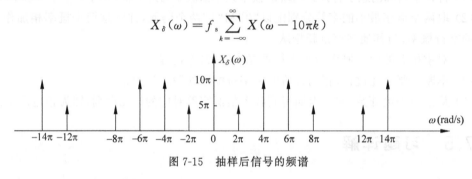

图 7-15　抽样后信号的频谱

7-3　已知信号 $x(t) = 10\cos(20\pi t)\cos(200\pi t)$，以 250 次/秒的速率抽样。

（1）试画出抽样信号频谱。

（2）由理想低通滤波器从抽样信号中恢复 $x(t)$，试确定低通滤波器的截止频率。

（3）对 $x(t)$ 进行抽样的奈奎斯特频率是多少？

解：根据题意可知 $f_s = 250\text{Hz}$。

（1）$x(t) = 10\cos(20\pi t)\cos(200\pi t) = 5\cos(220\pi t) + 5\cos(180\pi t)$

$$X_\delta(\omega) = f_s \sum_{k=-\infty}^{\infty} X(\omega - k\omega_s)$$

$$= 1250\pi \sum_{k=-\infty}^{\infty} [\delta(\omega - 500k\pi + 220\pi) + \delta(\omega - 500k\pi - 220\pi)] +$$

$$[\delta(\omega - 500k\pi + 180\pi) + \delta(\omega - 500k\pi - 180\pi)]$$

抽样后信号频谱如图 7-16 所示。

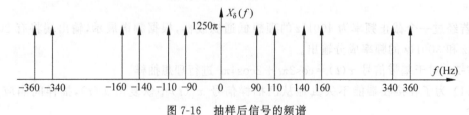

图 7-16　抽样后信号的频谱

（2）分析可知，利用带宽 B 满足 $f_H \leqslant B \leqslant f_s - f_H$ 的理想低通滤波器，就可以取出 $X(f)$ 的成分，因此，低通滤波器的截止频率为

$$110\text{Hz} < B < 140\text{Hz}$$

（3）基带信号中最高频率为 110Hz，由抽样定理可知奈奎斯特抽样频率应为 220Hz。

7-4　设信号 $x(t) = 9 + A\cos\omega t$，其中 $A \leqslant 10\text{V}$。$x(t)$ 被均匀量化为 41 个电平，试确定所需的二进制码组的位数 k 和量化间隔 Δ。

解：由于 $2^5 < 41 < 2^6$，因此得 $k = 6$。

信号 $x(t)$ 的范围是 $(-1, 19)$，则

$$\Delta = (19 + 1)/(41 - 1) = 0.5(\text{V})$$

7-5　已知信号 $x(t)$ 的振幅均匀分布在 $-2 \sim 2\text{V}$ 范围以内，频带限制在 4kHz 以内，以奈奎斯特速率进行抽样。这些抽样值量化后编为二进制码，若量化电平间隔为 $(1/32)\text{V}$，求传输带宽和量化信噪比。

解：根据题意可以计算出量化阶数为

$$Q = \frac{2 - (-2)}{1/32} = 128 = 2^7, \quad k = 7$$

根据采样定理，以奈奎斯特速率进行抽样，则抽样速率为

$$f_s = 2f_H = 8\text{kHz}$$

最小带宽为

$$B = \frac{f_s \cdot k}{2} = \frac{7 \times 8}{2} = 28\text{kHz（设系统为理想低通滤波器）}$$

$$B = f_s \cdot k = 7 \times 8 = 56\text{kHz（设系统为升余弦形式滤波器）}$$

量化信噪比为

$$\frac{S_q}{N_q} = 2^{2k} = 16\,384\text{（或 42dB）}$$

7-6　已知信号 $x(t)$ 的最高频率 $f_x = 2.5\text{kHz}$，振幅均匀分布在 $-4 \sim 4\text{V}$ 范围以内，量化电平间隔为 $(1/32)\text{V}$。进行均匀量化，采用二进制编码后在信道中传输。假设系统的平均误码率为 $P_e = 10^{-3}$，求传输 10s 可能出现的错码数目。

解：根据题意可以计算出量化阶数为

$$Q = \frac{(4 + 4)}{1/32} = 256 = 2^8, \quad k = 8$$

最小抽样速率为 $f_s = 2f_X = 5\text{kHz}$，二进制码元的传码速率为 $R_B = f_s \cdot k = 5 \times 8 = 40\text{kBaud}$。

错码的数目为 $10 \times 10^{-3} \times 40 \times 10^3 = 400$（个）。

7-7　设信号频率范围为 $0 \sim 4\text{kHz}$，幅值在 $-4.096 \sim +4.096\text{V}$ 均匀分布。若采用均匀量化编码，以 PCM 方式传送，量化间隔为 2mV，用最小抽样速率进行抽样，求传送该 PCM 信号实际需要最小带宽和量化信噪比。

解：根据题意可以计算出量化阶数为

$$Q = \frac{4.096 + 4.096}{0.002} = 4096 = 2^{12}, k = 12$$

最小抽样速率为

$$f_s = 2f_H = 8\text{kHz}$$

最小带宽为

$$B = \frac{f_s \cdot k}{2} = \frac{8 \times 12}{2} = 48\text{kHz(设系统为理想低通滤波器)}$$

$$B = f_s \cdot k = 96\text{kHz(设系统为升余弦形式滤波器)}$$

量化信噪比为

$$\frac{S}{N} = 6k = 6 \times 12 = 72\text{(dB)}$$

7-8 采用 13 折线 A 律编码,设最小的量化级为 1 个单位,已知抽样脉冲值为 +635 单位,信号频率范围为 0～4kHz。

(1) 试求此时编码器的输出码组,并计算量化误差。

(2) 用最小抽样速率进行抽样,求传送该 PCM 信号所需要的最小带宽。

解:(1) 根据题意可知,抽样脉冲值 +635 为正,因此 $M_1 = 1$。

抽样脉冲值的绝对值在 512～1024,因此,抽样值在第 7 段,则高四位是 1110。分析可知,第 7 段的段内量化阶为 32,则段内偏移量为 $635 - 512 = 123$,相应的编码为 $\frac{123}{32} = 3.84$。

对应的段内编码为 0011,因此,编码器输出码组为 11100011。

截断量化误差为

$$635 - (512 + 96) = 27$$

考虑译码时,需要加上本段最小量化阶的一半,也就是 16,因此译码输出为

$$512 + 96 + 16 = 624$$

所以,译码后量化误差为

$$635 - (512 + 96 + 16) = 11$$

(2) 用最小抽样速率进行抽样,则最小抽样速率为 $f_s = 2f_H = 8\text{kHz}$。该 PCM 码为 8 位,因此最小带宽为

$$B = \frac{f_s \cdot k}{2} = \frac{8 \cdot 8}{2} = 32\text{kHz(设系统为理想低通滤波器)}$$

$$B = f_s \cdot k = 64\text{kHz(设系统为升余弦形式滤波器)}$$

7-9 设信号频率范围为 0～4kHz,幅值在 -4.096～$+4.096$V 均匀分布。采用 13 折线 A 率对该信号非均匀量化编码。

(1) 试求这时最小量化间隔等于多少?

(2) 假设某时刻信号幅值为 1V,求这时编码器的输出码组,并计算量化误差。

(3) 用最小抽样速率进行抽样,求传送该 PCM 信号所需要的最小带宽。

解:(1) 最小量化间隔为

$$\frac{4.096}{128 \times 16} = 2\text{mV}$$

(2) 1V 在 0.512V 和 1.024V 之间,抽样值在第 6 段,因此高四位是 1101。

段内码的计算为

$$\frac{1 - 0.512}{(1.024 - 0.512)/16} = 15.25$$

因此,段内码为 1111。这样,编码器的输出码组为 11011111。

量化误差为

$$\left|1-\left(0.512+15\times\frac{1.024-0.512}{16}\right)\right|=0.008\text{V}$$

（3）用最小抽样速率进行抽样，则最小抽样速率为 $f_s=2f_H=8\text{kHz}$，该 PCM 码为 8 位，因此最小带宽为

$$B=\frac{f_s\cdot k}{2}=\frac{8\times8}{2}=32\text{kHz（设系统为理想低通滤波器）}$$

$$B=f_s\cdot k=64\text{kHz（设系统为升余弦形式滤波器）}$$

7-10 设简单增量调制系统的量化台阶 $\sigma=50\text{mV}$，抽样频率为 32kHz。求当输入信号为 800Hz 正弦波时，信号振幅动态范围和系统传输的最小带宽。

解：信号最小取值为 $\frac{\sigma}{2}=25\text{mV}$。

当输入信号为正弦波时，不发生过载的条件是 $A\leqslant\frac{\sigma f_s}{\omega_k}$，故

$$A_{\max}=\frac{\sigma f_s}{\omega_k}=\frac{50\times32\times10^3}{2\pi\times800}=318\text{mV}$$

因此，信号动态范围是 $25\sim318\text{mV}$。

系统传输的最小带宽为

$$B=f_s=32\text{kHz}$$

7-11 设对信号 $x(t)=M\sin\omega_0 t$ 进行简单增量调制，若量化台阶 σ 和抽样频率 f_s 选择得既能保证不过载，又能保证不致因信号振幅太小而使增量调制器不能正常编码，试确定 M 的动态变化范围，同时证明 $f_s>\pi f_0$。

证明：要使增量调制不过载，必须使编码器最大跟踪斜率大于信号实际斜率，即

$$\left|\frac{\text{d}x(t)}{\text{d}t}\right|_{\max}\leqslant\sigma f_s$$

已知信号为 $x(t)=M\sin\omega_0 t$，则

$$\left|\frac{\text{d}x(t)}{\text{d}t}\right|_{\max}=M\omega_0=2\pi f_0 M\leqslant\sigma f_s$$

要使增量调制编码正常，又要求 $|x(t)|_{\min}>\frac{\sigma}{2}\Rightarrow M>\frac{\sigma}{2}$，因此得

$$\sigma f_s>2\pi f_0 M>\frac{\sigma}{2}2\pi f_0=\pi f_0\sigma\Rightarrow f_s>\pi f_0$$

证毕。

7-12 对输入的正弦信号 $x(t)=A_m\sin\omega_m t$ 分别进行 PCM 和 ΔM 编码，要求在 PCM 中进行均匀量化，量化级为 Q；在 ΔM 中量化台阶 σ 和抽样频率 f_s 的选择要保证不过载。

（1）分别求出 PCM 和 ΔM 的最小实际码元速率。

（2）若两者的码元速率相同，确定量化台阶 σ 的取值。

解：（1）PCM 最小实际码元速率为

$$R_{B\min}=f_s\cdot k=2f_m\cdot\log_2 Q$$

在 ΔM 中，要使不过载，必须有 $\left|\frac{\text{d}x(t)}{\text{d}t}\right|_{\max}\leqslant\sigma f_s$，即

$$\sigma f_s \geqslant A_m \omega_m, \quad f_s \geqslant \frac{A_m \omega_m}{\sigma}$$

对于 ΔM 而言,其采样速率在数值上等于码元速率,也就是

$$R_{B min} = \frac{A_m \omega_m}{\sigma}$$

(2)根据题意得,如果码元速率相同,则

$$2 f_m \cdot \log_2 Q = \frac{A_m \omega_m}{\sigma}$$

$$\sigma = \frac{A_m \omega_m}{2 f_m \cdot \log_2 Q} = \frac{A_m 2 \pi f_m}{2 f_m \cdot \log_2 Q} = \frac{A_m \pi}{\log_2 Q}$$

7-13 若要分别设计一个 PCM 系统和 ΔM 系统,使两个系统的输出量化信噪比都满足 30dB 的要求,已知 $f_x = 4 \text{kHz}$。请比较这两个系统所要求的带宽。

解: 根据题意求解带宽比。已知输出量化信噪比为 30dB,即 $\frac{S_o}{N_q} = 1000$。

① PCM 系统带宽计算。

若系统采用均匀量化编码,在信号取值范围 $(-a, +a)$ 内均匀分布,则

$$\frac{S_o}{N_q} = Q^2 - 1 \approx 2^{2k} = 1000 \quad \text{或者} \quad \frac{S_o}{N_q} = 6k = 30$$

k 表示二进制数的位数,则 $k \approx 5$,因而有

$$B_{PCM} = k f_s = 2 \cdot k \cdot f_x = 40 \text{kHz}$$

② ΔM 系统带宽计算。

考虑到对于所有频率小于或等于 4kHz 的信号,其量化信噪比都满足 30dB,因此取 $f_k = f_x = 4 \text{kHz}$,这时就有

$$\frac{S_o}{N_q} = 0.04 \frac{f_s^3}{f_x \cdot f_k^2} = 1000$$

$$B_{\Delta M} = f_s = \sqrt[3]{\frac{1000 \cdot f_x \cdot f_k^2}{0.04}} = \sqrt[3]{\frac{1000 \cdot 4 \cdot 4^2}{0.04}} = \sqrt[3]{\frac{1000 \cdot 4 \cdot 4^2}{0.04}}$$

$$= \sqrt[3]{1\,600\,000} = 117 \text{kHz}$$

这时,两个系统所要求的带宽比为

$$\frac{B_{\Delta M}}{B_{PCM}} = \frac{117}{40} = 2.96$$

7-14 有 24 路 PCM 信号,每路信号的最高频率为 4kHz,量化级为 128,每帧增加 1b 作为帧同步信号,试求传码率和通频带。

解: 根据题意可得量化级为 128,则 $k = 7$;这时系统最低采样率为 $f_s = 2 \times 4 \text{kHz} = 8 \text{kHz}$;对应二进制码源速率为 $f_b = f_s \cdot k = 8 \text{kHz} \times 7 = 56 \text{kHz}$。

每帧增加 1b 作为帧同步信号,帧数率为

$$f_b' = (24 \times 7 + 1) \cdot f_s = 169 \times 8 = 1352 \text{kHz}$$

最小带宽为

$$B = \frac{f_b'}{2} = 676 \text{kHz}(设系统为理想低通滤波器)$$

$$B = f'_b = 1352\text{kHz（设系统为升余弦形式滤波器）}$$

因此,对于理想低通滤波器形式的系统,最小通频带为 676kHz;对于升余弦形式滤波器形式的系统,最小通频带为 1352kHz。

7-15 如果 32 路 PCM 信号每路信号的最高频率为 4kHz,按 8b 进行编码,同步信号已包括在内,试求传码率和通频带。

解:根据题意要进行 8b 编码,则 $k=8$;同时,信号的最高频率为 4kHz,这时系统最低采样率为 $f_s = 2 \times 4\text{kHz} = 8\text{kHz}$,则传码率为

$$R_{B2} = 32 \times k \times f_s = 32 \times 8 \times 8 = 2048\text{kBaud}$$

对应通频带为

$$B = \frac{2048}{2} = 1024\text{kHz（设系统为理想低通滤波器）}$$

$$B = 2048\text{kHz（设系统为升余弦形式滤波器）}$$

7-16 画出 PCM30/32 路基群终端的帧结构,着重说明 TS_0 时隙和 TS_{16} 时隙的数码结构。

解:PCM30/32 路基群终端的帧结构如图 7-17 所示。

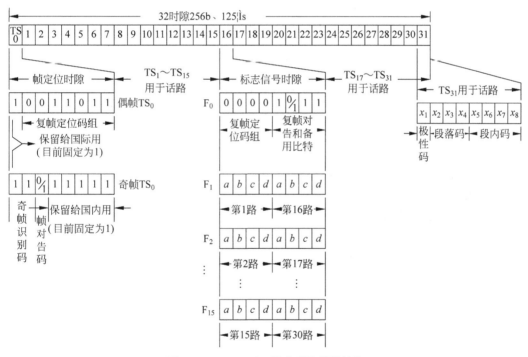

图 7-17 PCM30/32 路基群终端帧结构

时隙 0(TS_0)是"帧定位码组",时隙 16(TS_{16})用于传送各话路的标志信号码。

7-17 画出 PCM30/32 路基群终端定时系统的复帧、帧、路、位等时钟信号的时序关系。

解:从时间上讲,由于抽样重复频率为 8000Hz,因此,抽样周期为 1/8000125μs,即 PCM 30/32 的帧周期;一复帧由 16 个帧组成,这样复帧周期为 2ms;一帧内要时分复用 32 路,则每路占用的时隙为 125μs/32 = 3.9μs;每时隙包含 8 位码组,因此,每位码元占

488ns。具体复帧、帧、路、位等时钟信号的时序关系如图 7-18 所示。

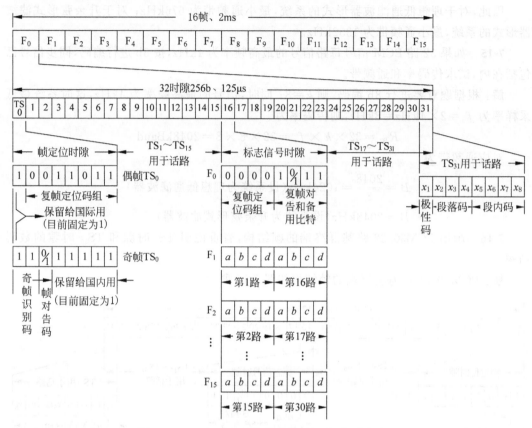

图 7-18 PCM30/32 系统的复帧、帧、路、位时序关系

7-18 信源符号 X 有 6 种字母,概率为(0.37,0.25,0.18,0.10,0.07,0.03)。

(1) 求该信源符号熵 $H(X)$。

(2) 用哈夫曼编码编成二元变长码,计算其编码效率。

解:(1) 信源符号熵为

$$H(X) = E[-\log P(x_i)] = \sum_i P(x_i) I(x_i) = -(0.37\log_2 0.37 + 0.25\log_2 0.25 + 0.18\log_2 0.18) -$$

$$(0.1\log_2 0.1 + 0.07\log_2 0.07 + 0.03\log_2 0.03)$$

$$= 2.23(\text{b}/\text{符号})$$

(2) 哈夫曼编码过程如表 7-3 所示。

哈夫曼编码的平均码长为

$$\bar{K} = \sum_{i=1}^{6} P(x_i) K_i = 0.37 \times 2 + 0.25 \times 2 + 0.18 \times 2 + 0.1 \times 3 + 0.07 \times 4 + 0.03 \times 4$$

$$= 2.3(\text{码元}/\text{符号})$$

编码效率为

$$\eta = \frac{H(X)}{\bar{K}} = \frac{2.23}{2.30} = 0.970$$

表 7-3 哈夫曼编码过程

信源符号	出现概率	编码过程					码字	码长
x_1	0.37	0.37 —— 0.37 —— 0.37 0.38 0.62 0					00	2
x_2	0.25	0.25 —— 0.25 —— 0.25 0.37 0 0.38 1					01	2
x_3	0.18	0.18 —— 0.18 0.20 0 0.25 1					11	2
x_4	0.10	0.10 —— 0.10 0 0.18 1					100	3
x_5	0.07	0.07 0 0.10 1					1010	4
x_6	0.03	0.03 1					1011	4

第8章
CHAPTER 8

信 道 编 码

8.1 基本要求

内　　　容	学习要求			备　　注
	了解	理解	掌握	
1. 信道编码基本概念				
（1）分类与工作方式		√		意义和需求
（2）相关度量 *			√	结合实际讲解
（3）检错与纠错		√		解决问什么的问题
（4）最小码距与检错纠错能力的关系 *			√	几何描述
2. 常用简单分组码				
（1）奇偶监督码 *			√	计算机串口设置
（2）行列监督码		√		出现问题的解决
（3）恒比码	√			应用领域
3. 线性分组码 *				
（1）基本概念		√		结合通信系统分析
（2）矩阵描述△			√	强调运算的模 2 运算
（3）伴随式 S		√		强调其中的意义
（4）汉明码			√	综合理解
4. 循环码				
（1）基本概念 *		√		物理分析数学建模
（2）矩阵描述	√			线性分组码的特例
（3）代数形式的编译码 * △			√	结合数学分析
（4）BCH	√			循环码的发展
5. 卷积码	√			与线性分组码的差异

8.2 核心内容

1. 信道编码基础

信道编码　在信息序列上附加一些监督码元，利用这些冗余的码元，使原来没有规律或者规律性不强的原始数字信号变为有规律的数字信号；信道译码则利用这些规律性来鉴别传输过程是否发生错误，甚至进行纠正。

信道编码分类　按照信道编码的不同功能，可以将其分为检错码和纠错码；按照信息码元和监督码元之间的检验关系，可以将其分为线性码和非线性码；按照信息码元和监督码元之间约束方式的不同,可以将其分为分组码和卷积码;按照信息码元在编码后是否保持原来的形式,可以将其分为系统码和非系统码;按照纠正错误的类型不同,可以将其分为纠正随机错误码和纠正突发错误码;按照信道编码采用的数学方法不同,可以将其分为代数码、几何码和算术码等。

前向纠错(FEC) 发送端经信道编码后可以发出具有纠错能力的码字;接收端译码后不仅可以发现错误码,还可以判断错误码的位置并予以自动纠正。由于不需要反馈信道,实时性较好,因此,这种技术在单工信道中普遍采用。然而,前向纠错编码需要附加较多的冗余码元,影响数据传输效率,同时其编译码设备比较复杂。

检错重发(ARQ) 发送端经信道编码后可以发出能够检测出错误能力的码字;接收端收到后经检测如果发现传输中有错误,则通过反馈信道把这一判断结果反馈给发送端。然后,发送端把前面发出的信息重新传送一次,直到接收端认为已经正确后为止。常用的检错重发系统有3种,即停止等待ARQ、返回重发ARQ和选择重发ARQ。

混合纠错(HEC) 在混合纠错系统中,接收端不但具有纠正错误的能力,而且对超出纠错能力的错误有检测能力。遇到后一种情况时,系统可以通过反馈信道要求发送端重发一遍。混合纠错方式在实时性和译码复杂性方面是前向纠错和检错重发方式的折中。

码长 码字中码元的数目。

码重 码字中非0数字的数目;对于二进制码来讲,码重 W 就是码元中1的数目。例如,码字10100,码长 $n=5$,码重 $W=2$。

码距 两个等长码字之间对应位不同的数目,有时也称为这两个码字的汉明距离。例如,码字10100与11000的码距 $d=2$。

最小码距 在码字集合中全体码字之间距离的最小数值。

编码效率 若码字中信息位数为 k、监督位数为 r、码长 $n=k+r$,则编码效率 R_c 可以表示为

$$R_c=k/n=(n-r)/n=1-r/n \tag{8-1}$$

分组码的编码过程 首先,将原数据流进行分段处理(分组),设每段由 k 个码元组成;然后,根据一定的编码规则,在相应 k 个码元(称为信息元)后面增加 r 个冗余码元(称为监督元);最后,构成长度为 n 的码字。通常将该码字定义为分组码,可以用 (n,k) 表示,其中,$n=k+r$。信道编码的原理是利用增加码字位数,通过"冗余"来提高抗干扰能力,也就是以降低信息传输速率为代价来减少错误,或者说用削弱有效性来增强可靠性。

最小码距与检错纠错能力的关系

(1) 当码字用于检测错误时,如果要检测 e 个错误,则

$$d_0 \geqslant e+1 \tag{8-2}$$

(2) 当码字用于纠正错误时,如果要纠正 t 个错误,则

$$d_0 \geqslant 2t+1 \tag{8-3}$$

(3) 若码字用于纠正 t 个错误,同时检测 e 个错误时 $(e>t)$,则

$$d_0 \geqslant t+e+1 \tag{8-4}$$

2. 常用简单分组码

奇偶监督码 奇偶监督码是奇监督码和偶监督码的统称,是一种最基本的检错码。它是由 $n-1$ 位信息元和1位监督元组成的,按分组码的定义可以表示为 $(n,n-1)$。如果是奇监督码,在附加上1个监督元以后,使得码长为 n 的码字中"1"的个数为奇数个;如果是

偶监督码,在附加上 1 个监督元以后,使得码长为 n 的码字中"1"的个数为偶数个。

奇偶校验的特点 只能检测码字中是否发生了单个或奇数个错误的情况,编码效率很高,且编码效率 $R=(n-1)/n$,随 n 增大而趋近于 1。

行列监督码 为了改进奇偶监督码不能发现偶数个错误的情况,提出了行列监督码。行列监督码又称为水平垂直一致监督码或二维奇偶监督码,有时还被称为矩阵码。它不仅对水平(行)方向的码元,还对垂直(列)方向的码元实施奇偶监督。

恒比码 恒比码又称等重码,其码字中"1"和"0"的位数保持恒定比例。由于每个码字的长度是相同的,若"1"和"0"恒比,则码字必等重。若码长为 n,码重为 w,则此码的码字个数为 C_n^w,禁用码字数为 $2^n-C_n^w$。该码的检错能力较强,除对换差错(1 和 0 成对的产生错误)不能发现外,其他各种错误均能发现。

3. 线性分组码

线性分组码 监督位被加到信息位之后,形成新的码字。在编码时,k 个信息位被编为 n 位码字长度,而 $n-k$ 个监督位的作用就是实现检错与纠错。当分组码的信息码元与监督码元之间的关系为线性关系时,这种分组码就称为线性分组码。奇偶监督码就是一种线性分组码。

线性分组码的主要性质

(1) 任意两个许用码之和(对于二进制码这个和的含义是模 2 和)仍为许用码,也就是说,线性分组码具有封闭性。

(2) 码组间的最小码距等于非零码的最小码重。

纠正 1 位错误的原理 r 个监督方程可以用来指示 2^r-1 种误码图样。对于 1 位误码来说,可以指示 2^r-1 个误码位置。对于码组长度为 n、信息码元为 k 位、监督码元为 $r=n-k$ 位的分组码,如果希望用 r 个监督位构造出 r 个监督关系式来指示 1 位错码的 n 种可能,则需满足如下要求:

$$2^r-1 \geqslant n \quad 或 \quad 2^r \geqslant k+r+1 \tag{8-5}$$

监督矩阵 H (n,k) 表示线性分组码可以用线性方程组表示。也可以用矩阵形式表示。例如,$HA^T=0^T$ 或 $AH^T=0$,其中,H 称为监督矩阵,A 称为信道编码得到的码字,这里 H 为 $r \times n$ 阶矩阵。如果其能够表示成 $H=[P \quad I_r]$ 形式,则称 H 矩阵为典型监督矩阵,它是一种较为简单的信道编译码方式。显然,典型形式的监督矩阵各行是线性无关的,非典型形式的监督矩阵可以经过行或列的运算化为典型形式。当然,其前提条件一定是 H 矩阵各行(或者各列)是线性无关的。

生成矩阵 G 如果 H 矩阵为典型监督矩阵,也就是 $H=[P \quad I_r]$,其中 P 为 $r \times k$ 阶矩阵,I_r 为 $r \times r$ 阶单位矩阵,则可以令 $Q=P^T$。如果在 Q 矩阵的左边再加上 1 个 $k \times k$ 的单位矩阵,就形成了一个新矩阵 $G=[I_k \quad Q]$,这里 G 称为生成矩阵,利用它可以产生整个码组:

$$A=M \cdot G=[a_6 \quad a_5 \quad a_4 \quad a_3]G \tag{8-6}$$

利用式(8-6)产生的分组码必为系统码,也就是信息码元保持不变,监督码元附加在其后。

伴随式 S 接收端利用接收到的码组 B 可以计算得到伴随式为

$$S=BH^T=(A+E)H^T=AH^T+EH^T=EH^T \tag{8-7}$$

由于错误图样与伴随式 S 之间有确定的一一对应关系,利用伴随式 S 就可以纠正对应位的错误。

汉明码 汉明码 1950 年由 Hamming 提出,它是一种能够纠正单个错误的线性分组码,具有以下特点。

(1) 最小码距 $d_0=3$,可以纠正 1 位错误。

(2) 码长 n 与监督元个数 r 之间满足 $n=2^r-1$ 关系式。

通常,二进制汉明码可以表示为

$$(n,k)=(2^r-1,2^r-1-r) \tag{8-8}$$

4. 循环码

循环码 循环码是线性分组码的一个重要子集,具有严谨代数性质,纠检错能力强,易于硬件实现,因此应用范围广泛。循环码最大的特点就是码字的循环特性,也就是循环码中任一许用码组经过循环移位后,所得到的码组仍然是许用码组。

码多项式 为了利用代数理论研究循环码,可以将循环码的码字用代数多项式表示,这个多项式称为码多项式。对于许用循环码 $\boldsymbol{A}=(a_{n-1}a_{n-2}\cdots a_1 a_0)$,可以将它的码多项式表示为

$$A(x)=a_{n-1}x^{n-1}+a_{n-2}x^{n-2}+\cdots+a_1 x+a_0 \tag{8-9}$$

对于二进制码组,多项式的每个系数不是“0”就是“1”,x 仅是码元位置的标志。因此,这里并不关心 x 的取值。

模 n 运算 若一个整数 m 可以表示为

$$\frac{m}{n}=Q+\frac{p}{n}, \quad p<n \tag{8-10}$$

式中,Q 为整数。

式(8-10)表示,在模 n 运算条件下,有 $m\equiv p$(模 n)。也就是说,在模 n 运算下,某一整数 m 等于其被 n 除所得的余数 p。

若任意多项式 $F(x)$ 被一个 n 次多项式 $N(x)$ 除,得到商式 $Q(x)$ 和一个次数小于 n 的余式 $R(x)$,也就是

$$\frac{F(x)}{N(x)}=Q(x)+\frac{R(x)}{N(x)} \tag{8-11}$$

因此,可以写为 $F(x)\equiv R(x)$(模 $N(x)$),即 $F(x)$ 与 $R(x)$ 是同余的。

循环移位计算 若 $A(x)$ 是一个码长为 n 的许用码组,则 $x^i \cdot A(x)$ 在按模 (x^n+1) 运算条件下,得到的码多项式亦是一个许用码组,即

$$x^i \cdot A(x) \equiv A'(x)(\text{模 } x^n+1) \tag{8-12}$$

式中,$A'(x)$ 亦是一个许用码组,并且,$A'(x)$ 正是 $A(x)$ 代表的码组向左循环移位 i 次的结果。这实际上就是循环码的编码基础。

生成多项式 在循环码中,次数最低的码多项式(全 0 码字除外)称为生成多项式,用 $g(x)$ 表示。可以证明,生成多项式 $g(x)$ 具有以下特性。

(1) $g(x)$ 是一个常数项为 1 的 $r=n-k$ 次多项式。

(2) $g(x)$ 是 x^n+1 的一个因式。

(3) 该循环码中其他码多项式都是 $g(x)$ 的倍式。

生成矩阵 由于循环码是线性分组码的一个重要子集,因此,可以利用生成矩阵 $\boldsymbol{G}$ 进行编码。为了保证构成的生成矩阵 $\boldsymbol{G}$ 的各行线性不相关,通常用 $g(x)$ 构造生成矩阵。这时,生成矩阵 $\boldsymbol{G}(x)$ 可以表示成

$$\boldsymbol{G}(x)=\begin{bmatrix} x^{k-1}g(x) \\ x^{k-2}g(x) \\ \vdots \\ xg(x) \\ g(x) \end{bmatrix} \tag{8-13}$$

显然,式(8-13)所示的矩阵 G 不符合 $G=[I_k \quad Q]$ 形式,所以此生成矩阵不是典型形式。但是,可以通过简单的代数变换将其转换为典型矩阵。

监督矩阵 利用得到的生成矩阵 G,可以通过线性变化,使之成为典型矩阵,从而确定 Q 矩阵,得到 P 矩阵,就可以写出监督矩阵 H。

利用 $g(x)$ 编码 根据理论分析可以用 $g(x)$ 进行循环编码,具体编码步骤如下。

(1) 用 x^{n-k} 乘 $m(x)$。这一运算实际上是在信息码后附加上 $(n-k)$ 个"0"。

(2) 求 $r(x)$。用 $x^{n-k} \cdot m(x)$ 除以 $g(x)$,能够得到商式 $Q(x)$ 和余式 $r(x)$。至此就得到了 $r(x)$。

(3) 编码输出系统循环码多项式 $A(x)$ 为

$$A(x) = x^{n-k} \cdot m(x) + r(x) \tag{8-14}$$

译码过程 循环码的译码可以按照如下 3 步进行。

(1) 由接收到的码多项式 $B(x)$ 计算校正子(伴随式)多项式 $S(x)$。

(2) 由校正子多项式 $S(x)$ 确定错误图样 $E(x)$。

(3) 将错误图样 $E(x)$ 与 $B(x)$ 相加,纠正错误。

BCH 码 BCH 码是循环码中的一个重要子类,不仅具有纠正多个随机错误的能力,还具有严密的代数结构,是目前研究较为透彻的一类码。它的生成多项式 $g(x)$ 与最小码距之间有密切的关系,可以根据所要求的纠错能力 t,很容易地构造出相应的 BCH 码。它们的译码也比较容易实现,是线性分组码中应用最为普遍的一类码。

5. 卷积码

基本原理 卷积码中编码后的 n 个码元不仅与当前段的 k 个信息有关,还与前面 $(N-1)$ 段的信息有关。因此,编码过程中相互关联的码元为 nN 个。这里将 N 段时间内的码元数目 nN 称为卷积码的约束长度,而卷积码的纠错能力随着 N 的增加而增大。可以证明,在编码器复杂程度相同的情况下,卷积码的性能优于分组码。但卷积码至今尚未找到严密的数学描述,目前大都采用计算机来搜索"好码"。

卷积码表示方法 卷积码表示方法包括图解表示和解析表示。由于解析表示较为抽象难懂,通常采用图解表示法描述卷积码,而常用的图解描述法包括树状图、网格图和状态图。

维特比译码算法(简称 VB 算法) VB 算法是 1967 年由 Viterbi 提出的,近年来有很大的发展,该算法在卫星通信中已被作为标准技术得到了广泛使用。VB 算法对最大似然解码做了简化,通过逐步推进筛选幸存路径,实现信道译码。

6. 新型信道编码技术简介

网格编码调制(TCM) 数字通信调制解调和差错控制这两个问题,通常是分别独立考虑,并分开设计的,同样在接收端解调和译码也是分开完成的。但是,到了 20 世纪 70 年代中期,梅西(Massey)根据信息论知识,证明将编码与调制作为整体进行考虑,可以明显改善数字通信系统性能的结论。在此基础上,1982 年昂格尔博克(Ungerbook)提出了将卷积码与调制相结合的网格编码调制(TCM)技术,使得数字通信系统的性能有了极大提高,成为人们研究的热点,出现了大量理论研究成果和工程应用范例。

Turbo 码 Turbo 码由 Berrou 等在 ICC'93 会议上提出。它巧妙地将卷积码和随机交织器结合在一起,实现了随机编码的思想,如果译码方式和参数选择得当,其性能可以接近 Shannon 极限。因此,这一超乎寻常的优异性能,立即引起信息与编码理论界的轰动。

8.3 知识体系

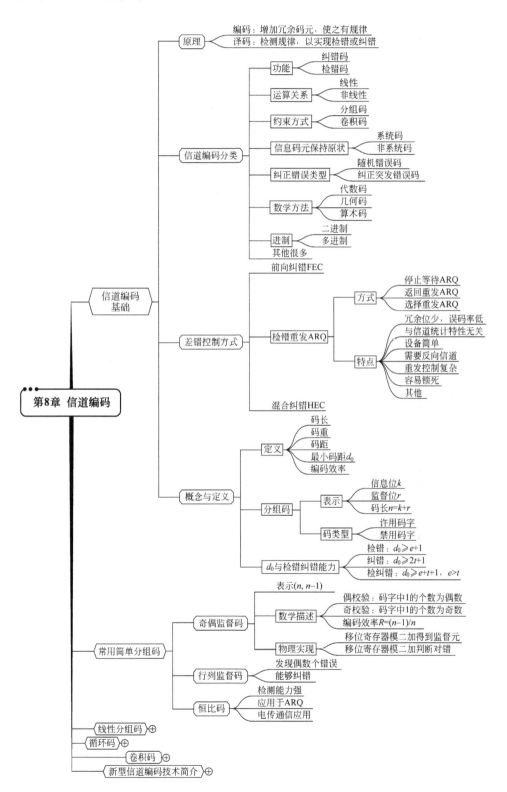

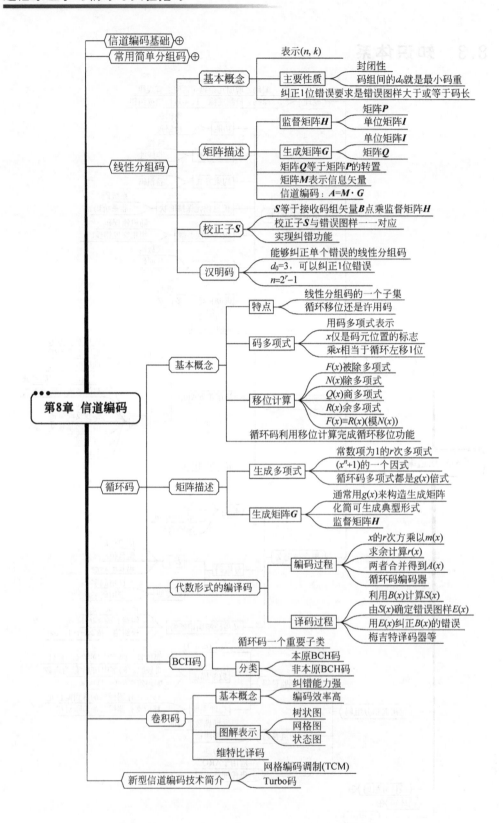

8.4　思考题解答

8-1　简述信道编码的作用和意义。

答：为了提高数字通信的可靠性而采取的编码称为信道编码,有时也被称为差错控制编码、可靠性编码、抗干扰编码等。为了提高数字传输系统的可靠性,降低信息传输的差错率,就需要采用信道编码,对可能或已经出现的差错进行控制。

8-2　纠错码能够检错或纠错的根本原因是什么?

答：信道编码就是在信息序列上附加一些监督码元,利用这些冗余码元,使原来没有规律或者规律性不强的原始数字信号变为有规律的数字信号。信道译码则利用这些规律性鉴别传输过程是否发生错误,有可能的话进行纠正错误处理。

8-3　信道编码是如何分类的。

答：(1) 按照信道编码的不同功能,可以将信道编码分为检错码和纠错码。检错码仅能检测误码;纠错码可以纠正误码,同时具有检错的能力,当发现不可纠正的错误时可以发出出错指示。

(2) 按照信息码元和监督码元之间的检验关系,可以将信道编码分为线性码和非线性码。若信息码元与监督码元之间的关系为线性关系,则称为线性码;否则,称为非线性码。

(3) 按照信息码元和监督码元之间约束方式的不同,可以将信道编码分为分组码和卷积码。在分组码中,编码后的码元序列每 n 位分为一组,其中 k 位信息码元,r 个监督位,$r=n-k$,其中,监督码元仅与本码字的信息码元有关。卷积码则不同,监督码元不但与本信息码元有关,而且与前面码字的信息码元有约束关系。

(4) 按照信息码元在编码后是否保持原来的形式,可以将信道编码分为系统码和非系统码。在系统码中,编码后的信息码元保持原样不变,而非系统码中的信息码元则发生了变化。除了个别情况,系统码的性能大体上与非系统码相同,但是非系统码的译码较为复杂。因此,系统码得到了广泛的应用。

(5) 按照纠正错误的类型不同,可以将信道编码分为纠正随机错误码和纠正突发错误码两种。前者主要用于发生零星独立错误的信道,而后者用于对付以突发错误为主的信道。

(6) 按照信道编码所采用的数学方法不同,可以将信道编码分为代数码、几何码和算术码。其中,代数码是目前发展最为完善的编码,线性码就是代数码的一个重要的分支。

8-4　差错控制的基本工作方式有哪几种? 各有什么特点?

答：常用的差错控制方式主要有 3 种:前向纠错(FEC)、检错重发(ARQ)和混合纠错(HEC)。

(1) 前向纠错(FEC)。发送端经信道编码后可以发出具有纠错能力的码字;接收端译码后不仅可以发现错误码,还可以判断错误码的位置并予以自动纠正。由于不需要反馈信道,实时性较好,因此,这种技术在单工信道中普遍采用。然而,前向纠错编码需要附加较多的冗余码元,影响数据传输效率,同时其编译码设备比较复杂。

(2) 检错重发(ARQ)。发送端经信道编码后可以发出能够检测出错误能力的码字;接收端收到后经检测如果发现传输中有错误,则通过反馈信道把这一判断结果反馈给发送端。然后,发送端把前面发出的信息再重新传送一次,直到接收端认为已经正确后为止。

（3）混合纠错（HEC）。混合纠错方式是前向纠错方式和检错重发方式的结合。在这种系统中，接收端不但具有纠正错误的能力，而且对超出纠错能力的错误有检测能力。遇到后一种情况时，系统可以通过反馈信道要求发送端重发一遍。混合纠错方式在实时性和译码复杂性方面是前向纠错和检错重发方式的折中。

8-5 汉明码有哪些特点？

答：汉明码是 1950 年由 Hamming 提出的，它是一种能够纠正单个错误的线性分组码，具有以下特点。

（1）最小码距 $d_0 = 3$，可以纠正 1 位错误。

（2）码长 n 与监督元个数 r 之间满足 $n = 2^r - 1$。

8-6 分组码的检（纠）错能力与最小码距有什么关系？检、纠错能力之间有什么关系？

答：纠错码的抗干扰能力完全取决于许用码字之间的距离，码字的最小距离越大，说明码字间的最小差别越大，抗干扰能力就越强。因此，码字之间的最小距离是衡量该码字检错和纠错能力的重要依据，最小码距是信道编码的一个重要的参数。

通常分组码的最小汉明距离 d_0 与检错和纠错能力之间满足下列关系。

（1）当码字用于检测错误时，如果要检测 e 个错误，则 $d_0 \geqslant e + 1$。

（2）当码字用于纠正错误时，如果要纠正 t 个错误，则 $d_0 \geqslant 2t + 1$。

（3）若码字用于纠 t 个错误，同时检 e 个错误时（$e > t$），则 $d_0 \geqslant t + e + 1$。

8-7 什么叫作奇偶监督码？其检错能力如何？

答：奇偶监督码是奇监督码和偶监督码的统称，是一种最基本的检错码。它是由 $n - 1$ 位信息元和 1 位监督元组成的，按分组码的定义可以表示成为 $(n, n-1)$。如果是奇监督码，在附加上 1 个监督元以后，使得码长为 n 的码字中"1"的个数为奇数个；如果是偶监督码，在附加上 1 个监督元以后，使得码长为 n 的码字中"1"的个数为偶数个。

8-8 行列监督码检测随机及突发错误的性能如何？能否纠错？

答：行列监督码适于检测突发错码。因为这种突发错码常常成串出现，随后有较长一段无错区间，所以在某行中出现多个奇数或偶数错码的机会较多，行列监督码适于检测这类错码。同时，行列监督码不仅可以用来检错，还可以用来纠正一些错码。

8-9 什么是线性码？它具有哪些重要性质？

答：信息码元和监督码元之间的检验关系为线性关系，称为线性码。

线性分组码是建立在代数群论基础之上的，各许用码的集合构成了代数学中的群，因此，可以证明它们具有如下的主要性质。

（1）任意两个许用码之和（对于二进制码这个和的含义是模二和）仍为许用码。也就是说，线性分组码具有封闭性。

（2）码组间的最小码距等于非零码的最小码重。

8-10 什么是循环码？循环码的生成多项式如何确定？

答：循环码是线性分组码的一个重要子集，具有严谨代数性质，纠检错能力强，易于硬件实现，因此应用范围广泛。循环码最大的特点就是码字的循环特性，所谓循环特性是指循环码中任一许用码组经过循环移位后，所得到的码组仍然是许用码组。

在循环码中，次数最低的码多项式（全 0 码字除外）称为生成多项式，用 $g(x)$ 表示。可以证明，生成多项式 $g(x)$ 具有以下特性。

（1）$g(x)$ 是一个常数项为 1 的 $r=n-k$ 次多项式。

（2）$g(x)$ 是 x^n+1 的一个因式。

（3）该循环码中其他码多项式都是 $g(x)$ 的倍式。

8-11 循环码是如何编码的？

答：利用生成矩阵 G 和码多项式都能够进行编码。

（1）生成矩阵 G。为了保证构成的生成矩阵 G 的各行线性不相关，通常用 $g(x)$ 来构造生成矩阵，这时，生成矩阵 $G(x)$ 可以表示成为

$$G(x)=\begin{bmatrix} x^{k-1} \cdot g(x) \\ x^{k-2} \cdot g(x) \\ \vdots \\ x \cdot g(x) \\ g(x) \end{bmatrix} \tag{8-15}$$

利用 $A=M \cdot G=\begin{bmatrix} a_6 & a_5 & a_4 & a_3 \end{bmatrix} \cdot G$ 运算进行编码，显然，矩阵 G 不符合 $G\begin{bmatrix} I_k & Q \end{bmatrix}$ 形式，所以此生成矩阵不是典型形式。但是，可以通过简单的代数变换将它变换为典型矩阵。

（2）代数多项式计算法。对于码字用码多项式 $m(x)$ 进行表述，然后利用以下步骤进行编码。

① 用 x^{n-k} 乘 $m(x)$。

② 求 $r(x)$。

$$\frac{x^{n-k} \cdot m(x)}{g(x)}=Q(x)+\frac{r(x)}{g(x)}$$

③ 编码输出系统循环码多项式 $A(x)$ 为

$$A(x)=x^{n-k} \cdot m(x)+r(x)$$

8-12 什么是系统分组码？试举例说明。

答：编码后的信息码元保持原样不变，而非系统码中的信息码元则发生了变化。除了个别情况，系统码的性能大体上与非系统码相同，但是非系统码的译码较为复杂。因此，系统码得到了广泛的应用。奇偶监督码就是系统分组码。

8-13 系统分组码的监督矩阵、生成矩阵各有什么特点？相互之间有什么关系？

答：系统分组码的监督矩阵为 $H=\begin{bmatrix} P & I_r \end{bmatrix}$，$I_r$ 为 $r \times r$ 阶单位矩阵。

系统分组码的生成矩阵为 $G=\begin{bmatrix} I_k & Q \end{bmatrix}$，$I_k$ 为 $k \times k$ 阶单位矩阵，其中 $Q=P^{\mathrm{T}}$。

8-14 什么是卷积码？什么是卷积码的码树图和格状图？

答：卷积码是 Elias 于 1955 年提出的一种纠错码，它与分组码的工作原理存在明显区别，是卫星通信系统、移动通信系统中重要的信道编码形式。

卷积码方式利用 k 比特信息构建 n 比特长度的码字，但 k 和 n 通常很小，因此减小了编码延时。与分组码不同，卷积码中编码后的 n 个码元不仅与当前段的 k 个信息有关，还与前面 $(N-1)$ 段的信息有关。因此，编码过程中相互关联的码元为 nN 个。这里将 N 段时间内的码元数目 nN 称为卷积码的约束长度，而卷积码的纠错能力随着 N 的增加而增大。可以证明，在编码器复杂程度相同的情况下，卷积码的性能优于分组码。但卷积码至今尚未找到严密的数学描述，目前大都采用计算机来搜索"好码"。

　　描述卷积码的方法有很多种,其中比较有代表性的有两类,即图解表示和解析表示。由于解析表示较为抽象难懂,通常采用图解表示法来描述卷积码,而常用的图解描述法包括树状图、网格图和状态图。

　　(1) 树状图。以$(2,1,2)$卷积码为例,可以用a、b、c和d分别表示b_3b_2的4种可能状态:00、01、10和11。对于不同输入信号的移位过程可能产生多种输出序列,这种有规律的序列变化,可以用树状图表示。树状图具有呈现出重复特性的特点,即图中标明的上半部分与下半部分完全相同。这就意味着从第4位信息开始,输出码元已与第1位信息无关。这正说明编码器的编码约束长度为6的含义。具体描述请参看教材。

　　(2) 网格图。将树状图进行适当的变形可以得到一种更为紧凑的图形表示方法,即网格图法。在网格图中,把码树中具有相同状态的节点合并在一起,码树中的上分支(对应输入0)用实线表示,下分支(对应输入1)用虚线表示。具体描述请参看教材。

　　8-15　简述网格编码调制的原理。

　　答：在TCM中,编码信号映射成多进制已调信号时,系统传输误码率取决于信号之间的欧几里得距离(简称欧氏距离),这时的编码应使这个距离增加,以提高系统的抗误码性能。传统的编码是以汉明距离为量度进行设计的,此时映射成多进制已调信号时已不能保证获得大的欧氏距离,即不能得到好的抗误码性能,TCM方式则是针对不同的调制方式寻找使最小欧氏距离最大的编码。通常,TCM中采用$n/(n+1)$卷积编码,因此,TCM设计的主要目标就是寻找与各种调制方式相对应的卷积码,当卷积码的每个分支与已调信号点映射后,使得每条信号路径之间有最大的欧氏距离。

　　8-16　简述Turbo码的编译码原理。

　　答：Turbo码是由Berrou等在ICC'93会议上提出的。它巧妙地将卷积码和随机交织器结合在一起,实现了随机编码的思想。如果译码方式和参数选择得当,其性能可以接近Shannon极限。

　　Turbo码最初以并行级联卷积码(Parallel Concatenated Convolutional Codes,PCCC)形式出现,后来为了克服误码率的错误平层,Benedetto和Divsalar等提出了串行级联卷积码(Serial Concatenated Convolutional Codes,SCCC),又称为串行级联Turbo码。为了将PCCC与SCCC相结合,Benedetto设计了混合级联卷积码(Hybrid Concatenated Convolutional Codes,HCCC)。

8.5　习题详解

　　8-1　$(5,1)$重复码若用于检错,能检测出几位错码? 若用于纠错,能纠正几位错码? 若同时用于检错与纠错,各能检测、纠正几位错码?

　　解：已知$(5,1)$重复码的码距为5,根据分组码的检(纠)错能力与最小码距的关系,可以得到如下3种情况。

　　(1) 当码字用于检测错误时,根据$d_0 \geq e+1$,可以检测4个错误。

　　(2) 当码字用于纠正错误时,根据$d_0 \geq 2t+1$,可以纠正2个错误。

　　(3) 当同时用于检错与纠错时,根据$d_0 \geq t+e+1$,且$e>t$,可以纠正1个错误,同时检测3个错误。

8-2 已知 3 个码组为 001010、101101、010001。若用于检错,能检出几位错码? 若用于纠错,能纠正几位错码? 若同时用于检错与纠错,各能检测、纠正几位错码?

解:本题通过进行码字之间比较,可得最小码距 $d_0=4$,从而得到如下 3 种情况。

(1)当码字用于检测错误时,根据 $d_0 \geqslant e+1$,可以检测 3 个错误。

(2)当码字用于纠正错误时,根据 $d_0 \geqslant 2t+1$,可以纠正 1 个错误。

(3)当同时用于检错与纠错时,根据 $d_0 \geqslant t+e+1$,可以纠正 1 个错误,同时检测 2 个错误。

8-3 已知 8 个线性分组码为 000000、001110、010101、011011、100011、101101、110110、111000,试求其最小码距 d_0。若用于检错,能检测出几位错码? 若用于纠错,能纠正几位错码? 若同时用于检错、纠错,各能检测、纠正几位错码?

解:本题可以进行码字之间比较得到最小码距 d_0,但这样较为烦琐。通过分析发现,该码组为线性码组,根据线性码组的性质"码组间的最小码距等于非零码的最小码重",则通过判断发现其最小码距 $d_0=3$,从而得到如下 3 种情况。

(1)当码字用于检测错误时,根据 $d_0 \geqslant e+1$,可以检测 2 个错误。

(2)当码字用于纠正错误时,根据 $d_0 \geqslant 2t+1$,可以纠正 1 个错误。

(3)当码字同时用于检错与纠错时,根据 $d_0 \geqslant t+e+1$,且 $e>t$,可以纠正 1 个错误,无法进行同时检错。

8-4 请证明"线性分组码组间的最小码距等于非零码的最小码重。"

证明:根据线性分组码的封闭性性质,即任意两个许用码之和仍为一许用码。例如,$A_1+A_2=A_3$,则有

$$d(A_1, A_2) = W(A_1+A_2) = W(A_3)$$

$$d_0(A_1, A_2) = W_{\min}(A_1+A_2) = W_{\min}(A_3)$$

8-5 一码长 $n=15$ 的汉明码,监督位 r 应为多少? 编码效率为多少? 试写出监督码元与信息码元之间的关系。

解:已知汉明码的码长 $n=15$,码长 n 与监督元个数 r 之间满足 $n=2^r-1$ 的关系式,则监督位数 $r=4$;编码效率 $R=\dfrac{k}{n}=\dfrac{n-r}{n}=\dfrac{11}{15}$。

置定伴随式与错误图样的对照表如表 8-1 所示(可以根据需要自己设定)。

表 8-1　置定伴随式与错误图样的对照表

错位	a_{14}	a_{13}	a_{12}	a_{11}	a_{10}	a_9	a_8	a_7	a_6	a_5	a_4	a_3	a_2	a_1	a_0
S_3	1	1	1	1	1	1	1	0	0	0	0	1	0	0	0
S_2	1	1	1	1	0	0	0	1	1	1	0	0	1	0	0
S_1	1	1	0	0	1	1	0	1	1	0	1	0	0	1	0
S_0	1	0	1	0	1	0	1	1	0	1	1	0	0	0	1

根据表 8-1 所示的对照表,可得监督码元与信息码元之间的关系式为

$$\begin{cases} a_{14}+a_{13}+a_{12}+a_{11}+a_{10}+a_9+a_8=a_3 \\ a_{14}+a_{13}+a_{12}+a_{11}+a_7+a_6+a_5=a_2 \\ a_{14}+a_{13}+a_{10}+a_9+a_7+a_6+a_4=a_1 \\ a_{14}+a_{12}+a_{10}+a_8+a_7+a_5+a_4=a_0 \end{cases}$$

8-6 已知某线性码的监督矩阵为

$$H = \begin{bmatrix} 1 & 1 & 1 & 0 & 1 & 0 & 0 \\ 1 & 1 & 0 & 1 & 0 & 1 & 0 \\ 1 & 0 & 1 & 1 & 0 & 0 & 1 \end{bmatrix}$$

列出其所有许用码组。

解：系统分组码的监督矩阵 H 为 $r \times n$ 阶矩阵，可以表示为

$$H = \begin{bmatrix} P & I_r \end{bmatrix}$$

其中，P 为 $r \times k$ 阶矩阵，I_r 为 $r \times r$ 阶单位矩阵。对应生成矩阵为

$$G = \begin{bmatrix} I_k & Q \end{bmatrix}$$

其中，$Q = P^T$，I_k 为 $k \times k$ 阶单位矩阵，生成矩阵为

$$G = \begin{bmatrix} 1 & 0 & 0 & 0 & 1 & 1 & 1 \\ 0 & 1 & 0 & 0 & 1 & 1 & 0 \\ 0 & 0 & 1 & 0 & 1 & 0 & 1 \\ 0 & 0 & 0 & 1 & 0 & 1 & 1 \end{bmatrix}$$

应用公式 $A = M \cdot G$ 可以得到表 8-2 展示的所有许用码组。

表 8-2　许用码组

信息	监督码	信息	监督码	信息	监督码	信息	监督码
0000	000	0100	110	1000	111	1100	001
0001	011	0101	101	1001	100	1101	010
0010	101	0110	011	1010	010	1110	100
0011	110	0111	000	1011	001	1111	111

8-7 已知 $(7,3)$ 分组码的监督关系式为

$$\begin{cases} x_6 + x_3 + x_2 + x_1 = 0 \\ x_5 + x_2 + x_1 + x_0 = 0 \\ x_6 + x_5 + x_1 = 0 \\ x_5 + x_4 + x_0 = 0 \end{cases}$$

求其监督矩阵、生成矩阵、全部码字及纠错能力。

解：利用代数方程式，可得其监督矩阵为

$$H = \begin{bmatrix} 1 & 0 & 0 & 1 & 1 & 1 & 0 \\ 0 & 1 & 0 & 0 & 1 & 1 & 1 \\ 1 & 1 & 0 & 0 & 0 & 1 & 0 \\ 0 & 1 & 1 & 0 & 0 & 0 & 1 \end{bmatrix}$$

化简成典型监督矩阵为

$$H = \begin{bmatrix} 1 & 0 & 0 & 1 & 1 & 1 & 0 \\ 0 & 1 & 0 & 0 & 1 & 1 & 1 \\ 1 & 1 & 0 & 0 & 0 & 1 & 0 \\ 0 & 1 & 1 & 0 & 0 & 0 & 1 \end{bmatrix} = \begin{bmatrix} 1 & 0 & 1 & 1 & 0 & 0 & 0 \\ 1 & 1 & 1 & 0 & 1 & 0 & 0 \\ 1 & 1 & 0 & 0 & 0 & 1 & 0 \\ 0 & 1 & 1 & 0 & 0 & 0 & 1 \end{bmatrix} = \begin{bmatrix} P & I_r \end{bmatrix}$$

根据监督矩阵和生成矩阵之间的关系，可以得到生成矩阵为

$$\boldsymbol{G}=\begin{bmatrix}\boldsymbol{I}_k & \boldsymbol{P}^{\mathrm{T}}\end{bmatrix}=\begin{bmatrix}1 & 0 & 0 & 1 & 1 & 1 & 0\\0 & 1 & 0 & 0 & 1 & 1 & 1\\0 & 0 & 1 & 1 & 1 & 0 & 1\end{bmatrix}$$

进行编码,利用公式 $\boldsymbol{A}=\boldsymbol{M}\cdot\boldsymbol{G}$ 可以得到全部码字如表 8-3 所示。

表 8-3　编码结果

$\boldsymbol{M}$	000	001	010	011	100	101	110	111
$\boldsymbol{A}$	0000000	0011101	0100111	0111010	1001110	1010011	1101001	1110100

表 8-3 所示码组为线性码组,根据线性码组的性质"码组间的最小码距等于非零码的最小码重",可发现其最小码距 $d_0=4$。

当码字用于检测错误时,根据 $d_0\geqslant e+1$,可以检测 3 个错误。

当码字用于纠正错误时,根据 $d_0\geqslant 2t+1$,可以纠正 1 个错误。

8-8　已知 $(7,4)$ 循环码的全部码组如表 8-4 所示。

表 8-4　全部码组

0000000	0100111	1000101	1100010
0001011	0101100	1001110	1101001
0010110	0110001	1010011	1110100
0011101	0111010	1011000	1111111

试写出该循环码的生成多项式 $g(x)$ 和生成矩阵 $\boldsymbol{G}(x)$,并将 $\boldsymbol{G}(x)$ 转换成典型矩阵。

解:生成多项式 $g(x)$ 是一个常数项不为"0"的 $(n-k)$ 次多项式。因为 $n-k=3$,所以 $g(x)=x^3+x+1$,则生成矩阵为

$$\boldsymbol{G}(x)=\begin{bmatrix}x^3g(x)\\x^2g(x)\\xg(x)\\g(x)\end{bmatrix}=\begin{bmatrix}x^6+x^4+x^3\\x^5+x^3+x^2\\x^4+x^2+x\\x^3+x+1\end{bmatrix}\quad\text{故,}\quad \boldsymbol{G}=\begin{bmatrix}1 & 0 & 1 & 1 & 0 & 0 & 0\\0 & 1 & 0 & 1 & 1 & 0 & 0\\0 & 0 & 1 & 0 & 1 & 1 & 0\\0 & 0 & 0 & 1 & 0 & 1 & 1\end{bmatrix}$$

将其化为典型阵为

$$\boldsymbol{G}=\begin{bmatrix}1 & 0 & 0 & 0 & 1 & 0 & 1\\0 & 1 & 0 & 0 & 1 & 1 & 1\\0 & 0 & 1 & 0 & 1 & 1 & 0\\0 & 0 & 0 & 1 & 0 & 1 & 1\end{bmatrix}$$

8-9　写出习题 8-8 的 $\boldsymbol{H}$ 矩阵和其典型阵。

解:系统分组码的监督矩阵 $\boldsymbol{H}$ 为 $r\times n$ 阶矩阵,可以表示为

$$\boldsymbol{H}=\begin{bmatrix}\boldsymbol{P} & \boldsymbol{I}_r\end{bmatrix}$$

其中, $\boldsymbol{P}$ 为 $r\times k$ 阶矩阵, $\boldsymbol{I}_r$ 为 $r\times r$ 阶单位矩阵。对应生成矩阵为

$$\boldsymbol{G}=\begin{bmatrix}\boldsymbol{I}_k & \boldsymbol{Q}\end{bmatrix}$$

其中, $\boldsymbol{Q}=\boldsymbol{P}^{\mathrm{T}}$, $\boldsymbol{I}_k$ 为 $k\times k$ 阶单位矩阵。因此, $\boldsymbol{H}$ 矩阵(典型形式)为

$$\boldsymbol{H}=\begin{bmatrix}1 & 1 & 1 & 0 & 1 & 0 & 0\\0 & 1 & 1 & 1 & 0 & 1 & 0\\1 & 1 & 0 & 1 & 0 & 0 & 1\end{bmatrix}$$

8-10 已知$(7,3)$循环码的生成多项式$g(x)=x^4+x^2+x+1$,若信息分别为100、001,求其系统码的码字。

解：(1) 根据系统循环码的处理步骤,利用$x^{n-k}\cdot m(x)$和$g(x)$计算$r(x)$,可得

$$\frac{x^{n-k}\cdot m(x)}{g(x)}=Q(x)+\frac{r(x)}{g(x)}$$

编码输出系统循环码多项式$A(x)$为

$$A(x)=x^{n-k}\cdot m(x)+r(x)$$

(2) 利用上述结论,当$n=7,k=3,m(x)=x^2$时,

$$\frac{x^{n-k}\cdot m(x)}{g(x)}=\frac{x^6}{x^4+x^2+x+1}=Q(x)+\frac{r(x)}{g(x)}=x^2+1+\frac{x^3+x+1}{x^4+x^2+x+1}$$

因此,$A_7(x)=1\cdot x^6+0\cdot x^5+0\cdot x^4+1\cdot x^3+0\cdot x^2+1\cdot x+1=x^6+x^3+x+1$。

系统码为$[1001011]$。

当$m(x)=1$时,有

$$\frac{x^{n-k}\cdot m(x)}{g(x)}=\frac{x^4}{x^4+x^2+x+1}=Q(x)+\frac{r(x)}{g(x)}=1+\frac{x^2+x+1}{x^4+x^2+x+1}$$

因此,$A_7(x)=0\cdot x^6+0\cdot x^5+1\cdot x^4+0\cdot x^3+1\cdot x^2+1\cdot x+1=x^4+x^2+x+1$。

系统码为$[0010111]$。

8-11 已知$(7,3)$循环码的生成多项式$g(x)=x^4+x^3+x^2+1$,写出该循环码的全部码字。

解：本题可以用生成矩阵进行编码,也可以用生成多项式进行编码,还可以用移位法进行编码,下面采用生成矩阵法进行编码。

根据生成多项式,可以得到$g(x)=A_1(x)=x^4+x^3+x^2+1$,则

$$\boldsymbol{G}(x)=\begin{bmatrix}x^2g(x)\\xg(x)\\g(x)\end{bmatrix}=\begin{bmatrix}x^6+x^5+x^4+x^2\\x^5+x^4+x^3+x\\x^4+x^3+x^2+1\end{bmatrix}$$

$$\boldsymbol{G}=\begin{bmatrix}1 & 1 & 1 & 0 & 1 & 0 & 0\\0 & 1 & 1 & 1 & 0 & 1 & 0\\0 & 0 & 1 & 1 & 1 & 0 & 1\end{bmatrix}$$

显然,上面的矩阵$\boldsymbol{G}$不符合$\boldsymbol{G}=\begin{bmatrix}\boldsymbol{I}_k & \boldsymbol{Q}\end{bmatrix}$形式,所以此生成矩阵不是典型形式,不过,可以通过简单的代数变换将它变成典型矩阵,则

$$\boldsymbol{G}=\begin{bmatrix}1 & 0 & 0 & 1 & 1 & 1 & 0\\0 & 1 & 0 & 0 & 1 & 1 & 1\\0 & 0 & 1 & 1 & 1 & 0 & 1\end{bmatrix}$$

这里$\boldsymbol{G}$称为生成矩阵,利用它通过计算$\boldsymbol{A}=\boldsymbol{M}\cdot\boldsymbol{G}$可以得到该循环码的全部码字,如表8-5所示。

表 8-5 编码结果

M	000	001	010	011	100	101	110	111
A	0000000	0011101	0100111	0111010	1001110	1010011	1101001	1110100

8-12 已知$(7,4)$循环码的生成多项式为$g(x)=x^3+x+1$。

（1）求其生成矩阵及监督矩阵。

（2）写出系统循环码的全部码字。

（3）画出编码电路，并列表说明编码过程。

解：本题有两种解题方法，一种是利用典型生成矩阵计算编码输出，另一种是利用多项式法进行计算。例如，$A(x)=x^{n-k}\cdot m(t)+[x^{n-k}\cdot m(x)]'$，下面首先以求生成矩阵法进行计算。

（1）利用循环码的生成多项式可以方便地写出生成矩阵为

$$G(x)=\begin{bmatrix} x^3 g(x) \\ x^2 g(x) \\ x g(x) \\ g(x) \end{bmatrix}$$

将其写成矩阵形式，并化为典型式为

$$G=\begin{bmatrix} 1 & 0 & 1 & 1 & 0 & 0 & 0 \\ 0 & 1 & 0 & 1 & 1 & 0 & 0 \\ 0 & 0 & 1 & 0 & 1 & 1 & 0 \\ 0 & 0 & 0 & 1 & 0 & 1 & 1 \end{bmatrix}=\begin{bmatrix} 1 & 0 & 0 & 0 & 1 & 0 & 1 \\ 0 & 1 & 0 & 0 & 1 & 1 & 1 \\ 0 & 0 & 1 & 0 & 1 & 1 & 0 \\ 0 & 0 & 0 & 1 & 0 & 1 & 1 \end{bmatrix}=\begin{bmatrix} I_k & P^T \end{bmatrix}$$

相应的典型监督矩阵形式为

$$H=\begin{bmatrix} P & I_r \end{bmatrix}=\begin{bmatrix} 1 & 1 & 1 & 0 & 1 & 0 & 0 \\ 0 & 1 & 1 & 1 & 0 & 1 & 0 \\ 1 & 1 & 0 & 1 & 0 & 0 & 1 \end{bmatrix}$$

（2）利用公式$A=M\cdot G$可以得到全部码字，如表 8-6 所示。

表 8-6 编码结果

M	0000	0001	0010	0011	0100	0101	0110	0111
A	0000000	0001011	0010110	0011101	0100111	0101100	0110001	0111010
M	1000	1001	1010	1011	1100	1101	1110	1111
A	1000101	1001110	1010011	1011000	1100010	1101001	1110100	1111111

（3）编码电路如图 8-1 所示。

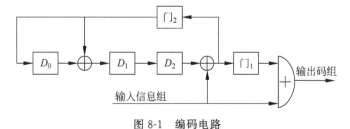

图 8-1 编码电路

若信息码组为 1101，(7,4)循环码的编码过程如表 8-7 所示。

表 8-7　信息码组为 1101 的(7,4)循环码的编码过程

移位次序	输入	门$_1$	门$_2$	移位寄存器 D_0　D_1　D_2	输出
0	/			0　0　0	/
1	1			1　1　0	1
2	1	断开	接通	1　0　1	1
3	0			1　0　0	0
4	1			1　0　0	1
5	0			1　1　0	0
6	0	接通	断开	0　0　1	0
7	0			0　0　0	1

8-13　构造一个能纠正两个错误、码长为 $n=15$ 的 BCH 码，并写出其生成多项式。

解：用表 8-8 可以构造一个能纠正 2 个错误，即 $t=2$，码长为 $n=15$ 的 BCH 码，查表可知该 BCH 码为(15,7)码，从表中可以看到，生成多项式的八进制表示值为 721，也就是 $(721)_8=(111010001)_2$，相应生成多项式为 $g(x)=x^8+x^7+x^6+x^4+1$。

表 8-8　$n\leqslant127$ 的本原 BCH 码生成多项式

n	k	t	生成多项式 $g(x)$（八进制）
7	4	1	13
	11	1	23
15	7	2	721
	5	3	2467
	26	1	45
	21	2	3551
31	16	3	107657
	11	5	5423325
	6	7	313365047
	57	1	103
	51	2	12471
	45	3	1701317
	39	4	166623567
	36	5	1033500423
63	30	6	157464165547
	24	7	17323260404441
	18	10	1363026512351725
	16	11	6331141367235453
	10	13	472622305527250155
	7	15	5231045543503271737

续表

n	k	t	生成多项式 $g(x)$（八进制）
	120	1	221
	113	2	41567
	106	3	11554743
	99	4	3447023271
	92	5	624730022327
	85	6	130704476322273
	78	7	26230002166130115
	71	9	6255010713253127753
127	64	10	12065340255707731100045
	57	11	235265252505705053517721
	50	13	5444651252331401242150421
	43	14	17721772213651227521220574343
	36	15	31460746665220750447645747211735
	29	21	4031144613676706036675301411761555
	22	23	12337607040472252243544562663764703
	15	27	22057042445604554770523013763217604353
	8	31	70472640527510306514762242715677331130217

8-14 一个卷积码编码器包括一个两级移位寄存器（即约束度为 3）、3 个模 2 加法器和一个输出复用器，编码器的生成多项式为 $g_1(x)=1+x^2$，$g_2(x)=1+x$，$g_3(x)=1+x+x^2$。请画出编码器框图。

解：根据卷积码编码器的生成多项式，可以画出编码器如图 8-2 所示。

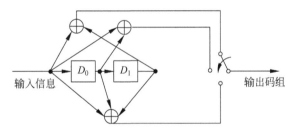

图 8-2 习题 8-14 中的卷积码编码器

8-15 一个编码效率 $R=1/2$ 的卷积码编码器如图 8-3 所示，求由信息序列 $10111\cdots$ 产生的编码器输出。

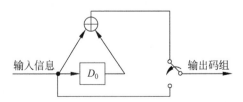

图 8-3 习题 8-15 中的卷积码编码器

解：假设触发器初始状态为 0，根据题意可得输入和输出码对应的关系如表 8-9 所示。

表 8-9 输入和输出码对应的关系

输入信息	1	0	1	1	1	⋯
编码器输出	11	10	11	01	01	

8-16 图 8-4 所示为编码效率 $R=1/2$、约束长度为 4 的卷积码编码器,若输入的信息序列为 $10111\cdots$,求产生的编码器输出。

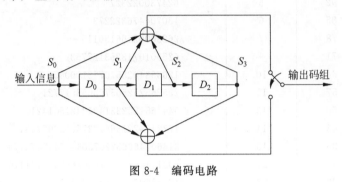

图 8-4 编码电路

解:假设触发器初始状态为 0,根据题意可得输入、触发器状态和输出码对应的关系如表 8-10 所示。

表 8-10 编码器状态与输出

输 入 信 息	触发器状态 D_0 D_1 D_2		输 出 码
/	0 0 0		0 0
1	0 0 0		1 1
0	1 0 0		1 1
1	0 1 0		0 1
1	1 0 1		1 1
1	1 1 0		1 0
0	1 1 1		1 0
0	0 1 1		0 1
0	0 0 1		1 1
0	0 0 0		0 0

8-17 编码效率为 $1/2$、约束长度为 3 的卷积码的网格图如图 8-5 所示,如果传输的是全 0 序列,接收到的序列是 $100010000\cdots$,利用维特比译码算法计算译码序列。

解:根据题意该卷积码效率为 $1/2$、约束长度为 3,其网格图如图 8-5 所示。因此,先选择接收序列的前六位,即(100010);然后,根据格形图保留累计码距小的支路,具体情况如图 8-6 所示。图 8-6 中括号内数字表示累计码距数,实线译码为 0,虚线译码为 1。从图 8-6 中可以看到译码输出是全 0 码。

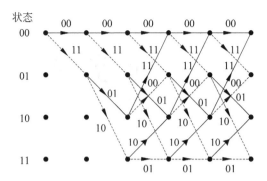

图 8-5　卷积码的网格图

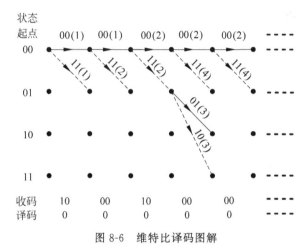

图 8-6　维特比译码图解

第9章

CHAPTER 9

同 步 系 统

9.1 基本要求

内　　容	学习要求			备　　注
	了解	理解	掌握	
1. 同步的分类				
（1）按完成功能进行分类		√		从应用需求方面分析
（2）按实现方式进行分类 *			√	从实现方法方面分析
2. 载波同步				
（1）自同步法 *			√	结合工程理解
（2）外同步法	√			时域和频域分析
（3）系统的性能指标 * △		√		与解调联系
3. 位同步				
（1）自同步法 *		√		频域分析，锁相环
（2）外同步法	√			对插入同步的要求
（3）系统的性能指标 * △		√		结合实现过程分析
4. 群同步				
（1）群同步的方法 * △			√	实现原理
（2）群同步的性能 *		√		考虑同步的实现过程
（3）群同步的保护	√			意义和需求
5. 网同步	√			典型通信网络

9.2 核心内容

1. 同步的分类

　　载波同步　无论在模拟通信还是数字通信中，当采用相干解调时，接收端需要提供1个与发射端调制载波同频同相的本地载波，通常把接收端本地载波与发送端载波保持同频、同相的过程称为载波同步，而获取本地载波的过程称为载波提取或者载波恢复。

　　位同步　位同步也叫作码元同步。在数字通信中，信息是一串相继的信号码元序列，解调时常需知道每个码元的起止时刻，以便进行判决。因此，需要在接收端产生1个"码元定时脉冲序列”,这个定时脉冲序列的重复频率要与发送端的码元速率相同,相位(位置)要对准最佳抽样判决位置(时刻)。这样的1个码元定时脉冲序列就称为“码元同步脉冲”或“位同步脉冲”,而把位同步脉冲的取得称为位同步提取,或者位同步。

群同步　群同步也称为帧同步,它是建立在码元同步基础上的同步。数字通信中的信息数字流总是用若干码元组成1个“字”,又用若干“字”组成1“句”。因此,在接收这些数字流时,同样也必须知道这些“字”“句”的起止时刻。而在接收端产生与“字”“句”起止时刻相一致的定时脉冲序列,就称为“字”同步和“句”同步,统称为群同步或帧同步。这样看来,群同步是在码元同步的基础上,对位同步脉冲进行分频之后,识别出同步所表示的“开头”和“末尾”时刻的位置。

网同步　对于通信容量更大的通信网络需要有网同步,使整个数字通信网内有统一的时间节拍标准,这就是网同步需要讨论的问题。

自同步　发送端不发送专门的同步信息,接收端设法从收到的信号中提取同步信息,通常也称为直接法。

外同步　在发送端利用某一资源,如时间、空间、频率等,发送专门的同步信息,接收端根据这个专门的同步信息提取同步信号,有时也称为插入法。

信息与同步　通信系统或者网络中只有在收、发两端(节点或站)之间建立了同步才能实现正确的信息传输,因此,同步传输的可靠性应该高于信号传输的可靠性。而通信系统的核心任务是传递信息,因此,同步有效性备受人们关注。

2. 载波同步

平方变换法　平方变换法属于自同步法,具体实现过程如图9-1所示。

图9-1　平方变换法提取载波的实现过程

平方环法　为了改善平方变换的性能,可以在平方变换法的基础上,把窄带滤波器用锁相环替代,构成如图9-2所示的框图。由于锁相环具有良好的跟踪、窄带滤波和记忆性能,因此平方环法比平方变换法具有更好的性能,因此得到了广泛的应用。

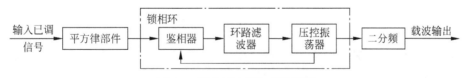

图9-2　平方环法提取载波框图

如图9-1和图9-2所示的两个提取载波的方框图中都用了一个二分频电路,因此,提取出的载波存在 π 相位模糊问题,相位模糊问题是通信系统中应该注意的一个实际问题。

科斯塔斯(Costas)环法　科斯塔斯环法又称同相正交环法。它利用锁相环提取载频,但是不需要对接收信号作平方运算就能得到载频输出。科斯塔斯环用相乘器和较简单的低通滤波器取代平方器,这是它的主要优点,它和平方环法的性能在理论上是一样的。其具体实现过程如图9-3所示。科斯塔斯环法在具有获取载波同步的同时,还具有解调功能,目前已经在许多接收机中使用。同样,科斯塔斯环法也存在相位含糊问题。

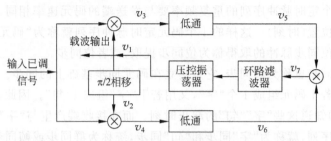

图 9-3 同相正交环法提取载波的过程

多进制信号的载频恢复 对于多进制信号,如 QPSK 和 8PSK 等,为了恢复其载频,上述各种方法都可以推广应用。例如,对于 QPSK 信号,类似平方环法,只需要将对信号的平方运算改成四次方运算即可,具体实现过程如图 9-4 所示。

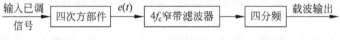

图 9-4   四次方变换法提取载波的实现过程

DSB 信号中插入导频 对于抑制载波的双边带调制,在载频处已调信号的频谱分量为零,这样就可以在 f_c 处插入导频,此时插入的导频对信号本身的影响最小。但插入的导频并不是加在调制器的那个载波,而是将该载波移相 90°后的所谓"正交载波"。根据上述原理,就可构成插入导频的发送端框图如图 9-5(a)所示。

设接收端收到的信号与发送端输出信号相同,则接收端用 1 个中心频率为 f_c 的窄带滤波器就可以得到导频,再将它移相 90°,就可得到与调制载波同频同相的信号。接收端的框图如图 9-5(b)所示。

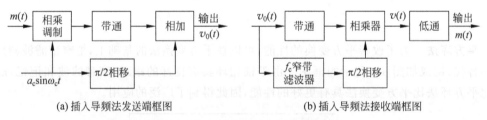

(a) 插入导频法发送端框图   (b) 插入导频法接收端框图

图 9-5   DSB 信号中插入导频法框图

VSB 信号中插入导频 由于 VSB 信号在 f_c 附近有信号分量,因此,如果直接在 f_c 处插入导频,导频必然会干扰 f_c 附近的信号,同时也会被信号干扰。为此可以在信号频谱之外插入两个导频 f_1 和 f_2,使它们在接收端经过某些变换后合成所需要的 f_c。

时域插入导频法 具体时隙分配情况如图 9-6(a)所示。在每帧中,除了包含一定数目的数字信息外,在 $t_2 \sim t_3$ 的时隙内传送载波同步信号。在接收端用相应的控制信号将载频标准取出,然后形成解调用的同步载波。但是,由于发送端发送的载波标准是不连续的,在 1 帧内只有很少一部分时间存在,因此,这种时域插入导频方式的载波提取往往采用锁相环路,其框图如图 9-6(b)所示。

直接法和插入导频同步方法的比较 直接法的优缺点主要表现在以下几方面。

(1) 不占用导频功率,可以节省功率。

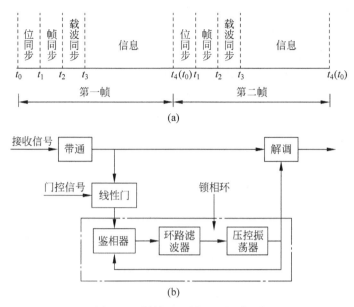

图 9-6 时域插入导频法原理框图

（2）可以防止插入导频法中导频和信号间由于滤波不好而引起的互相干扰。

（3）可以防止信道不理想引起导频相位的误差。

（4）有的调制系统不能用直接法（如 SSB 系统）。

插入导频法的优缺点主要表现在以下几方面。

（1）有单独的导频信号，可以用它作为自动增益控制。

（2）有些不能用直接法提取同步载波的调制系统只能用插入导频法。

（3）插入导频法要多消耗一部分不带信息的功率，因此，与直接法比较，在总功率相同条件下实际信噪功率比要小一些。

载波同步系统性能指标　主要包括精度、同步建立时间、同步保持时间和效率等。

精度　精度指提取的同步载波与标准载波之间相位误差的大小，通常又习惯地将这种误差分为稳态相位误差和随机相位误差。稳态相位误差与相对频率偏差有关，对于利用锁相环构成同步系统，还与环路直流增益有关。随机相位误差与信噪比有关。两类误差均与系统的 Q 值有关，Q 值越高，所引起的稳态相位误差越大，但随机相位误差越小。

同步建立时间　通常把同步建立时间 t_s 确定为 $u(t)$ 的幅度达到 U 的一定百分比 k 即可。这样，同步建立时间 t_s，表示为

$$t_s = \frac{2Q}{\omega_0} \ln(1/(1-k)) \tag{9-1}$$

同步保持时间　通常把同步保持时间 t_c 按 $u(t)$ 的振幅下降到 kU 来计算，这样，同步保持时间 t_c 表示为

$$t_c = \frac{2Q}{\omega_0} \ln(1/k) \tag{9-2}$$

通常令 $k=1/e$，此时可求得

$$t_s = 0.46\left(\frac{2Q}{\omega_0}\right) \quad t_c = \frac{2Q}{\omega_0} \tag{9-3}$$

从式(9-3)可得,要使建立时间变短,Q 值需要减小;要延长保持时间,Q 值要求增大。因此,这两个参数对 Q 值的要求是矛盾的。

$\Delta\omega$ 和 $\Delta\varphi$ 均存在的情况 实践证明,相干解调频率误差较小时,对话音质量影响不大,至于相位偏移本来对话音通信的影响就不大。但对数字通信来说 $\Delta\omega$ 必须为 0。

$\Delta\omega = 0$ 且 $\Delta\varphi$ 存在的情况 对 DSB 信号,解调后输出为 $m(t)\cos\Delta\varphi$,此时不会引起波形失真,但会使输出变小 $\cos\Delta\varphi$ 倍,功率和信噪功率比均下降为原来的 $\cos^2\Delta\varphi$ 倍。对于数字通信系统,以 2PSK 信号为例,由于 $\Delta\varphi \neq 0$,信噪功率比下降将使误码率增大,因此误码率公式变为

$$P_e = \frac{1}{2}\mathrm{erfc}(\sqrt{r\cos^2\Delta\varphi}) = \frac{1}{2}\mathrm{erfc}(\,|\cos\Delta\varphi\,|\,\sqrt{r}\,) \tag{9-4}$$

3. 位同步

滤波法 滤波法属于位同步当中的自同步法。对基带信号的谱分析可以知道,对于不归零的随机二进制序列,不能直接从序列中滤出位同步信号。但是,若对该信号进行某种变换,如变成单极性归零脉冲后,则该序列中就包含 $f=1/T_b$ 的位同步信号分量,经 1 个窄带滤波器,就可滤出此信号分量;再将它通过移相器等设备的调整,就可以形成位同步脉冲。这种方法的原理框图如图 9-7 所示。

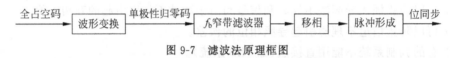

图 9-7 滤波法原理框图

延迟相乘法 实现位同步的方框图如图 9-8(a)所示。该方法主要是利用延迟相乘的方法使接收码元得到变换,从而实现位同步。图 9-8(b)画出了各主要点的波形。

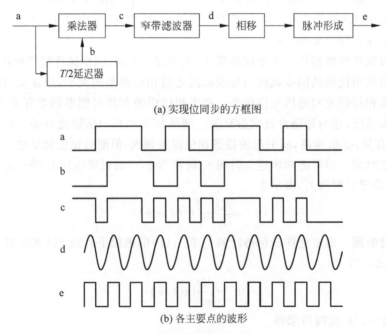

(a) 实现位同步的方框图

(b) 各主要点的波形

图 9-8 延迟相乘法提取位同步波形

锁相法 与载波同步的提取类似,把采用锁相环提取位同步信号的方法称为锁相法。在数字通信中,这种锁相电路常采用数字锁相环实现,提取位同步原理如图 9-9 所示。

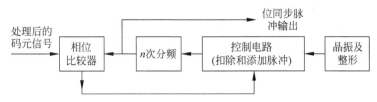

图 9-9 利用数字锁相环提取位同步信息原理框图

从图 9-9 可以看到,电路将处理后的码元信号与由高稳定振荡器产生的经过整形的 n 次分频后的相位脉冲进行比较,根据两者相位的超前或滞后,来让控制电路确定扣除或附加一个脉冲,以调整位同步脉冲的相位,n 次分频后得出精确的位同步脉冲。

频域插入 与载波同步的插入导频法类似,频域插入也是在基带信号频谱的零点插入所需的导频,通常为了确保插入导频的可靠性和稳定性,需要对基带信号经相关编码器处理,使其信号频谱在 $1/(2T_b)$ 位置为 0,这样就可以在 $1/(2T_b)$ 插入位定时导频。接收端由窄带滤波器取出的导频 $f_b/2$,经全波整流电路倍频后,产生重复频率变为与码元速率相同的 f_b。图 9-10 给出了具体实现电路。

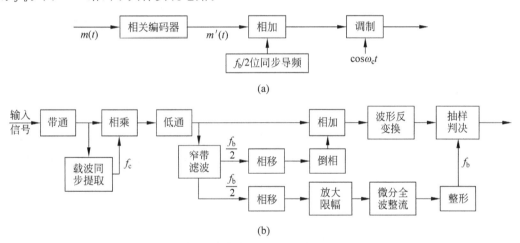

图 9-10 位同步频域插入法框图

幅度插入 数字信号的包络按位同步的某种波形变化的插入法。例如,PSK 信号和FSK 信号都是包络不变的等幅波,因此,可将位导频信号调制在它们的包络上,而接收端只要用普通的包络检波器就可以恢复位同步信号。

当然,同步也可以在时域内插入,这时载波同步信号、位同步信号和数据信号等信息分别被配置在不同的时间段内传送。

位同步系统的性能指标 以数字锁相法为例,分析位同步系统的性能指标。除了效率以外,主要包括相位误差(精度)、同步建立时间、同步保持时间和同步带宽等。

相位误差θ_e 利用数字锁相法提取位同步信号时,相位比较器比较出误差以后,立即加以调整,在一个码元周期 T_b 内(相当于 360°相位内)附加一个或扣除一个脉冲,一个码元周期内由晶振及整形电路产生的脉冲数为 n 个,因此,调整相位为

$$\theta_e = 360°/n \tag{9-5}$$

从式(9-5)可以看到,随着 n 的增加,相位误差 θ_e 将减小。

同步建立时间 t_s 同步建立时间是指失去同步后,重新建立同步所需的最长时间。为了求得这个可能出现的最长时间,令位同步脉冲的相位与输入信号码元的相位相差为 $T_b/2$,而锁相环每调整一步仅能调整 T_b/n,故所需最大的调整次数为

$$N = \frac{T_b/2}{T_b/n} = \frac{n}{2} \tag{9-6}$$

由于数字信息是 1 个随机的脉冲序列,可近似认为两相邻码元中出现 01、10、11、00 的概率相等,其中有过零点的情况占一半。而数字锁相法都是从数据过零点中提取标准脉冲的,因此平均来说,每 $2T_b$ 可调整一次相位,故同步建立时间为

$$t_s = 2T_b \cdot N = nT_b \tag{9-7}$$

同步保持时间 t_c 同步建立后,一旦输入信号中断,或者遇到长连"0"码、长连"1"码时,由于接收的码元没有过零脉冲,锁相系统就因为没有输入相位基准而不起作用。另外,收发双方的固有位定时重复频率之间总存在频差 Δf,接收端位同步信号的相位就会逐渐发生漂移,时间越长,相位漂移量越大,直至漂移量达到某一准许的最大值,就算失步了。经推导同步保持时间 t_c 可以表示为

$$t_c = \frac{T_0/K}{|T_1-T_2|/T_0} = \frac{T_0/K}{\Delta f/f_0} \Rightarrow t_c = \frac{1}{\Delta f \cdot K} \quad 或 \quad \Delta f = \frac{1}{t_c \cdot K} \tag{9-8}$$

或者表示为

$$\frac{\Delta f/2}{f_0} = \frac{\Delta f}{2f_0} = \frac{1}{2f_0 \cdot K \cdot t_c} \quad 或 \quad t_c = \frac{1}{2f_0 \cdot K \cdot \frac{\Delta f/2}{f_0}} \tag{9-9}$$

同步带宽 Δf 如果输入信号码元的重复频率和接收端固有位定时脉冲的重复频率不相等时,将引起 $|T_1-T_2|$ 的时间漂移。而根据数字锁相环的工作原理,锁相环每次所能调整的时间为 T_b/n,如果时间漂移大于锁相环能调整的能力,则锁相环将无法实现位同步,对应所允许 $|T_1-T_2|$ 最大值的同步带宽 $|\Delta f|$ 可以表示为

$$|T_1-T_2| = \frac{|\Delta f|}{f_0^2} = \frac{1}{2nf_0} \Rightarrow |\Delta f| = \frac{f_0}{2n} \tag{9-10}$$

根据式(9-10)可得,要增加同步带宽 $|\Delta f|$,需要减小 n。

相位误差对性能的影响 相位误差为 $\theta_e = 360°/n$,如果用时间差则可以表示为 $T_e = T_b/n$。误差越大,越偏离最佳抽样位置。在数字基带传输与频带传输系统中,推导的误码率公式都是假定已得到最佳抽样判决时刻。当同步系统存在相位误差时,由于 θ_e 的存在,必然使误码率 P_e 增加,以 2PSK 信号最佳接收为例,有相位误差时的误码率为

$$P_e = \frac{1}{4}\text{erfc}\left(\sqrt{\frac{E_b}{n_0}}\right) + \frac{1}{4}\text{erfc}\left[\sqrt{\frac{E_b}{n_0}\left(1-\frac{2T_e}{T_b}\right)}\right] \tag{9-11}$$

4. 群同步

起止式群同步法 起止式群同步法属于较为古老的同步方法,在电传机中广泛使用,其数据帧结构如图9-11所示。从图中可以看到,信息占 5 个码元;起始脉冲占 1 个码元,为负值;终止脉冲占 1.5 个码元宽度,为正值。

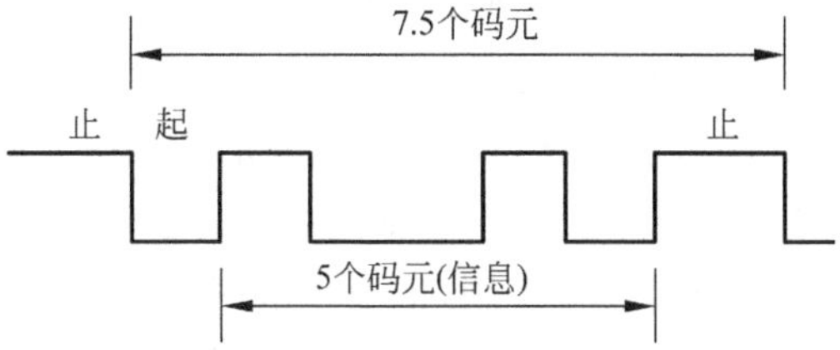

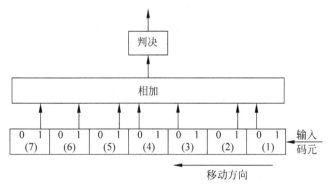

图 9-11 起止同步的信号波形

在接收端根据正电平第一次转到负电平这一特殊规律,确定1个字的起始位置,因而就实现了群同步。由于这种同步方式中的止脉冲宽度与码元宽度不一致,因此会给同步数字传输带来不便。另外,在这种同步方式中,7.5个码元中只有 5 个码元用于传递信息,因此编码效率较低。但起止同步的优点是结构简单,易于实现,它特别适合异步低速数字传输方式。

连贯式插入法 在每帧的开头集中插入 1 个群同步码字,接收端通过识别该特殊码字确定帧的起始时刻的方法。该方法的关键是要找出 1 个特殊的群同步码字,对这个群同步码字有以下特殊要求。

（1）与信息码元有较大的区别,即信码序列中出现帧同步码组的概率小。

（2）群同步码字要容易产生和容易识别。

（3）码字的长度要合适,不能太长,也不能太短。如果太短,会导致假同步概率的增大;如果太长,则会导致系统的效率变低。

巴克码 巴克码是一种具有特殊规律的二进制码字。具体定义为：若一个 n 位的巴克码 $\{x_1, x_2, x_3, \cdots, x_n\}$,每个码元 x_i 只可能取值 $+1$ 或 -1,则它的局部自相关函数满足：

$$R(j) = \sum_{i=1}^{n-j} x_i x_{i+j} = \begin{cases} n, & j = 0 \\ 0, +1, -1, & 0 < j < n \end{cases} \tag{9-12}$$

巴克码识别器 巴克码识别器是指在数据接收端从信息码流中识别出巴克码的电路,它一般由移位寄存器、相加器和判决器组成,结构简单,易于实现。这里以 7 位巴克码识别器为例进行说明。该识别器由 7 级移位寄存器、相加器和判决器组成,具体结构如图 9-12 所示。

图 9-12 7 位巴克码识别器

实际上,群同步码的前后都是有信息码的,当巴克码全部进入 7 级移位寄存器时,判决器输出端才输出一个脉冲,而两个脉冲之间的数据称为 1 群数据或 1 帧数据。

间歇式插入法　间歇式插入法是指每隔一定数量的信息码元插入一个群同步码元。由于间歇式插入法是将群同步码元分散插入信息流中,因此,群同步码码型选择有一定的要求,其主要原则是:首先要便于接收端识别,即要求群同步码具有特定的规律性,这种码型可以是全"1"码、"1""0"交替码等;其次,要使群同步码的码型尽量和信息码相区别。因此,间歇式插入法码序列的选择至关重要。

码位搜索与检测　由位同步脉冲(位同步码)经过 n 次分频以后的本地群码(频率是正确的,但相位不确定)与接收到码元中间歇式插入的群同步码进行逐码移位比较,使本地群码与发送来的群同步码同步。其原理如图 9-13 所示。

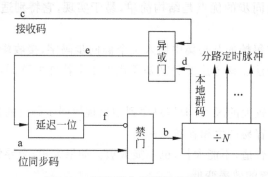

图 9-13　逐次移位法群同步原理框图

群同步系统性能指标　通常用漏同步概率 P_1、假同步概率 P_2、群同步平均建立时间 t_s 这 3 个性能指标表示群同步系统性能的好坏。

漏同步概率 P_1　由于噪声和干扰的影响,会引起群同步码字中一些码元发生错误,从而使识别器漏识别已发出的群同步码字,出现这种情况的概率称为漏识概率,用符号 P_1 表示。设群同步码字的码元数目为 n,p 为误码率,判决器允许群同步码字中最大错码数为 m,这时漏同步概率的通式为

$$P_1 = 1 - \sum_{r=0}^{m} C_n^r p^r (1-p)^{n-r} \tag{9-13}$$

假同步概率 P_2　在信息码中也可能出现与所要识别的群同步码字相同的码字,这时识别器会把它误认为群同步码字,从而出现假同步。出现这种情况的概率就被称为假同步概率,用符号 P_2 表示。计算假同步概率 P_2 就是计算信息码元中,能够被判为同步码字的组合数与所有可能的码字数之比。由此可得假同步概率的表达式为

$$P_2 = 2^{-n} \cdot \sum_{r=0}^{m} C_n^r \tag{9-14}$$

连贯式插入法同步平均建立时间 t_s　设漏同步和假同步都不发生,也就是 $P_1 = 0$ 且 $P_2 = 0$。在最不利的情况下,实现群同步最多需要 1 群的时间。设每群的码元数为 N(其中,m 位为群同步码),码元周期为 T_b,则 1 群码的时间为 NT_b,而平均捕获时间为 $NT_b/2$,同时考虑到出现 1 次漏同步或 1 次假同步大致要多花费 NT_b 的时间才能建立起群同步,故

群同步的平均建立时间大致为

$$t_s = \left(\frac{1}{2} + P_1 + P_2\right) \cdot N \cdot T_b \tag{9-15}$$

逐次移位法同步平均建立时间 t_s　如果信息码中所有的码都与群码不同,那么最多只要连续经过 N 次调整,经过 NT_b 的时间就可以建立同步。当信息码中1、0码等概率出现,即 $P(1) = P(0) = 0.5$ 时,经过计算,群同步平均建立的时间近似为

$$t_s \approx N^2 \cdot T_b \tag{9-16}$$

比较式(9-15)和式(9-16)可得,连贯式插入法的 t_s 小。

群同步保护措施　将群同步的工作过程划分为两种状态,即捕捉态和维持态。

(1) 当系统处于捕捉态时,需要提高判决门限减小假同步概率 P_2。

(2) 当系统处于维持态时,需要降低判决门限减小漏同步概率 P_1。

连贯式插入法中的群同步保护

(1) 捕捉态。在群同步尚未建立时,系统处于捕捉态。群同步码字识别器的判决门限电平较高,因而减小了假同步概率 P_2。一旦识别器有输出脉冲,状态触发器状态反转,使系统由捕捉态转为维持态。

(2) 维持态。同步建立后,系统进入维持态。为了提高系统的抗干扰性能,减小漏同步概率 P_1,利用计数电路增加系统的抗干扰性能,当多次没有获得群同步脉冲,计数器计数满时,会使系统电路状态由维持态转为捕捉态;否则,收到群同步脉冲,计数电路未计满就被置"0",状态不会转换,因而系统增加了抗干扰能力。

间歇式插入法中群同步的保护　在间歇式插入法中如果采用逐码移位法实现群同步,信息码中与群同步相同的码元约占一半,因而在建立同步的过程中,假同步的概率很大。必须连续 n_1 次接收的码元与本地群码相一致,才被认为是建立了同步,采用这种方法可使假同步的概率大大减小。同时设置计数器 n_2 计数电路,当 n_2 计数电路输入脉冲的累计数达到 n_2 时,就输出1个脉冲使状态触发器由维持态转为捕捉态。

5. 网同步

同步网　全网各站有统一时间标准,时钟来自同一个极精确的时间标准。例如,铯原子钟,或者利用 BDS 系统、GPS 系统授时等。

开环法　开环法不需要依靠中心站上接收信号到达时间的任何信息。终端站根据所存储的关于链路长度等信息,可以预先校正其发送时间。开环法依靠的是准确预测的链路长度等参量信息。开环法的主要优点是捕捉快,不需要反向链路也能工作,实时运算量小。其缺点是需要外部有关单位提供所需的链路参量数据,并且缺乏灵活性。对于网络特性没有直接的实时测量,意味着网络不能对于意外的条件变化作出快速调整。

闭环法　不需要预先得知链路参量的数据。与开环法相比,闭环法的缺点是终端站需要有较高的实时处理能力,并且每个终端站和中心站之间要有双向链路。此外,捕捉同步也需要较长的时间。但是,闭环法的优点是不需要外界供给有关链路参量的数据,并且可以很容易利用反向链路来及时适应路径和链路情况的变化。

准同步网　准同步数字体系(PDH)中低次群合成高次群时,复接设备需要将各支路输入低次群信号的时钟调整一致,再作合并,称为码速调整。码速调整的方案有多种,包括正码速调整法、负码速调整法、正/负码速调整法、正/零/负码速调整法等。

9.3　知识体系

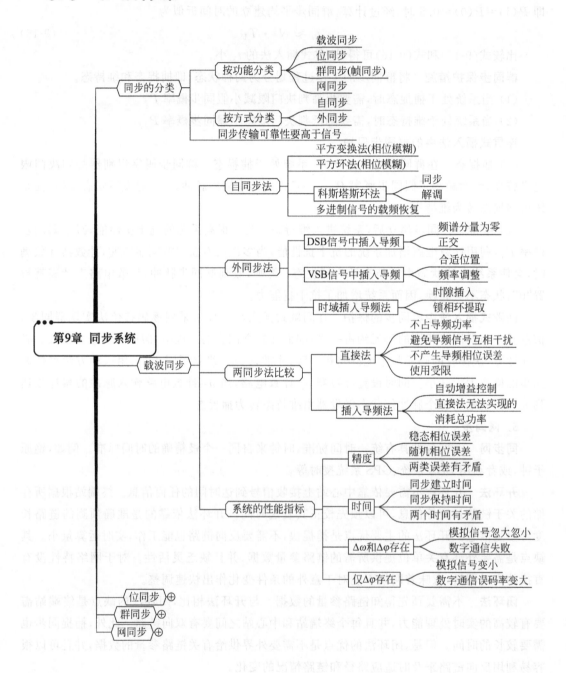

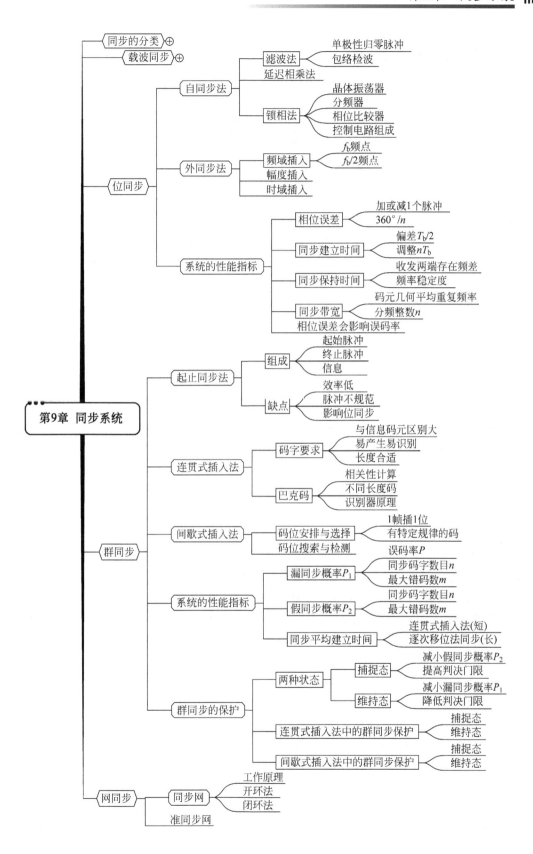

第9章 同步系统

同步的分类 ⊕

载波同步 ⊕

位同步
├─ 自同步法
│   ├─ 滤波法
│   │   ├─ 单极性归零脉冲
│   │   └─ 包络检波
│   ├─ 延迟相乘法
│   └─ 锁相法
│   ├─ 晶体振荡器
│   ├─ 分频器
│   ├─ 相位比较器
│   └─ 控制电路组成
├─ 外同步法
│   ├─ 频域插入
│   │   ├─ f_b频点
│   │   └─ $f_b/2$频点
│   ├─ 幅度插入
│   └─ 时域插入
└─ 系统的性能指标
    ├─ 相位误差
    │   ├─ 加或减1个脉冲
    │   └─ $360°/n$
    ├─ 同步建立时间
    │   ├─ 偏差$T_b/2$
    │   └─ 调整nT_b
    ├─ 同步保持时间
    │   ├─ 收发两端存在频差
    │   └─ 频率稳定度
    ├─ 同步带宽
    │   ├─ 码元几何平均重复频率
    │   └─ 分频整数n
    └─ 相位误差会影响误码率

群同步
├─ 起止同步法
│   ├─ 组成
│   │   ├─ 起始脉冲
│   │   ├─ 终止脉冲
│   │   └─ 信息
│   └─ 缺点
│   ├─ 效率低
│   ├─ 脉冲不规范
│   └─ 影响位同步
├─ 连贯式插入法
│   ├─ 码字要求
│   │   ├─ 与信息码元区别大
│   │   ├─ 易产生易识别
│   │   └─ 长度合适
│   └─ 巴克码
│   ├─ 相关性计算
│   ├─ 不同长度码
│   └─ 识别器原理
├─ 间歇式插入法
│   ├─ 码位安排与选择
│   │   ├─ 1帧插1位
│   │   └─ 有特定规律的码
│   └─ 码位搜索与检测
├─ 系统的性能指标
│   ├─ 漏同步概率P_1
│   │   ├─ 误码率P
│   │   ├─ 同步码字数目n
│   │   └─ 最大错码数m
│   ├─ 假同步概率P_2
│   │   ├─ 同步码字数目n
│   │   └─ 最大错码数m
│   └─ 同步平均建立时间
│   ├─ 连贯式插入法(短)
│   └─ 逐次移位法同步(长)
└─ 群同步的保护
    ├─ 两种状态
    │   ├─ 捕捉态
    │   │   ├─ 减小假同步概率P_2
    │   │   └─ 提高判决门限
    │   └─ 维持态
    │   ├─ 减小漏同步概率P_1
    │   └─ 降低判决门限
    ├─ 连贯式插入法中的群同步保护
    │   ├─ 捕捉态
    │   └─ 维持态
    └─ 间歇式插入法中的群同步保护
        ├─ 捕捉态
        └─ 维持态

网同步
├─ 同步网
│   ├─ 工作原理
│   ├─ 开环法
│   └─ 闭环法
└─ 准同步网

9.4　思考题解答

9-1　同步是如何进行分类的？

答：如果按照同步的功能来分,同步可以分为载波同步、位同步(码元同步)、群同步(帧同步)和网同步等 4 种。如果按照传输同步信息方式的不同,可将同步划分为自同步法和外同步法。

9-2　什么是载波同步? 什么是位同步?

答：(1) 载波同步。对于通信系统,当采用相干解调或检测时,接收端需要提供 1 个与发射端调制载波同频同相的本地载波,这个载波的获取过程就称为载波同步。

(2) 在数字通信系统中,发送端按照确定的时间顺序,逐个传输数码脉冲序列中的每个码元。而在接收端则必须有准确的抽样判决时刻,才能正确判决所发送的码元,因此,接收端必须提供一个确定抽样判决时刻的定时脉冲序列。这个定时脉冲序列的重复频率需要与发送的数码脉冲序列一致,同时能够在最佳判决时刻(或称为最佳相位时刻)对接收码元进行抽样判决。通常把在接收端产生这样的定时脉冲序列称为码元同步,或称位同步。

9-3　什么是群同步? 什么是网同步?

答：(1) 群同步(帧同步)。群同步也称为帧同步,它是建立在码元同步基础上的同步。数字通信中的信息数字流总是用若干码元组成 1 个“字”,又用若干“字”组成 1“句”。因此,在接收这些数字流时,同样也必须知道这些“字”“句”的起止时刻。而在接收端产生与“字”“句”起止时刻相一致的定时脉冲序列,称为“字”同步和“句”同步,统称为群同步或帧同步。

(2) 网同步。有了上面载波同步、位同步、群同步,就可以保证点与点的数字通信。但对于通信容量更大的通信网络就不够用了,此时还要有网同步,使整个数字通信网内有 1 个统一的时间节拍标准,这就是网同步需要讨论的问题。

9-4　同步的实现方式有哪些?

答：同步的实现方式包括自同步法和外同步法。

(1) 自同步法。自同步法是指发送端不发送专门的同步信息,接收端则是设法从接收到的信号中提取同步信息的一种方法,通常也称为直接法。

(2) 外同步法。外同步法是指在发送端利用某一资源,如时间、空间、频率等,发送一个专门的同步信息,接收端根据这个专门的同步信息提取同步信号的方法,有时也称为插入法。例如,在合适的位置插入载波,就被称为插入导频。

9-5　比较外同步法和自同步法的优缺点。

答：外同步法的缺点是它将占用通信系统某一资源,如时间、空间、频率等,优点是稳定性和可靠性高。

自同步法的优缺点正好与外同步法相对应,最大的问题是有可能与信号存在相互影响。

9-6　载波同步提取中为什么出现相位模糊? 它对通信系统有什么影响? 如何应对?

答：其原因在于,虽然 $\cos 2\omega_c t$ 以及 $\cos(2\omega_c t + 2\pi)$ 完全一样,但是,经过 2 分频以后的信号可能得到 $\cos\omega_c t$,或者 $\cos(\omega_c t + \pi)$,这种情况对模拟通信系统解调影响不大,但是对于数字通信系统来说,相位模糊就可以使解调后码元信号出现反相,即高电平变成了低电平,低电平变成了高电平的情况。对于 2PSK 通信系统,信号就可能出现“反向工作”。因此,实际应用中一般不采用2PSK系统，而是采用2DPSK系统。相位模糊问题是通信系统中应该注意的一个实际问题。

9-7　简述科斯塔斯环法的工作原理和存在的问题。

答：科斯塔斯环法又称同相正交环法。它利用锁相环提取载频，但是不需要对接收信号作平方运算就能得到载频输出。在载波频率上进行平方运算后，由于频率倍增，使后面的锁相环工作频率加倍，实现的难度增大。科斯塔斯环则用相乘器和较简单的低通滤波器取代平方器，这是它的主要优点。它和平方环法的性能在理论上是一样的。科斯塔斯环法也存在相位含糊问题。

9-8　对于载波外同步法说明发送端采用正交载波作为导频的原因。

答：插入的导频并不是加在调制器的那个载波，而是将该载波移相90°后的所谓"正交载波"。最大限度的减少对信号的影响，特别是对于消除解调输出的直流特别有利。

9-9　对抑制载波的双边带信号、残留边带信号和单边带信号，用插入导频法实现载波同步时，所插入的导频信号形式有何异同点？

答：在抑制载波的双边带信号和单边带信号插入载波时通常需要在零频位置插入，并且插入"正交载波"。

为了在残留边带信号中插入导频，有必要首先了解残留边带信号的频谱特点。由于f_c附近有信号分量，因此，如果直接在f_c处插入导频，那么该导频必然会干扰f_c附近的信号，同时也会被信号干扰，因此，需要信号频谱两边插入导频。在接收端，经适当的组合处理，得到导频，实现载波同步。

9-10　对DSB信号试叙述用插入导频法和直接法实现载波同步各有什么优缺点。

答：直接法实现载波同步的优缺点主要表现在以下3方面。

（1）不占用导频功率，可以节省功率。

（2）可以防止插入导频法中导频和信号间由于滤波不好而引起的互相干扰。

（3）可以防止信道不理想引起导频相位的误差。

插入导频法实现载波同步的优缺点主要表现在以下3方面。

（1）有单独的导频信号，可以用它作为自动增益控制。

（2）有些不能用直接法提取同步载波的调制系统只能用插入导频法。

（3）插入导频法要多消耗一部分不带信息的功率，因此，与直接法比较，在总功率相同条件下实际信噪功率比要小一些。

9-11　简述稳态相位误差和随机相位误差的关系。

答：（1）稳态相位误差。当利用窄带滤波器提取载波时，假设所用窄带滤波器为一个简单的单调谐回路，其Q值一定。那么，当回路的中心频率ω_0与载波频率ω_c不相等时，就会使输出的载波同步信号引起稳态相差$\Delta\varphi$。若ω_0与ω_c之差为$\Delta\omega$，且$\Delta\omega$较小时，可得

$$\Delta\varphi \approx 2Q\frac{\Delta\omega}{\omega_0}$$

由此可见，Q值越高，所引起的稳态相差越大。

当利用锁相环构成同步系统，锁相环压控振荡器输出与输入载波信号之间存在频率差$\Delta\omega$时，它也会引起稳态相差。该稳态相差可以表示为

$$\Delta\varphi = \frac{\Delta\omega}{K_v}$$

因此，无论采用何种方法进行载波同步的提取，$\Delta\omega$ 都是产生稳态相位误差的重要因素。

（2）随机相位误差。从物理概念上讲，正弦波加上随机噪声以后，相位变化是随机的，它与噪声的性质和信噪功率比有关。经过分析，当噪声为窄带高斯噪声时，随机相位 θ_n 与信噪功率比 r 之间的关系式为

$$\overline{\theta_n^2} = 1/2r$$

显然，信噪功率比越大随机相位误差越小。如果用窄带滤波器提取载波，设噪声为高斯白噪声，其单边功率谱密度为 n_0，f_0 为谐振电路的谐振频率，则

$$\overline{\theta_n^2} = 1/2r = \frac{\pi n_0 f_0}{2A^2 Q_0}$$

由上式可见，滤波器的 Q 值越高，随机相位误差越小。在用这种窄带滤波器提取载波时，稳态相位误差和随机相位误差对其 Q 值的要求是相互矛盾的。

9-12 简述频率误差和相位误差对解调性能的影响。

答：在采用相干解调时，假设本地载波为 $\cos(\omega_c t + \Delta\omega t + \Delta\varphi)$，接收到的已调信号为 $m(t)\cos\omega_c t$，$\Delta\omega$ 表示接收与发射机的频率误差，$\Delta\varphi$ 表示相位误差。下面分两种情况讨论。

（1）$\Delta\omega$ 和 $\Delta\varphi$ 均存在。

对于 DSB 信号，当本地载波为 $\cos(\omega_c t + \Delta\omega t + \Delta\varphi)$ 时，乘法器输出为

$$z(t) = m(t)\cos\omega_c t \cos(\omega_c t + \Delta\omega t + \Delta\varphi)$$
$$= \frac{1}{2}m(t)\left[\cos(2\omega_c t + \Delta\omega t + \Delta\varphi) + \cos(\Delta\omega t + \Delta\varphi)\right]$$

经过低通滤波以后得解调信号为

$$x(t) = \frac{1}{2}m(t)\cos(\Delta\omega t + \Delta\varphi)$$

可以看出，对信号 $x(t)$ 而言，相当于进行了缓慢的幅度调制，使接收到的信号时强时弱，有时甚至为零。实践证明，频率误差较小时，对话音质量影响不大，至于相位偏移本来对话音通信的影响就不大。但对数字通信来说，$\Delta\omega$ 必须为零。

（2）$\Delta\omega = 0$ 且 $\Delta\varphi$ 存在。

对于 DSB 信号，解调后输出为 $m(t)\cos\Delta\varphi$，此时不会引起波形失真，但影响输出的大小。电压下降为原来的 $\cos\Delta\varphi$ 倍，功率和信噪功率比均下降为原来的 $\cos^2\Delta\varphi$ 倍。

如对于 2PSK 信号，由于信噪功率比下降将使误码率增大，当 $\Delta\varphi = 0$ 时，$P_e = \frac{1}{2}\mathrm{erfc}(\sqrt{r})$；当 $\Delta\varphi \neq 0$，则 $P_e = \frac{1}{2}\mathrm{erfc}(\sqrt{r\cos^2\Delta\varphi}) = \frac{1}{2}\mathrm{erfc}(|\cos\Delta\varphi|\sqrt{r})$。

9-13 对位同步的基本要求是什么？

答：在数字通信系统中，发送端按照确定的时间顺序，逐个传输数码脉冲序列中的每个码元。而在接收端则必须有准确的抽样判决时刻，才能正确判决所发送的码元。因此，接收端必须提供一个确定抽样判决时刻的定时脉冲序列。这个定时脉冲序列的重复频率需要与

发送的数码脉冲序列一致,同时能够在最佳判决时刻(或称为最佳相位时刻)对接收码元进行抽样判决。通常把在接收端产生这样的定时脉冲序列称为码元同步,或称为位同步。

9-14 简述位同步的主要性能指标,以数字锁相法为例,说明这些指标与哪些因素有关?

答:位同步系统的性能指标除了效率以外,主要包括相位误差(精度)、同步建立时间、同步保持时间和同步带宽等。

(1)相位误差 θ_e。利用数字锁相法提取位同步信号时,相位比较器比较出误差以后,立即加以调整,在一个码元周期 T_b 内(相当于 360°相位内)附加 1 个或扣除 1 个脉冲,而产生的相位误差可以表示为

$$\theta_e = 360°/n$$

从上式可以看到,随着 n 的增加,相位误差 θ_e 将减小。

(2)同步建立时间。同步建立时间指失去同步后,重新建立同步所需的最长时间。其可以表示为

$$t_s = 2T_b \cdot N = nT_b$$

为了使同步建立时间 t_s 减小,要求选用较小的 n,这与相位误差 θ_e 对 n 的要求相矛盾。

(3)同步保持时间 t_c。同步建立后,一旦输入信号中断,或者遇到长连"0"码、长连"1"码时,由于接收的码元没有过零脉冲,锁相系统因为没有输入相位基准而不起作用。另外,收发双方的固有位定时重复频率之间总存在频差 Δf,接收端位同步信号的相位就会逐渐发生漂移,时间越长,相位漂移量越大,直至漂移量达到某一准许的最大值,就算失步了。具体可以表示为

$$\frac{\Delta f/2}{f_0} = \frac{\Delta f}{2f_0} = \frac{1}{2f_0 \cdot K \cdot t_c} \quad \text{或} \quad t_c = \frac{1}{2f_0 \cdot K \cdot \dfrac{\Delta f/2}{f_0}}$$

上式说明,要想延长同步保持时间 t_c,需要提高收发两端振荡器的频率稳定度。

(4)同步带宽 Δf。如果输入信号码元的重复频率和接收端固有位定时脉冲的重复频率不相等,则每经过 T_0 时间(近似地说,也就是每隔一个码元周期),该频差会引起 $|T_1 - T_2|$ 的时间漂移。对应同步带宽为

$$|T_1 - T_2| = \frac{|\Delta f|}{f_0^2} = \frac{1}{2nf_0} \Rightarrow |\Delta f| = \frac{f_0}{2n}$$

9-15 有了位同步,为什么还要群同步?说明它们之间的关系。

答:位同步解决了码元的接收,但是在数字通信时,一般总是以一定数目的码元组成"字"或"句",即组成"群"进行传输。因此,需要群同步信号,它的频率很容易由位同步信号经分频而得出。但是,每个群的开头和末尾时刻却无法由分频器的输出决定。所以,群同步的任务就是在位同步的基础上,识别出数字信息群("字"或"句")的起止时刻,或者说给出每个群的"开头"和"末尾"时刻。

9-16 试述群同步与位同步的主要区别,群同步能不能直接从信息中提取?

答:从定义上来看两者肯定存在差异。位同步的目的是获取码元,单个码元很难表达数字信息的内容和含义,需要将一定数目的码元组成"字"或"句",也就是组成"群"进行传输,才能构成信息;而群同步则是在数字信息流中插入一些特殊码字,作为每个群的头尾标

记。因此,群同步与位同步既有区别又有联系。区别在于两者同步的目的和作用不同,联系在于群同步是由位同步分频得到的。当然,群同步的关键是需要得到插入同步的位置。因此,位同步分频仅得到群同步的频率,而何时出现,在什么位置,也就是相位,则是群同步需要获取的重要参数。

由于信息序列是随机的,群同步表示"字"或"句"的开始和结尾,因此,一般不能从信息中直接提取群同步。

9-17 连贯式插入法和间歇式插入法有什么区别?各有什么特点?适用在什么场合?

答:连贯式插入法就是在每帧的开头集中插入一个群同步码字,接收端通过识别该特殊码字来确定帧的起始时刻的方法。连贯式插入法同步建立快,但会使得信息出现较长时间的间隔,适合应用于实时性要求不太高的场合。

当群同步码字不再是集中插入在信息码流中,而是将它分散地插入时,即每隔一定数量的信息码元,插入一个群同步码元。间歇式插入法同步建立慢,但信息较为连续,实时性好。

9-18 群同步是如何保护的?

答:最常用的群同步保护措施是将群同步的工作过程划分为两种状态,即捕捉态和维持态。

(1)当系统处于捕捉态时,需要提高判决门限减小假同步概率 P_2。

(2)当系统处于维持态时,需要降低判决门限减小漏同步概率 P_1。

9.5 习题详解

9-1 已知单边带信号的表示式为

$$s(t) = m(t)\cos\omega_c t + \hat{m}(t)\sin\omega_c t$$

证明不能用图 9-1 所示的平方变换法提取载波。

证明:若采用平方变换法,可得

$$e(t) = s^2(t) = m^2(t)\cos^2\omega_c(t) + 2m(t)\hat{m}(t)\cos\omega_c(t)\sin\omega_c(t) + \hat{m}^2(t)\sin^2\omega_c t$$

$$= m^2(t)\frac{1+\cos2\omega_c t}{2} + m(t)\hat{m}(t)\sin2\omega_c t + \hat{m}^2(t)\frac{1-\cos2\omega_c t}{2}$$

经 $2\omega_c$ 滤波器滤波以后,得

$$e_1(t) = [m^2(t) - \hat{m}^2(t)]\frac{\cos2\omega_c t}{2}$$

由于可以证明 $m^2(t) = \hat{m}^2(t)$,因此可得

$$e_1(t) = [m^2(t) - \hat{m}^2(t)]\frac{\cos2\omega_c t}{2} = 0$$

结论:不能用平方变换法提取载波同步信号。

9-2 已知单边带信号的表示式为

$$s(t) = m(t)\cos\omega_c t + \hat{m}(t)\sin\omega_c t$$

若采用与抑制载波双边带信号导频插入完全相同的方法,试证明接收端可正确解调;若发送端插入的导频是调制载波,试证明解调输出中也含有直流分量,并求出该值。

证明:(1)参考图 9-5 可知,导频为 $\cos\omega_c t$,则发送的信号为

$$v_0(t) = m(t)\cos\omega_c t + \hat{m}(t)\sin\omega_c t + \sin\omega_c t$$

接收端采用相关解调

$$v(t) = v_0(t)\cos\omega_c t = [m(t)\cos\omega_c t + \hat{m}(t)\sin\omega_c t + \sin\omega_c t]\cos\omega_c t$$

$$= \frac{m(t)}{2}(1 + \cos2\omega_c t) + \frac{1}{2}[\hat{m}(t)\sin2\omega_c t + \sin2\omega_c t]$$

经过低通滤波器后,可以恢复出调制信号 $m(t)$。

(2) 参考图 9-5 可知,导频为 $\cos\omega_c t$,插入的仍然为 $\cos\omega_c t$,则发送的信号为

$$v_0(t) = m(t)\cos\omega_c t + \hat{m}(t)\cos\omega_c t + \cos\omega_c t$$

接收端不移相,直接采用相关解调,可得

$$v(t) = v_0(t)\sin\omega_c t = [m(t)\cos\omega_c t + \hat{m}(t)\sin\omega_c t + \cos\omega_c t]\cos\omega_c t$$

$$= \frac{m(t)}{2}(1 + \cos2\omega_c t) + \frac{1}{2}\hat{m}(t)\sin2\omega_c t + \frac{1}{2}(1 + \cos2\omega_c t)$$

经过低通滤波器后,可得 $v_L(t) = \frac{1}{2} + \frac{m(t)}{2}$,可见包含一个直流成分。

9-3 若图 9-5(a)所示的插入导频法发送端框图中,若 $a_c\sin\omega_c t$ 不经过 90°的相移,直接与已调信号相加输出,试证明接收端的解调输出中含有直流分量。

证明:$u_0(t) = Am(t)\sin\omega_c t + A\sin\omega_c t$

接收端采用相关解调:

$$s_{DSB}(t) = u_0(t)\sin\omega_c t = Am(t)\sin^2\omega_c t + A\sin^2\omega_c t = \frac{A}{2}[m(t)+1](1 - \cos2\omega_c t)$$

可见,$s_{DSB}(t)$ 中含有 $\frac{A}{2}$ 直流成分。

9-4 用单谐振电路作为滤波器提取同步载波,已知同步载波频率为 1000kHz,回路 $Q=100$,把达到稳定值 40% 的时间作为同步建立时间(和同步保持时间),求载波同步的建立时间和保持时间。

解:同步建立时间 t_s 可以写为

$$t_s = \frac{2Q}{\omega_0}\ln(1/(1-k)) = \frac{2\times100}{1000\times10^3\times2\pi}\ln(1/0.6) = 16.2\times10^{-6}(s)$$

同步保持时间为

$$t_c = \frac{2Q}{\omega_0}\ln(1/k) = \frac{2\times100}{1000\times10^3\times2\pi}\ln(1/0.4) = 29.2\times10^{-6}(s)$$

9-5 设载波同步相位误差为 10°,信噪比为 10dB,试求此时 2PSK 信号的误码率。

解:根据式(9-4)可得

$$P_e = \frac{1}{2}\text{erfc}(\sqrt{r\cos^2\Delta\varphi}) = \frac{1}{2}\text{erfc}(|\cos\Delta\varphi|\sqrt{r}) = 0.5\times\text{erfc}\left(\left|\cos\frac{10\times2\pi}{360}\right|\sqrt{10}\right)$$

$$= 0.5\times\text{erfc}\left(\left|\cos\frac{10\times2\pi}{360}\right|\sqrt{10}\right) = 0.5\times\text{erfc}(3.11) = 0.5\times10^{-5}$$

9-6 按照对应教材例 9.1 给出的条件(收发端同步振荡器的频率稳定度为 $\frac{\Delta f/2}{f_0} = 10^{-4}$,若采用锁相环实现位同步,分频器次数 $n=360$),假设码元速率调整为 1000B,求此同

步系统的性能指标。

解：已知 $f_b = 1000\text{B}$，则 $T_b = 1\text{ms}, n = 360$。

（1）相位误差为

$$\theta_e = 360°/n = 360°/360 = 1°$$

（2）同步建立时间为

$$t_s = 2T_b \cdot N = nT_b = 360 \times 0.001 = 0.36(\text{s})$$

（3）同步保持时间为

$$t_c = \frac{T_b}{2K \cdot \dfrac{\Delta f/2}{f_0}} = \frac{1 \times 10^{-3}}{2 \times 10 \times 10^{-4}} = 0.5(\text{s})$$

其中，$K = 10$。

（4）同步带宽为

$$|\Delta f| = \frac{f_0}{2n} = \frac{1000}{2 \times 360} \approx 1.39(\text{Hz})$$

9-7 若 7 位巴克码前后为全"1"序列，加在图 9-12 所示系统的输入端，设各移位寄存器起始状态均为零，求相加器输出端的波形。

解：经过计算可以得到图 9-14 所示的结论。

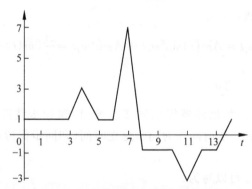

图 9-14　七位巴克码相加器输出波形

9-8 若 7 位巴克码前后为全"0"序列，加在图 9-12 所示系统的输入端，设各移位寄存器起始状态均为零，求相加器输出端的波形。

解：经过计算可以得到图 9-15 所示的结论。

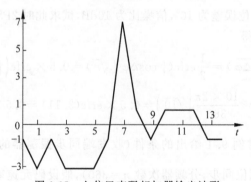

图 9-15　七位巴克码相加器输出波形

9-9 设对于 7 位巴克码作为群同步的系统,如果接收误码率为 10^{-4},试分别求出容许错码数为 0 和 1 时的漏同步概率和假同步概率。

解:(1) 根据题意得,容许错码数为 0 时,$P_e = 10^{-4}$,$n = 7$,$m = 0$。

漏同步概率为

$$P_1 = 1 - \sum_{r=0}^{m} C_7^r p^r (1-p)^{7-r} = 1 - (1 - 10^{-4})^7 \approx 7 \times 10^{-4}$$

假同步概率为

$$P_2 = 2^{-7} \cdot \sum_{r=0}^{m} C_7^r = \frac{1}{128} \approx 7.8 \times 10^{-3}$$

(2) 根据题意得,容许错码数为 1 时,$P_e = 10^{-4}$,$n = 7$,$m = 1$。

漏同步概率为

$$P_1 = 1 - \sum_{r=0}^{m} C_7^r p^r (1-p)^{7-r} = 1 - (1 - 10^{-4})^7 - 7 \times 10^{-4} \times (1 - 10^{-4})^6 \approx 2.1 \times 10^{-7}$$

漏同步概率为

$$P_2 = 2^{-7} \cdot \sum_{r=0}^{m} C_7^r = \frac{C_7^0 + C_7^1}{128} = \frac{8}{128} = \frac{1}{16} \approx 6.3 \times 10^{-2}$$

9-10 二进制通信系统的传输信息的速率为 100b/s,如果"0"和"1"等概率出现,且要求假同步每年至多发生一次,其群同步码组的长度最小应设计为多少?

解:已知假同步概率计算公式为

$$P_2 = 2^{-n} \cdot \sum_{r=0}^{m} C_n^r$$

假同步每年至多发生 1 次,表示为

$$P_2 = 2^{-n} \cdot \sum_{r=0}^{0} C_n^r = \frac{1}{2^n}$$

一年传输的比特数为

$$N = 100 \times 365 \times 24 \times 60 \times 60 = 3.15 \times 10^9 \text{(b)}$$

因此,$N = 2^n$ 可得

$$n = \log_2 N = 31.55$$

可知,若群同步码组长度 $n = 32$ 时,在上述假设条件下,则假同步每年至多发生一次。

第 10 章

课 程 实 验

  "通信原理"课程从早期以介绍通信设备的收发信原理为主,到讲解"通信系统"的工作原理,发展到今天解读"通信背后"的数学物理问题,经历了一个较长的发展过程。与之相适应,"通信原理"课程实验也相应地从以各类电路器件为基础,发展到基于各类功能模块的实验箱,直至今天集软硬一体、虚实共融的实验教学环境。而这一切的进步都得益于计算机技术、建模仿真技术、网络技术的高度发展,特别是软件无线电技术的出现,彻底颠覆了通信等电子设备的研制、开发和制造,同时也为通信原理实验带来了新的活力。

  与传统的教学实验设备相比,基于软件无线电技术的通信原理实验平台,采用了全新的软件无线电架构设计方案,可通过软件方式扩展平台功能。实现从课堂教学、实验教学、系统原型验证到项目实现的完整流程,真正将理论课程知识和工程技术实现有机结合起来。其组成框架如图 10-1 所示。

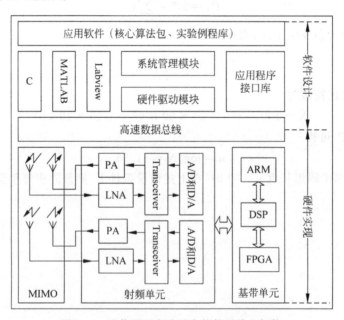

图 10-1　通信原理实验平台软件无线电架构

  从图 10-1 可以看到基于软件无线电技术的通信原理实验平台,由硬件系统的宽带射频单元和数字基带单元,以及软件系统组成。平台可与 MATLAB、LabView 等开发软件无缝连接,实现从系统建模、算法仿真、代码优化,到硬件实现的各个实验环节。

硬件系统部分,宽带射频单元由 A/D 和 D/A、Transceiver LNA 和 PA 等部分组成;数字基带单元由 ARM、DSP 和 FPGA 组成,其中 ARM 主要负责操作系统管理、资源调度,DSP 主要进行实时信号处理,FPGA 主要进行数字逻辑处理和接口匹配。

软件系统包括系统管理模块、硬件驱动模块、应用程序接口库、核心算法包、实验例程库等组成。系统管理模块主要负责软硬件资源的调度,硬件驱动模块主要负责管理各种硬件单元,应用程序接口库主要负责与 C、MATLAB、LabView 等第三方平台实现无缝连接。

本单元将围绕模拟通信系统、数字基带系统、数字频带系统和编码与同步系统等 4 个实验进行介绍,相关操作将以具备计算机、示波器和软件无线电平台等基本实验环境为背景进行讲解,部分模块的 MATLAB 程序可以扫描二维码获取。

10.1 模拟通信系统(实验一)

了解通信原理实验教学环境,掌握基本的操作流程,理解模拟信号源的调试,以及时频测量方法,对比计算机仿真和示波器观测结果,开展线性和非线性模拟调制实验。

10.1.1 模拟信号源实验(课题一)

1. 实验目的

(1) 掌握通信原理实验教学环境的基本操作及使用方法。

(2) 掌握常见模拟信号源的特性。

(3) 掌握常见模拟信号源的原理及产生方法。

(4) 掌握通过 MATLAB 编程实现模拟信号的产生及示波器观测的方法。

2. 设备连接

1) 硬件平台

(1) 软件无线电平台 1 台。

(2) 计算机 1 台。

(3) 数字示波器 1 台。

2) 软件平台

(1) 软件无线电平台集成开发软件。

(2) MATLAB 2012b 及以上版本。

3) 硬件连接

系统硬件连接关系如图 10-2 所示。利用计算机在 MATLAB 中编写程序,产生数据及配置控制参数,通过千兆以太网接口,按照计算机和 FPGA 之间规定的协议,将计算机产生的数据及控制参数下载到 FPGA。如果需要通过示波器观测真实波形,则 FPGA 将数据输

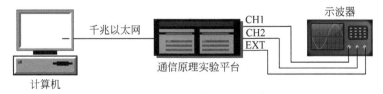

图 10-2 系统硬件连接关系

出到软件无线电平台的模数转换器(DAC)中,DAC 通过 3 根 BNC 连接线分别与示波器的
CH1、CH2、EXT 相连,示波器将会呈现真实的波形。实验室已经将网线和 BNC 连接线连
接测试完毕。

3. 通电启动

(1) 打开软件无线电平台的电源开关 POWER,对应电源指示灯亮,且信号指示灯交替
闪烁,表明设备工作正常。

(2) 双击打开软件无线电平台的集成开发软件,启动后会提示硬件的加载过程。如果
都显示 successful,则表明设备之间的通信正常。

(3) 设备启动后,观察计算机软件界面右上角,如果"ARM 状态"和"FPGA 状态"都是绿
色指示灯亮,则表明硬件和软件都正常; 否则设备工作不正常,需要排除问题后再做实验。

4. 实验内容

(1) 观测并记录正弦波、三角波、方波的软件仿真波形和示波器实测波形(时域和频域)。

(2) 读懂参考例程的程序,观察并记录软件仿真波形和示波器实测波形(时域和频域)。

(3) 根据学生编程的要求,现场编写 MATLAB 程序,并将波形输出到示波器上,观察
并记录软件仿真波形和示波器实测波形(时域和频域)。

5. 实验步骤

1) 观测并记录正弦波、三角波、方波的软件仿真波形和示波器实测波形(时域和频域)

(1) 观测并记录正弦波的软件仿真波形和示波器实测波形。

Step1 打开集成开发软件,在左侧目录树中找到"1 通信原理",选择"1.1 模拟信号源
实验",双击打开实验界面,如图 10-3 所示。

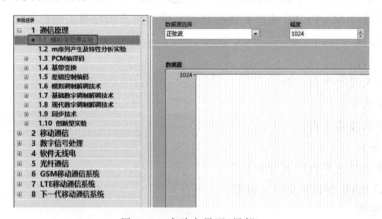

图 10-3　实验主界面(局部)

Step2 配置实验参数,将数据源选择配置为"正弦波",幅度为 1024,频率为 10 Hz,DA
输出配置为"不输出",当前模式配置为"原理讲演模式",如图 10-4 所示。

图 10-4　配置正弦波实验参数

Step3 观察并记录软件仿真波形和示波器实测波形。

① 单击"开始运行"按钮,观察所得仿真波形。

图 10-5　修改正弦波
波形菜单

说明:先用软件仿真的方式,记录当前配置下的波形,然后再将该波形输出到示波器上,再记录其波形。在软件仿真方式下,需要对弹出来的波形显示框整体截图;在示波器真实测量方式下,需要对屏幕显示部分拍照或存储波形。

软件仿真波形显示框的横坐标和纵坐标都可以修改其数值(在波形显示框右击,不勾选"自动调整 X 标尺"和"自动调整 Y 标尺",如图 10-5 所示,然后更改横坐标和纵坐标的最大值),让波形显示更精细。

② 将横坐标 Time 范围改成 0~0.5,纵坐标 Amplitude 范围不变,单击"开始运行"按钮,将软件仿真波形图记录在"6.实验记录"中"1)正弦波软件仿真波形和示波器实测波形"对应的位置。

图 10-6　DA 输出处选择
"输出到 CH1"

③ 在 DA 输出处选择"输出到 CH1",如图 10-6 所示,在示波器的 CH1 通道可观察到对应的波形(选择"输出到 CH2",在示波器的 CH2 通道可观察到对应的波形;选择"输出到 CH1/CH2",在示波器的 CH1 和 CH2 两个通道均可观察到对应的波形)。将示波器显示的实测波形记录在"6.实验记录"中"1)正弦波软件仿真波形和示波器实测波形"对应的位置(注意:要通过示波器测量该波形的频谱,按下示波器的 MATH 按钮,选择 FFT 操作,即可观测到对应波形的频谱)。

说明:单击"开始运行"按钮后可以看到,当正弦波幅度为 1024 时,DA 输出幅值为 1.00049V,这是一个 DA 转换,10 位表示-2048~2047,数字 2047 对应 DA 输出信号的最大幅值,数字 1024 对应信号最大幅值的一半。不同批次的硬件 DA 输出最大幅值不同,在软件配置文件中将最大幅值配置为 2。因此,当幅度为 1024 时,对应 DA 输出幅值为 1。

Step4 改变数据源频率,观察波形发生的变化。

将频率改为 5Hz,重复上述步骤,并对比频率变化前后的波形,将软件仿真波形图和分析结果记录在"6.实验记录"中"1)正弦波软件仿真波形和示波器实测波形"对应的位置(频率为 5Hz 时的示波器实测波形不用记录)。

(2)观测并记录三角波的软件仿真波形和示波器实测波形。

将数据源选择配置为三角波,操作步骤与(1)类似。

2)读懂参考例程的程序,观察并记录软件仿真波形和示波器实测波形(时域和频域)

Step1 单击当前模式右侧下拉按钮,选择"编程练习模式",在随后弹出的提示框中单击"继续"按钮将实验模式切换到"编程练习模式",如图 10-7 所示。

图 10-7　切换实验模式

Step2 在主界面上方菜单中单击"请选择要打开的文件"框右侧下拉按钮,选中本实验的编程文件,选中后单击可打开本实验编程的 main.m 文件,如图 10-8 所示。

图 10-8 打开编程文件

Step3 在 MATLAB 程序编辑环境下,逐条理解 MATLAB 程序。

Step4 在 MATLAB 程序编辑环境下,单击 Run,在弹出的对话框中选择 Add to Path,程序开始运行,观察正弦波的仿真波形,将该仿真波形记录到"6.实验记录"中"4)参考例程软件仿真波形和示波器实测波形"对应的位置。

Step5 通过示波器测量真实波形,将该波形记录到"6.实验记录"中"4)参考例程软件仿真波形和示波器实测波形"对应的位置。

3)根据学生编程的要求,现场编写 MATLAB 程序,并将波形输出到示波器上,观察并记录软件仿真波形和示波器实测波形(时域和频域)

学生编程的要求:生成数字幅度为 1000,频率为 10 000Hz 的正弦信号 1 和数字幅度为 1000、频率为 20 000Hz 的正弦信号 2,将信号 1 和信号 2 相加得到信号 3,并打印信号 3 波形。将信号 3 输出到 CH1 和 CH2,并通过示波器观察 CH1、CH2 时域及频域波形。

Step1 注释 main.m 中原有实验例程的代码(先用鼠标拖选的方式选择全部实验例程代码,然后按下 Ctrl+R 快捷键即可将例程代码注释掉),避免影响新代码的编写与运行。

Step2 在 Student Program 区域内根据学生编程的要求,实验现场编写程序。

Step3 程序编写完成以后,在 MATLAB 的程序编辑环境下,单击 Run 按钮,在弹出的对话框中选择 Add to Path,观察信号的仿真波形,并将该波形记录到"6.实验记录"中"5)学生编程软件仿真波形和示波器实测波形"对应的位置。

Step4 通过示波器测量信号的真实时域和频域波形,并将该波形记录到"6.实验记录"中"5)学生编程软件仿真波形和示波器实测波形"对应的位置。

6. 实验记录

1)正弦波软件仿真波形和示波器实测波形

参 数 配 置	数据源选择:正弦波;幅度:1024;DA 输出:输出
软件仿真波形图(频率为 10Hz)(横坐标范围为 0～0.5)	
软件仿真波形图(频率为 5Hz)(横坐标范围为 0～0.5)	
分析结果: 对比上述两种频率的正弦波形可得,两个波形是时间＿＿＿＿＿幅值＿＿＿＿＿的＿＿＿＿＿信号。两个波形的幅度均为＿＿＿＿＿,即从时间轴到波峰或波谷的垂直距离均为＿＿＿＿＿。频率为 10Hz 的正弦波周期为＿＿＿＿＿,在时间轴 0～0.5s 范围内占据＿＿＿＿＿个周期。频率为 5Hz 的正弦波周期为＿＿＿＿＿,在时间轴 0～0.5s 范围内占据＿＿＿＿＿个周期。频率减小,周期＿＿＿＿＿。	
示波器实测波形图(时域)(频率为 10Hz)	
示波器实测波形图(频域)(频率为 10Hz)	

2）三角波软件仿真波形和示波器实测波形

参 数 配 置	数据源选择：三角波；幅度：1024；DA 输出：输出
软件仿真波形图（频率为 20Hz）（横坐标范围为 0～0.2）	
软件仿真波形图（频率为 10Hz）（横坐标范围为 0～0.2）	

分析结果：

对比上述两种频率的三角波形可得，两个波形是时间_____幅值_____的_____信号。两个波形的幅度均为_____，即从时间轴到波峰或波谷的垂直距离均为_____。频率为 20Hz 的三角波周期为_____，在时间轴 0～0.2s 范围内占据_____个周期。频率为 10Hz 的三角波周期为_____，在时间轴 0～0.2s 范围内占据_____个周期。频率减小，周期_____。

示波器实测波形图（时域）（频率为 20Hz）	
示波器实测波形图（频域）（频率为 20Hz）	

3）方波软件仿真波形和示波器实测波形

参 数 配 置	数据源选择：方波；幅度：1024；DA 输出：输出
软件仿真波形图（频率为 30Hz）（横坐标范围为 0～0.2）	
软件仿真波形图（频率为 20Hz）（横坐标范围为 0～0.2）	

分析结果：

对比上述两种频率的方波可得，两个波形是时间_____幅值_____的_____信号。两个波形的幅度均为_____，即从时间轴到波峰或波谷的垂直距离均为_____。频率为 30Hz 的方波周期为_____，在时间轴 0～0.2s 范围内占据_____个周期。频率为 20Hz 的方波周期为_____，在时间轴 0～0.2s 范围内占据_____个周期。频率减小，周期_____。

示波器实测波形图（时域）（频率为 30Hz）	
示波器实测波形图（频域）（频率为 30Hz）	

4）参考例程软件仿真波形和示波器实测波形

数据源选择	参考例程波形
软件仿真波形图	
示波器实测波形图（时域）	
示波器实测波形图（频域）	

5）学生编程软件仿真波形和示波器实测波形

数据源选择	学生编程波形
软件仿真波形图	
示波器实测波形图（时域）	
示波器实测波形图（频域）	

10.1.2　模拟调制实验（课题二）

1. 实验目的

（1）掌握调制解调技术的原理。

（2）掌握 AM、DSB、SSB 和 FM 调制解调的原理及实现方法。

（3）掌握通过 MATLAB 编程实现 AM、DSB、SSB 和 FM 调制解调。

2. 设备连接

与"模拟信号源实验"内容一致。

3. 通电启动

与"模拟信号源实验"内容一致。

4. 实验内容

（1）观测并记录 AM、DSB、SSB 和 FM 调制解调软件仿真波形和示波器实测波形。

（2）读懂参考例程的程序，观察并记录软件仿真波形和示波器实测波形。

（3）根据学生编程的要求，现场编写 MATLAB 程序，观察并记录软件仿真波形和示波器实测波形。

5. 实验步骤

参考"模拟信号源实验"的相关内容。

6. 实验记录

1）AM 实验记录

（1）不同参数配置软件仿真波形和示波器实测波形。

参 数 配 置	幅度：2；信源频率：5000Hz；直流分量：3；载波频率：50 000Hz；解调方式：包络检波
AM 调制条件	标准调幅
分析结果：	
由所给参数可写出信号的表达式：调制信号表达式为 $y_1 =$ _____；加直流分量信号表达式为 $y_2 =$ _____；载波信号表达式为 $y_3 =$ _____；已调信号表达式为 $y_4 =$ _____。	
软件仿真波形图	
已调信号	
解调信号	
拖动"加直流分量信号"到"已调信号"	
分析结果：	
可以看到 AM 波的包络与调制信号的波形完全一样。因此，用_____的方法很容易恢复出原始调制信号。	
示波器实测波形	
已调信号（时域）	
已调信号（频域）	
解调信号（时域）	
解调信号（频域）	

参 数 配 置	幅度：2；信源频率：5000Hz；直流分量：2；载波频率：50 000Hz；解调方式：包络检波
AM 调制条件	满调幅
分析结果：	
满调幅即满足条件_____，此时调制效率最大。可以看到 AM 波的包络与调制信号的波形完全一样。因此，用_____的方法很容易恢复出原始调制信号。	

参 数 配 置	幅度：2；信源频率：5000Hz；直流分量：1； 载波频率：50 000Hz；解调方式：包络检波
AM 调制条件	过调幅
软件仿真波形图	
已调信号	
解调信号	

分析结果：

由解调信号的波形图可以看出：在过调幅条件下采用包络检波法恢复原始调制信号会_____，此时应该采用_____法。

相干解调软件仿真波形	
解调信号	

分析结果：

当_____时，AM 波的包络与调制信号 $m(t)$ 的形状完全一样，用_____的方法很容易恢复出原始调制信号。其中，在_____时，称为"满调幅"（也称100％调制），这时调制效率最大。如果上述条件没有满足，则会出现"过调幅"现象，这时用包络检波将会发生失真。但是，可以采用其他的解调方法，如_____。

（2）参考例程软件仿真波形和示波器实测波形。

参 数 配 置	幅度：5；信源频率：10 000Hz； 直流分量：10；载波频率：50 000Hz
软件仿真波形图	
调制信号	
调制信号加直流分量	
载波信号	
已调信号	
示波器实测波形	
调制信号（时域）	
已调信号（时域）	

（3）学生编程软件仿真波形和示波器实测波形。

参 数 配 置	幅度：5；信源频率：10 000Hz； 直流分量：5；载波频率：100 000Hz
软件仿真波形图	
调制信号	
调制信号加直流分量	
载波信号	
已调信号	
示波器实测波形	
调制信号（时域）	
已调信号（时域）	
已调信号（频域）	

2）DSB 实验记录

（1）DSB 调制解调软件仿真波形和示波器实测波形。

参 数 配 置	幅度：1；信源频率：10 000 Hz；载波频率：100 000 Hz
分析结果：	
由所给参数可写出信号的表达式：调制信号表达式为 $y_1=$ _____ ；载波信号表达式为 $y_2=$ _____ ；已调信号表达式为 $y_3=y_1 \cdot y_2=$ _____ 。	
软件仿真波形图	
调制信号	
已调信号	
解调信号	
示波器实测波形	
调制信号（时域）	
调制信号（频域）	
已调信号（时域）	
已调信号（频域）	
解调信号（时域）	
解调信号（频域）	

（2）参考例程软件仿真波形和示波器实测波形。

参 数 配 置	幅度：1；信源频率：10 000 Hz；载波频率：50 000 Hz
软件仿真波形图	
调制信号	
载波信号	
已调信号	
示波器实测波形	
调制信号（时域）	
已调信号（时域）	
已调信号（频域）	

（3）学生编程软件仿真波形和示波器实测波形。

参 数 配 置	幅度：1；信源频率：10 000 Hz；载波频率：100 000 Hz
软件仿真波形图	
调制信号	
载波信号	
已调信号	
示波器实测波形	
调制信号（时域）	
已调信号（时域）	
已调信号（频域）	

3）SSB 实验记录

（1）SSB 调制解调软件仿真波形和示波器实测波形。

参 数 配 置	幅度：1；信源频率：10 000Hz； 载波频率：100 000Hz；保留边带：下边带
分析结果： 由所给参数可写出信号的表达式：调制信号表达式为 $y_1 = $＿＿＿＿＿＿；载波信号表达式为 $y_2 = $＿＿＿＿＿＿。	
软件仿真波形图	
调制信号	
已调信号	
解调信号	
示波器实测波形	
调制信号（时域）	
调制信号（频域）	
已调信号（时域）	
已调信号（频域）	
解调信号（时域）	
解调信号（频域）	

（2）参考例程软件仿真波形和示波器实测波形。

参 数 配 置	幅度：1；信源频率：10 000Hz； 载波频率：100 000Hz；保留边带：上边带
软件仿真波形图	
调制信号	
载波信号	
已调信号	
示波器实测波形	
调制信号（时域）	
已调信号（时域）	
已调信号（频域）	

（3）学生编程软件仿真波形和示波器实测波形。

参 数 配 置	幅度：1；信源频率：10 000Hz； 载波频率：100 000Hz；保留边带：下边带
软件仿真波形图	
调制信号	
载波信号	
已调信号	
示波器实测波形	
调制信号（时域）	
已调信号（时域）	
已调信号（频域）	

4) FM 实验记录

(1) FM 调制解调软件仿真波形和示波器实测波形。

参 数 配 置	幅度：1；信源频率：10 000 Hz； 载波频率：50 000 Hz；调频灵敏度：20 000
分析结果： 由所给参数可写出信号的表达式：调制信号表达式为 $y_1=$ _____ ；载波信号表达式为 $y_2=$ _____ ；已调信号表达式为 $y_3=$ _____ 。	
软件仿真波形图	
已调信号	
解调信号	
拖动"调制信号"到"已调信号"	
示波器实测波形	
基带信号（时域）	
基带信号（频域）	
调频信号（时域）	
调频信号（频域）	
解调信号（时域）	
解调信号（频域）	

(2) 参考例程软件仿真波形和示波器实测波形。

参 数 配 置	幅度：1；信源频率：10 000 Hz； 载波频率：100 000 Hz；调频灵敏度：20 000
软件仿真波形图	
调制信号	
已调信号	
示波器实测波形	
调制信号（时域）	
已调信号（时域）	
已调信号（频域）	

(3) 学生编程软件仿真波形和示波器实测波形。

参 数 配 置	幅度：1；信源频率：10 000 Hz； 载波频率：100 000 Hz；调频灵敏度：20 000
软件仿真波形图	
已调信号	
解调信号	
示波器实测波形	
已调信号（时域）	
解调信号（时域）	

10.2　数字基带传输系统（实验二）

理解 m 序列的原理及产生方法,以及相关性质,并以 m 序列为信源,分析 AMI、HDB$_3$ 和 CMI 码等基带传输码型的基本原理,编解码规则。

10.2.1　m 序列产生及特性分析实验（课题一）

1. 实验目的

(1) 掌握 m 序列的原理及产生方法。

(2) 掌握 m 序列的性质。

(3) 掌握通过 MATLAB 编程产生伪随机序列。

2. 设备连接

与“模拟信号源实验”内容一致。

3. 通电启动

与“模拟信号源实验”内容一致。

4. 实验内容

(1) 观测并记录不同寄存器初值数据类型软件仿真波形和示波器实测波形(时域和频域)。

(2) 观测并记录不同 m 序列级数软件仿真波形和示波器实测波形(时域和频域)。

(3) 观测并记录不同分频值软件仿真波形和示波器实测波形(时域和频域)。

注:f_s 取值范围为 30 000～30 720 000Hz,并且值需被 30 720 000 整除。

总样点数为 N,码元率为 R_b,一个码元的采样点数为 sample_num,PN 序列周期 P 需满足以下关系:

```
sample_num = fs/Rb
N = P * sample_num          (N 取值范围为 100～30 720)
```

(4) 读懂参考例程的程序,观察并记录软件仿真波形和示波器实测波形(时域和频域)。

(5) 根据学生编程的要求,现场编写 MATLAB 程序,并将波形输出到示波器上,观察并记录软件仿真波形和示波器实测波形(时域和频域)。

5. 实验步骤

参考“模拟信号源实验”的相关内容。

6. 实验记录

(1) 不同寄存器初值类型软件仿真波形和示波器实测波形。

参 数 配 置	寄存器初值数据类型:10 交替数据;m 序列级数:4; 采样:30 720 000Hz;码元速率:1 536 000B
软件仿真波形图	
寄存器初值	
m 序列	
m 序列频谱	

续表

参 数 配 置	寄存器初值数据类型：10 交替数据；m 序列级数：4；采样率：30 720 000Hz；码元速率：1 536 000B

分析结果：

由寄存器初值图像可以得出：寄存器初值为_____，该寄存器是一个_____级线性反馈移位寄存器，由该寄存器产生的序列的周期最长为_____，即 m 序列的长度为_____。m 序列为_____，"1"的个数为_____个，"0"的个数为_____个，"1"的个数比"0"的个数多_____个。码元速率为_____B，码元周期为_____ns(保留三位有效数字)。

示波器实测波形图(时域)	
寄存器初值	
m 序列	

示波器实测波形图(频域)	
寄存器初值	
m 序列	

参 数 配 置	寄存器初值数据类型：自定义数据(0110)；m 序列级数：4；采样率：30 720 000Hz；码元速率：1 536 000B

软件仿真波形图	
寄存器初值	
m 序列	
m 序列频谱	

分析结果：

由寄存器初值图像可以得出：寄存器初值为_____，该寄存器是一个_____级线性反馈移位寄存器，由该寄存器产生的序列的周期最长为_____，即 m 序列的长度为_____。m 序列为_____，"1"的个数为_____个，"0"的个数为_____个，"1"的个数比"0"的个数多_____个。码元速率为_____B，码元周期为_____ns(保留三位有效数字)。

示波器实测波形图(时域)	
寄存器初值	
m 序列	

示波器实测波形图(频域)	
寄存器初值	
m 序列	

（2）不同 m 序列级数软件仿真波形和示波器实测波形。

参 数 配 置	m 序列级数：5；寄存器初值数据类型：10 交替数据；采样率：30 720 000Hz；码元速率配置：1 536 000B

软件仿真波形图	
寄存器初值	
m 序列	
m 序列频谱	

续表

参　数　配　置	m 序列级数：5；寄存器初值数据类型：10 交替数据； 采样率：30 720 000Hz；码元速率配置：1 536 000B

分析结果：

由寄存器初值图像可以得出：寄存器初值为_____，该寄存器是一个_____级线性反馈移位寄存器，由该寄存器产生的序列的周期最长为_____，即 m 序列的长度为_____。码元速率为_____B，码元周期为_____ns(保留三位有效数字)。

示波器实测波形图(时域)	
寄存器初值	
m 序列	
示波器实测波形图(频域)	
寄存器初值	
m 序列	

参　数　配　置	m 序列级数：9；寄存器初值数据类型：10 交替数据； 采样率：30 720 000Hz；码元速率：1 536 000B

软件仿真波形图	
寄存器初值	
m 序列	
m 序列频谱	

分析结果：

由寄存器初值图像可以得出：寄存器初值为_____，该寄存器是一个_____级线性反馈移位寄存器，由该寄存器产生的序列的周期最长为_____，即 m 序列的长度为_____。码元速率为_____B，码元周期为_____ns(保留三位有效数字)。

示波器实测波形图(时域)	
寄存器初值	
m 序列	
示波器实测波形图(频域)	
寄存器初值	
m 序列	

（3）不同分频值软件仿真波形和示波器实测波形。

参　数　配　置	采样率：30 720 000Hz；码元速率：1 536 000B； 寄存器初值数据类型：10 交替数据；m 序列级数：4

软件仿真波形图	
寄存器初值	
m 序列	
m 序列频谱	

分析结果：

该寄存器对应的码元速率为_____B，码元周期为_____ns(保留三位有效数字)。

续表

参 数 配 置	采样率：30 720 000Hz；码元速率：1 536 000B； 寄存器初值数据类型：10 交替数据；m 序列级数：4
示波器实测波形图（时域）	
寄存器初值	
m 序列	
示波器实测波形图（频域）	
寄存器初值	
m 序列	

参 数 配 置	采样率：30 720 000Hz；码元速率：153 600B； 寄存器初值数据类型：10 交替数据；m 序列级数：4
软件仿真波形图	
寄存器初值	
m 序列	
m 序列频谱	

分析结果：

该寄存器对应的码元速率为_____ B，码元周期为_____ μs（保留三位有效数字）。

示波器实测波形图（时域）	
寄存器初值	
m 序列	
示波器实测波形图（频域）	
寄存器初值	
m 序列	

（4）参考例程软件仿真波形和示波器实测波形。

软件仿真波形	
m 序列	
m 序列频谱	
示波器实测波形图（时域）	
m 序列	
示波器实测波形图（频域）	
m 序列	

（5）学生编程软件仿真波形和示波器实测波形。

软件仿真波形	
m 序列	
m 序列频谱	
示波器实测波形图（时域）	
m 序列	
示波器实测波形图（频域）	
m 序列	

10.2.2　基带信号码型变换实验(课题二)

1. 实验目的

(1) 掌握基带传输系统的工作原理。

(2) 掌握 AMI、HDB$_3$ 和 CMI 传输码型的编解码规则。

(3) 掌握通过 MATLAB 编程产生 AMI 码。

2. 设备连接

与"模拟信号源实验"内容一致。

3. 通电启动

与"模拟信号源实验"内容一致。

4. 实验内容

(1) 观测并记录不同参数配置软件仿真波形和示波器实测波形。

(2) 读懂参考例程的程序,观察并记录软件仿真波形和示波器实测波形。

(3) 根据学生编程的要求,现场编写 MATLAB 程序,观察并记录软件仿真波形和示波器实测波形。

5. 实验步骤

参考"模拟信号源实验"的相关内容。

6. 实验记录

1) AMI 码实验记录

(1) 不同参数配置软件仿真波形和示波器实测波形。

参　数　配　置	数据类型：10 交替数据；数据长度：10；采样率：30 720 000Hz；码元速率：1 536 000B；DA 输出：输出
软件仿真波形图	
数据源	
AMI 编码后数据	
AMI 编码数据频谱	
AMI 解码后数据	

分析结果：

由数据源图像可以得出：数据源码组为_____,长度为_____。码元速率为_____B,码元周期为_____ns(保留三位有效数字)。AMI 编码按_____作为编码规则。AMI 编码后数据码组为_____。

示波器实测波形(时域)	
数据源	
AMI 编码后数据	
示波器实测波形(频域)	
数据源	
AMI 编码后数据	

参 数 配 置	数据类型：01 交替数据；数据长度：10；采样率：30 720 000Hz；码元速率：153 600B；DA 输出：输出
软件仿真波形图	
数据源	
AMI 编码后数据	
AMI 编码数据频谱	
AMI 解码后数据	

分析结果：

由数据源图像可以得出：数据源码组为_____，长度为_____。码元速率为_____B，码元周期为_____μs(保留三位有效数字)。AMI 编码按_____作为编码规则。AMI 编码后数据码组为_____。

示波器实测波形(时域)	
数据源	
AMI 编码后数据	
示波器实测波形(频域)	
数据源	
AMI 编码后数据	

参 数 配 置	数据类型：自定义数据(1011011001)；数据长度：10；采样率：30 720 000Hz；码元速率：15 360B；DA 输出：输出
软件仿真波形图	
数据源	
AMI 编码后数据	
AMI 编码数据频谱(将横轴频率范围改为0~1MHz)	
AMI 解码后数据	

分析结果：

由数据源图像可以得出：数据源码组为_____，长度为_____。码元速率为_____B，码元周期为_____μs(保留三位有效数字)。AMI 编码按_____作为编码规则。AMI 编码后数据码组为_____。

示波器实测波形(时域)	
数据源	
AMI 编码后数据	
示波器实测波形(频域)	
数据源	
AMI 编码后数据	

（2）参考例程软件仿真波形和示波器实测波形。

软件仿真波形	
数据源	
AMI 编码后数据	
AMI 编码数据频谱	

软件仿真波形	
分析结果： 由数据源图像可以得出：数据源码组为_____，长度为_____。码元速率为_____B，码元周期为_____μs(保留三位有效数字)。AMI 编码按_____作为编码规则。AMI 编码后数据码组为_____。	
示波器实测波形(时域)	
数据源	
AMI 编码后数据	
示波器实测波形(频域)	
数据源	
AMI 编码后数据	

（3）学生编程软件仿真波形和示波器实测波形。

软件仿真波形	
数据源	
AMI 解码后数据	
示波器实测波形(时域)	
数据源	
AMI 解码后数据	

2）HDB$_3$ 码实验记录

（1）不同参数配置软件仿真波形和示波器实测波形。

参 数 配 置	数据类型：自定义数据(10000000110000001110)；采样率：30 720 000Hz；码元速率：1 536 000B；DA 输出：输出
软件仿真波形图	
数据源	
HDB$_3$ 编码后数据	
HDB$_3$ 编码数据频谱	
HDB$_3$ 解码后数据	
分析结果：请写出 HDB$_3$ 编码过程。	
示波器实测波形(时域)	
数据源	
HDB$_3$ 编码后数据	
示波器实测波形(频域)	
数据源	
HDB$_3$ 编码后数据	

（2）参考例程软件仿真波形和示波器实测波形。

参 数 配 置	数据类型：自定义数据(01100000110010000111)；采样率：30 720 000Hz；码元速率：153 600B；DA 输出：输出
软件仿真波形图	
数据源	
HDB₃ 编码后数据	
HDB₃ 编码数据频谱	
分析结果：请写出 HDB₃ 编码过程。	
示波器实测波形(时域)	
数据源	
HDB₃ 编码后数据	
示波器实测波形(频域)	
数据源	
HDB₃ 编码后数据	

（3）学生编程软件仿真波形和示波器实测波形。

软件仿真波形	
数据源	
HDB₃ 解码后数据	
示波器实测波形(时域)	
数据源	
HDB₃ 解码后数据	

3）CMI 码实验记录

（1）不同参数配置软件仿真波形和示波器实测波形。

参 数 配 置	数据类型：10 交替数据；数据长度：10；采样率：30 720 000Hz；码元速率：1 536 000B；DA 输出：输出
软件仿真波形图	
数据源	
CMI 编码后数据	
CMI 编码数据频谱	
CMI 解码后数据	

分析结果：

由数据源图像可以得出：数据源码组为_____，长度为_____。码元速率为_____ B，码元周期为_____ ns(保留三位有效数字)。CMI 编码按_____作为编码规则。CMI 编码后数据码组为_____。

示波器实测波形(时域)	
数据源	
CMI 编码后数据	
示波器实测波形(频域)	
数据源	
CMI 编码后数据	

参 数 配 置	数据类型：01 交替数据；数据长度：10；采样率：30 720 000Hz；码元速率：153 600B；DA 输出：输出
软件仿真波形图	
数据源	
CMI 编码后数据	
CMI 编码数据频谱	
CMI 解码后数据	

分析结果：

由数据源图像可以得出：数据源码组为_____，长度为_____。码元速率为_____B，码元周期为_____μs（保留三位有效数字）。CMI 编码按_____作为编码规则。CMI 编码后数据码组为_____。

示波器实测波形（时域）	
数据源	
CMI 编码后数据	
示波器实测波形（频域）	
数据源	
CMI 编码后数据	

参 数 配 置	数据类型：自定义数据(1011011001)；数据长度：10；采样率：30 720 000Hz；码元速率：15 360B；DA 输出：输出
软件仿真波形图	
数据源	
CMI 编码后数据	
CMI 编码数据频谱（将横轴频率范围改为0~1MHz）	
CMI 解码后数据	

分析结果：

由数据源图像可以得出：数据源码组为_____，长度为_____。码元速率为_____B，码元周期为_____μs（保留三位有效数字）。CMI 编码按_____作为编码规则。CMI 编码后数据码组为_____。

示波器实测波形（时域）	
数据源	
CMI 编码后数据	
示波器实测波形（频域）	
数据源	
CMI 编码后数据	

（2）参考例程软件仿真波形和示波器实测波形。

软件仿真波形	
数据源	
CMI 编码后数据	
CMI 编码数据频谱	

续表

软件仿真波形

分析结果：

由数据源图像可以得出：数据源码组为＿＿＿＿＿，长度为＿＿＿＿＿。码元速率为＿＿＿＿＿B，码元周期为＿＿＿＿＿μs(保留三位有效数字)。CMI 编码按＿＿＿＿＿作为编码规则。CMI 编码后数据码组为＿＿＿＿＿。

示波器实测波形(时域)	
数据源	
CMI 编码后数据	
示波器实测波形(频域)	
数据源	
CMI 编码后数据	

(3) 学生编程软件仿真波形和示波器实测波形。

软件仿真波形	
数据源	
CMI 解码后数据	
示波器实测波形(时域)	
数据源	
CMI 解码后数据	

10.3 数字频带传输系统(实验三)

回顾 ASK、FSK、PSK 和 DPSK 的相关理论知识,掌握它们各自的调制原理及实现方法,理解 ASK、FSK、PSK 和 DPSK 信号的特点。

1. 实验目的

(1) 了解数字调制的基本概念。

(2) 掌握 ASK、FSK、PSK 和 DPSK 调制解调的原理及实现方法。

(3) 掌握通过 MATLAB 编程实现 ASK、FSK、PSK 和 DPSK 调制解调。

2. 设备连接

与"模拟信号源实验"内容一致。

3. 通电启动

与"模拟信号源实验"内容一致。

4. 实验内容

(1) 观测并记录不同参数配置软件仿真波形和示波器实测波形。

(2) 读懂参考例程的程序,观察并记录软件仿真波形和示波器实测波形。

(3) 根据学生编程的要求,现场编写 MATLAB 程序,观察并记录软件仿真波形和示波器实测波形。

5. 实验步骤

参考"模拟信号源实验"的相关内容。

6. 实验记录

1）ASK 实验记录

（1）ASK 调制解调软件仿真波形和示波器实测波形。

参 数 配 置	数据类型：10 交替；数据长度：10；采样率：30 720 000Hz；码元速率：307 200B；载波频率：614 400Hz；不勾选"添加噪声"复选框
软件仿真波形图	
基带信号	
载波信号	
已调信号	

分析结果：

由基带信号和载波信号的图形可以看出：载波频率是码元速率的_____倍，即在基带信号的一个码元宽度内有_____个周期的载波信号。由已调信号可以看出：在基带信号取值为_____时，已调信号_____；在基带信号取值为_____时，已调信号为_____。

带通滤波后信号	
乘相干载波后信号	
低通滤波后信号	
抽样判决后信号	

分析结果：

将_____经过_____得到带通滤波后信号；将_____和_____进行_____得到乘相干载波后信号；将_____经过_____得到低通滤波后信号；给一定时脉冲，对_____进行_____，得到抽样判决后信号，即解调信号。

示波器实测波形	
调制信号（时域）	
调制信号（频域）	
已调信号（时域）	
已调信号（频域）	

参 数 配 置	数据类型：自定义数据(1001101001)；采样率：30 720 000Hz；码元速率：307 200B；载波频率：1 228 800Hz；勾选"添加噪声"复选框；信噪比：10
软件仿真波形图	
基带信号	
载波信号	
已调信号	

分析结果：

由基带信号和载波信号的图形可以看出：载波频率是码元速率的_____倍，即在基带信号的一个码元宽度内有_____个周期的载波信号。由已调信号可以看出：加入了噪声后，已调信号的变化规律没有不加噪声时的那么明显。

带通滤波后信号	
乘相干载波后信号	

参 数 配 置	数据类型：自定义数据(1001101001)；采样率：30 720 000 Hz；码元速率：307 200B；载波频率：1 228 800 Hz；勾选"添加噪声"复选框；信噪比：10
低通滤波后信号	
抽样判决后信号	
示波器实测波形	
调制信号（时域）	
调制信号（频域）	
已调信号（时域）	
已调信号（频域）	

（2）参考例程软件仿真波形和示波器实测波形。

参 数 配 置	数据类型：随机数据；数据长度：256；采样率：30 720 000 Hz；码元速率：307 200B；载波频率：614 400 Hz；信噪比：20
软件仿真波形图	
基带信号	
载波信号	
已调信号	
示波器实测波形	
基带信号（时域）	
基带信号（频域）	
已调信号（时域）	
已调信号（频域）	

（3）学生编程软件仿真波形和示波器实测波形。

参 数 配 置	数据类型：自定义数据 1011011010；数据长度：10；采样率：30 720 000 Hz；码元速率：307 200B；载波频率：614 400 Hz；信噪比：10
软件仿真波形图	
基带信号	
载波信号	
已调信号	
示波器实测波形	
基带信号（时域）	
基带信号（频域）	
已调信号（时域）	
已调信号（频域）	

2) FSK 实验记录

（1）FSK 调制解调软件仿真波形和示波器实测波形。

参 数 配 置	数据类型：10 交替；数据长度：10；采样率：30 720 000Hz； 码元速率：307 200B；载波 1 频率：614 400Hz； 载波 2 频率：1 228 800Hz；不勾选"添加噪声"复选框
软件仿真波形图	
基带信号	
反向信号	
载波 1 信号	
载波 1 调制信号	
载波 2 信号	
载波 2 调制信号	
已调信号	

分析结果：

由基带信号和载波信号的图形可以看出：载波 1 频率是码元速率的_____倍，即在基带信号的一个码元宽度内有_____个周期的载波 1 信号；载波 2 频率是码元速率的_____倍，即在基带信号的一个码元宽度内有_____个周期的载波 2 信号。由载波 1 调制信号可以看出：在基带信号取值为_____时，载波 1 调制信号为_____；在基带信号取值为_____时，载波 1 调制信号为_____。由载波 2 调制信号可以看出：在反向信号取值为_____（基带信号取值为 1）时，载波 2 调制信号为_____；在反向信号取值为_____（基带信号取值为_____）时，载波 2 调制信号为_____。已调信号是_____得到的。

带通滤波后 I 路信号	
带通滤波后 Q 路信号	
乘相干载波后 I 路信号	
乘相干载波后 Q 路信号	
低通滤波后 I 路信号	
低通滤波后 Q 路信号	
抽样判决后信号	

分析结果：

将_____经过_____后得到带通滤波后 I 路信号，将_____经过_____后得到带通滤波后 Q 路信号；将_____和_____进行_____得到乘相干载波后 I 路信号，将_____和_____进行_____得到乘相干载波后 Q 路信号；将_____经过_____后得到低通滤波后 I 路信号，将_____经过_____后得到低通滤波后 Q 路信号；给一定时脉冲，对_____和_____进行_____，得到抽样判决后信号，即解调信号。

示波器实测波形	
基带信号（时域）	
基带信号（频域）	
已调信号（时域）	
已调信号（频域）	

（2）参考例程软件仿真波形和示波器实测波形。

参 数 配 置	数据类型：随机数据；数据长度：20；采样率：30 720 000Hz；码元速率：307 200B；载波 1 频率：614 400Hz；载波 2 频率：1 228 800Hz；信噪比：20
软件仿真波形图	
基带信号	
已调信号	
解调信号	
示波器实测波形	
基带信号（时域）	
基带信号（频域）	
已调信号（时域）	
已调信号（频域）	

（3）学生编程软件仿真波形和示波器实测波形。

参 数 配 置	数据类型：自定义数据 1011011010；数据长度：10；采样率：30 720 000Hz；码元速率：307 200B；载波 1 频率：1 228 800Hz；载波 2 频率：2 457 600Hz；信噪比：20
软件仿真波形图	
基带信号	
已调信号	
解调信号	
示波器实测波形	
基带信号（时域）	
基带信号（频域）	
已调信号（时域）	
已调信号（频域）	

3）BPSK 实验记录

（1）BPSK 调制解调软件仿真波形和示波器实测波形。

参 数 配 置	数据类型：10 交替；数据长度：10；采样率：30 720 000Hz；码元速率：307 200B；载波频率：614 400Hz；解调载波初相位：0；不勾选"添加噪声"复选框
软件仿真波形图	
码元变换后信号＋已调信号	

分析结果：

基带信号为_____，码型变换的变换规则为_____，基带信号经过码型变换后，由_____信号变为_____信号，码型变换后信号为_____。载波信号表达式为 $y_1 = $ _____。在码型变换后信号取值为_____时，已调信号_____；在码型变换后信号取值为_____时，已调信号_____。

续表

参 数 配 置	数据类型：10 交替；数据长度：10；采样率：30 720 000Hz； 码元速率：307 200B；载波频率：614 400Hz； 解调载波初相位：0；不勾选"添加噪声"复选框
示波器实测波形	
基带信号（时域）	
基带信号（频域）	
已调信号（时域）	
已调信号（频域）	
软件仿真波形图	
带通滤波后信号	
乘相干载波后信号	
低通滤波后信号	
抽样判决后信号	

分析结果：

将_____经过_____后得到带通滤波后信号；将_____和_____进行_____后得到乘相干载波后信号；将_____经过_____后得到低通滤波后信号；给一定时脉冲，对_____进行_____，得到抽样判决后信号，即解调信号。

示波器实测波形	
带通滤波后信号（时域）	
乘相干载波后信号（时域）	
低通滤波后信号（时域）	
解调信号（时域）	

参 数 配 置	数据类型：10 交替；数据长度：10；采样率：30 720 000Hz； 码元速率：307 200B；载波频率：614 400Hz； 解调载波初相位：180；不勾选"添加噪声"复选框

分析结果：

解调载波初相位为$180°$，乘相干载波后信号_____，低通滤波后和抽样判决后信号均发生反相。抽样判决后信号为_____，误码数为_____。

（2）参考例程软件仿真波形和示波器实测波形。

参 数 配 置	数据类型：随机数据；数据长度：256；采样率：30 720 000Hz； 码元速率：307 200B；载波频率：614 400Hz； 解调载波初相位：0；信噪比：10
软件仿真波形图	
已调信号	
带通滤波后信号	
乘相干载波后信号	
低通滤波后信号	

续表

参 数 配 置	数据类型：随机数据；数据长度：256；采样率：30 720 000 Hz； 码元速率：307 200 B；载波频率：614 400 Hz； 解调载波初相位：0；信噪比：10
抽样判决后信号	

分析结果：

在 MATLAB Command Window 查看误码数，误码数为_____。

示波器实测波形

基带信号（时域）	
已调信号（时域）	

（3）学生编程软件仿真波形。

参 数 配 置	数据类型：随机数据；数据长度：256；采样率：30 720 000 Hz； 码元速率：307 200 B；载波频率：1 228 800 Hz； 解调载波初相位：0；信噪比：0

软件仿真波形图

已调信号	
带通滤波后信号	
乘相干载波后信号	
低通滤波后信号	
抽样判决后信号	

分析结果：

在 MATLAB Command Window 查看误码数，误码数为_____。

示波器实测波形

基带信号（时域）	
已调信号（时域）	

4）DBPSK 实验记录

（1）DBPSK 调制解调软件仿真波形和示波器实测波形。

参 数 配 置	数据类型：10 交替；数据长度：10；采样率：30 720 000 Hz； 码元速率：307 200 B；载波频率：614 400 Hz； 不勾选"添加噪声"复选框

软件仿真波形图

已调信号	

分析结果：

基带信号为_____，差分编码以 0 作为参考码元，编码后由_____变为_____，相对码为_____，将 0 映射成 −1，差分编码后信号为_____。载波信号表达式为 $y_1 =$_____，对差分编码后信号进行绝对调相，在差分编码后信号取值为_____时，已调信号_____；在差分编码后信号取值为_____时，已调信号_____。

续表

参 数 配 置	数据类型：10 交替；数据长度：10；采样率：30 720 000Hz；码元速率：307 200B；载波频率：614 400Hz；不勾选"添加噪声"复选框
示波器实测波形	
基带信号（时域）	
基带信号（频域）	
已调信号（时域）	
已调信号（频域）	
软件仿真波形图	
带通滤波后信号	
相干解调后信号	
低通滤波后信号	
抽样判决后信号	
差分解码后信号	

分析结果：

将_____经过_____后得到带通滤波后信号；将_____和_____进行_____后得到相干解调后信号；将_____经过_____后得到低通滤波后信号；给一定时脉冲，对_____进行_____，得到抽样判决后信号；将_____经过_____后得到解调信号。

示波器实测波形	
带通滤波后信号（时域）	
相干解调后信号（时域）	
低通滤波后信号（时域）	
抽样判决后信号（时域）	
解调信号（时域）	

（2）参考例程软件仿真波形和示波器实测波形。

参 数 配 置	数据类型：随机数据；数据长度：256；采样率：30 720 000Hz；码元速率：307 200B；载波频率：614 400Hz；信噪比：10
软件仿真波形图	
基带信号	
差分编码后信号	
已调信号	
带通滤波后信号	
乘相干载波后信号	
低通滤波后信号	
抽样判决后信号	
解调信号	

分析结果：

在 MATLAB Command Window 查看误码数，误码数为_____。

示波器实测波形	
基带信号（时域）	
已调信号（时域）	

（3）学生编程软件仿真波形和示波器实测波形。

参 数 配 置	数据类型：自定义数据 1001100110；数据长度：10； 采样率：30 720 000 Hz；码元速率：307 200 B； 载波频率：614 400 Hz；信噪比：10
软件仿真波形图	
基带信号	
差分编码后信号	
已调信号	
带通滤波后信号	
乘相干载波后信号	
低通滤波后信号	
抽样判决后信号	
解调信号	
分析结果： 在 MATLAB Command Window 查看误码数，误码数为 _____。	
示波器实测波形	
基带信号（时域）	
已调信号（时域）	

10.4 编码与同步系统（实验四）

理解信源编码、信道编码和同步的相关理论知识，掌握它们各自的工作原理及实现方法，并开展对应原理知识的实验验证与探索。

10.4.1 信源编码实验（课题一）

1. 实验目的

（1）掌握三种抽样方法和量化原理。

（2）掌握脉冲编码调制的原理。

（3）掌握通过 MATLAB 编程实现三种抽样方法、均匀和非均匀量化 PCM 编译码。

2. 设备连接

与"模拟信号源实验"内容一致。

3. 通电启动

与"模拟信号源实验"内容一致。

4. 实验内容

（1）观测并记录不同配置参数时对应的软件仿真波形。

（2）读懂参考例程的程序，观察并记录软件仿真波形和示波器实测波形。

（3）根据学生编程的要求，现场编写 MATLAB 程序，并将波形输出到示波器上，观察并记录软件仿真波形和示波器实测波形。

5．实验步骤

参考"模拟信号源实验"的相关内容。

6．实验记录

1) 抽样定理实验记录

（1）理想采样软件仿真波形。

参 数 配 置	信号幅度：10；信号频率：10Hz；信号初始相位：90°；抽样频率：80Hz；抽样方式：理想采样
软件仿真波形图	
数据源数据	
抽样脉冲	
抽样后数据	
还原数据	

分析结果：

该信号源频率为_____，采样频率为_____，采样频率大于信号最高频率的 2 倍，满足_____，能还原出原数据。

时间轴缩小为 0.4～0.55s 后的软件仿真波形图	
数据源数据	
抽样脉冲	
抽样后数据	
还原数据	
更改信号初始相位为 0°后的软件仿真波形图	
数据源数据	

分析结果：

对比信号初始相位分别为 90°和 0°的两幅数据源数据波形图，可以得出：两者的周期均为_____，初始相位为 90°的波形是在初始相位为 0°的波形的基础上向_____移了_____个周期。

（2）自然采样软件仿真波形。

参 数 配 置	信号幅度：10；信号频率：10Hz；信号初始相位：90°；抽样频率：80Hz；抽样方式：自然采样
时间轴缩小为 0.4～0.55s 后的软件仿真波形图	
数据源数据	
抽样脉冲	
抽样后数据	
还原数据	

分析结果：

对比理想采样和自然采样两种不同采样方式的仿真波形图，可以得出：理想采样下的抽样脉冲是_____；自然采样下的抽样脉冲是_____，自然采样后的脉冲变化幅度（顶部）随_____变化。

（3）平顶取样软件仿真波形。

参 数 配 置	信号幅度：10；信号频率：10Hz；信号初始相位：90°；抽样频率：80Hz；抽样方式：平顶取样
时间轴缩小为 0.4～0.55s 后的软件仿真波形图	
数据源数据	
抽样脉冲	
抽样后数据	
还原数据	

分析结果：

对比平顶取样和自然采样两种不同采样方式的仿真波形图，可以得出：两种采样下的抽样脉冲均是_____，不同的是自然采样后的脉冲变化幅度（顶部）随_____变化，平顶取样后信号中的脉冲均_____。

（4）更改抽样频率后的软件仿真波形。

参 数 配 置	信号幅度：10；信号频率：10Hz；信号初始相位：90°；抽样频率：15Hz；抽样方式：理想采样
数据源数据	
抽样脉冲	
抽样后数据	
还原数据	

参 数 配 置	信号幅度：10；信号频率：10Hz；信号初始相位：90°；抽样频率：15Hz；抽样方式：自然采样
抽样脉冲	
抽样后数据	
还原数据	

参 数 配 置	信号幅度：10；信号频率：10Hz；信号初始相位：90°；抽样频率：15Hz；抽样方式：平顶取样
抽样后数据	
还原数据	

分析结果：

对比三种不同采样方式最终还原出的数据波形，可以得出：还原数据均_____。因为抽样频率 15Hz _____信号最高频率 10Hz 的 2 倍，不满足_____，不能还原出原数据。

（5）参考例程软件仿真波形和示波器实测波形。

自然抽样软件仿真波形	
原始信号	
自然抽样脉冲	

续表

自然抽样软件仿真波形	
采样后信号	
重建信号	
自然抽样示波器实测波形	
原始信号	
采样后信号	

平顶取样软件仿真波形	
原始信号	
平顶取样脉冲	
取样后信号	
重建信号	
平顶取样示波器实测波形	
原始信号	
取样后信号	

（6）学生编程软件仿真波形和示波器实测波形。

理想采样软件仿真波形	
原始信号	
理想采样脉冲	
采样后信号	
重建信号	
理想采样示波器实测波形	
原始信号	
采样后信号	

2）均匀量化 PCM 实验记录

（1）不同配置参数下软件仿真波形。

参 数 配 置	信号幅度：10；信号频率：10Hz；抽样频率：500Hz；编码位数：3
软件仿真波形图	
数据源数据	
抽样脉冲(将时间轴范围改为 0～0.1s)	
抽样后数据(将采样点数范围改为 0～60)	
分析结果： 由所给参数可写出数据源表达式为_____，抽样后数据时间为_____，幅值为_____。模拟抽样信号的取值范围在_____和_____之间，编码位数为_____，量化电平数为_____，则均匀量化时的量化间隔为_____。	
数据显示框	
抽样后数据	

参 数 配 置	信号幅度：10；信号频率：10Hz； 抽样频率：500Hz；编码位数：3
量化级序号	
量化后数据	

分析结果：

根据抽样后的数据来确定量化级序号，如第二个数据 1.253 处在第 _____ 个量化区间中，故量化级序号为 _____；第四个数据 3.681 处在第 _____ 个量化区间中，故量化级序号为 _____（端点的时候特殊，按照端点左侧区间作为量化级序号）。量化后的数据为所处区间内的 _____。

软件仿真波形图	
量化后数据（将采样点数范围改为 0～60）	
量化误差（将采样点数范围改为 0～60）	

分析结果：

量化误差即是 _____ 与 _____ 的差值，也称为量化噪声，并用信号功率与量化噪声之比（简称信号量噪比）衡量此误差对于信号影响的大小。运行后可以得出量噪比为 _____。

数据显示框	
二进制编码	

软件仿真波形图	
二进制编码（将横坐标范围改为 0～50b）	

分析结果：

编码位数为 3 位，根据量化后的数据进行编码转换为二进制码组。

数据显示框	
解码	

软件仿真波形图	
量化后解码（将采样点数范围改为 0～60）	

参 数 配 置	信号幅度：10；信号频率：10Hz； 抽样频率：500Hz；编码位数：5

分析结果：

由所给参数可写出数据源表达式为 _____，抽样后数据时间为 _____，幅值为 _____。模拟抽样信号的取值范围在 _____ 和 _____ 之间，编码位数为 _____，量化电平数为 _____，则均匀量化时的量化间隔为 _____。

数据显示框	
抽样后数据	
量化级序号	
量化后数据	

分析结果：

根据抽样后的数据来确定量化级序号，如第二个数据 1.253 处在第 _____ 个量化区间中，故量化级序号为 _____；第四个数据 3.681 处在第 _____ 个量化区间中，故量化级序号为 _____（端点时特殊，按照端点左侧区间作为量化级序号）。量化后的数据为所处区间内的 _____。

软件仿真波形图	
量化后数据（将采样点数范围改为 0～60）	

续表

参 数 配 置	信号幅度：10；信号频率：10Hz； 抽样频率：500Hz；编码位数：5
量化误差（将采样点数范围改为0～60）	

分析结果：

量化误差即是_____与_____的差值，也称为量化噪声，并用信号功率与量化噪声之比（简称信号量噪比）衡量此误差对于信号影响的大小。运行后可以得出量噪比为_____。

数据显示框	
二进制编码	

软件仿真波形图	
二进制编码（将横坐标范围改为0～50b）	

分析结果：

编码位数为5位，根据量化后的数据进行编码转换为二进制码组。

数据显示框	
解码	

软件仿真波形图	
量化后解码（将采样点数范围改为0～60）	

（2）参考例程软件仿真波形和示波器实测波形。

参考例程软件仿真波形图	
信号源波形	
抽样波形	
量化后数据波形	
量化误差波形	
PCM编码后波形	
参考例程示波器实测波形	
抽样波形	
量化后数据波形	

（3）学生编程软件仿真波形。

学生编程软件仿真波形图	
PCM解码后波形	

3）非均匀量化PCM实验记录

（1）不同配置参数下软件仿真波形。

参 数 配 置	信号幅度：10；信号频率：2Hz； 信号初始相位：0°；抽样频率：20Hz
软件仿真波形图	
信号源	
抽样脉冲	

续表

参 数 配 置	信号幅度：10；信号频率：2Hz； 信号初始相位：0°；抽样频率：20Hz
抽样后数据	
抽样后归一化数据	

分析结果：

由所给参数可写出信号源表达式为_____，抽样后数据时间为_____，幅值为_____。

数据显示框	
抽样后数据	
抽样后归一化数据	
归一化后压缩	

分析结果：

抽样后数据是在信号源基础上取离散点对应的幅值。抽样后归一化数据是对抽样后数据进行归一化处理，处理原则是：先确定抽样后数据的绝对值对应的最大值，然后用每点处的值除以最大值，就得到该点处抽样后归一化数据。如运行完后，找到抽样后数据绝对值对应的最大值为_____，取第二个数据 5.8779 为例，得到改点处抽样后归一化数据为_____（保留三位小数）。归一化后压缩数据是按照 A 律压缩规律进行压缩。

软件仿真波形图	
量化	
量化误差	

数据显示框	
量化	

软件仿真波形图	
PCM 编码	

数据显示框	
序号	
极性码	
段落序号	
量化级序号	
PCM 编码	

分析结果：

对量化数据进行编码，以第一个数据 $-0.000\,244\,14$ 和第二个数据 $0.609\,38$ 为例进行说明。

第一个数据 $-0.000\,244\,14$：首先将数据化为量化单位，即 $0.000\,244\,14/1\times2048\approx 0.5\Delta$。编码过程如下。

(1) 确定极性码 C_1 为负，故极性码 $C_1=0$。

(2) 确定段落序号和段落码 $C_2C_3C_4$：可知数据处于 8 个段落中的第 1 段，故段落序号为 0，段落码 $C_2C_3C_4=000$。

(3) 确定段内序号和段内码 $C_5C_6C_7C_8$：8 个段落中的第 1 段最小量阶为 1Δ，0.5Δ 位于第 1 段中的第 1 小段，故段内序号为 0，即量化级序号为 0，段内码 $C_5C_6C_7C_8=0000$。

综上，可以确定第一个数据 $-0.000\,244\,14$ 对应的 PCM 编码数据为 00000000。

第二个数据 $0.609\,38$：首先将数据化为量化单位，即 $0.609\,38/1\times2048\approx1248\Delta$。编码过程如下。

(1) 确定极性码 C_1 为正，故极性码 $C_1=1$。

(2) 确定段落序号和段落码 $C_2C_3C_4$：可知数据处于 8 个段落中的第 8 段，故段落序号为 7，段落码 $C_2C_3C_4=111$。

续表

参 数 配 置	信号幅度：10；信号频率：2Hz； 信号初始相位：0°；抽样频率：20Hz

(3) 确定段内序号和段内码 $C_5C_6C_7C_8$：8 个段落中的第 8 段最小量阶为 64Δ，224Δ 位于第 8 段中的第 4 小段，故段内序号为 3，即量化级序号为 3，段内码 $C_5C_6C_7C_8=0011$。

综上，可以确定第二个数据 0.609 38 对应的 PCM 编码数据为 11110011。

软件仿真波形图	
PCM 解码	
解码后去归一化	

数据显示框	
PCM 解码	
解码后去归一化	

分析结果：

PCM 解码和解码后去归一化即是 PCM 编码和归一化的逆过程。

（2）参考例程软件仿真波形和示波器实测波形。

软件仿真波形图	
信号源波形	
抽样后信号	

（3）学生编程软件仿真波形和示波器实测波形。

软件仿真波形图	
信号源波形	
抽样后信号	
抽样后压缩特性	
量化后数据	
量化误差	
编码后数据	
解码还原后的数据	
示波器实测波形	
归一化后输入数据	
归一化后压缩数据	

10.4.2　信道编码实验（课题二）

1. 实验目的

（1）掌握汉明码和循环码的编码原理。

（2）掌握汉明码的译码原理和使用方法。

（3）掌握通过 MATLAB 编程产生汉明码。

2. 设备连接

与"模拟信号源实验"内容一致。

3. 通电启动

与"模拟信号源实验"内容一致。

4. 实验内容

（1）观测并记录不同参数配置软件仿真波形和示波器实测波形。

（2）读懂参考例程的程序，观察并记录软件仿真波形和示波器实测波形。

（3）根据学生编程的要求，现场编写 MATLAB 程序，观察并记录软件仿真波形和示波器实测波形。

5. 实验步骤

参考"模拟信号源实验"的相关内容。

6. 实验记录

1）汉明码编译码实验记录

（1）不同参数配置软件仿真波形和示波器实测波形。

参 数 配 置	数据类型：10 交替数据；误码位置：0；采样率：30 720 000Hz；码元速率：1 536 000B；DA 输出：输出
软件仿真波形图	
数据源	
汉明码编码后数据	
汉明码解码后数据	

分析结果：

由数据源图像可以得出：信息位 $a_6a_5a_4a_3$ 为_____，监督位 $a_2a_1a_0$ 为_____，故汉明码编码结果为_____。误码位置为 0，则汉明码编码后数据为_____。码元速率为_____B，码元周期为_____ns（保留三位有效数字）。

示波器实测波形	
数据源	
汉明码编码后数据	
参 数 配 置	数据类型：10 交替数据；误码位置：1；采样率：30 720 000Hz；码元速率：1 536 000B；DA 输出：不输出
软件仿真波形图	
数据源	
汉明码编码后数据	
汉明码解码后数据	

分析结果：

由数据源图像可以得出：信息位 $a_6a_5a_4a_3$ 为_____，监督位 $a_2a_1a_0$ 为_____，故汉明码编码结果为_____。误码位置为 1，将第 1 个比特置反，则汉明码编码后数据为_____。

参 数 配 置	数据类型：自定义数据(1001)；误码位置：0；采样率：30 720 000Hz；码元速率：1 536 000B；DA 输出：输出
软件仿真波形图	
数据源	
汉明码编码后数据	

续表

参数配置	数据类型：自定义数据(1001)；误码位置：0；采样率：30 720 000Hz；码元速率：1 536 000B；DA 输出：输出
汉明码解码后数据	

分析结果：

由数据源图像可以得出：信息位 $a_6a_5a_4a_3$ 为_____，监督位 $a_2a_1a_0$ 为_____，故汉明码编码结果为_____。误码位置为 2，将第 2 个比特置反，则汉明码编码后数据为_____。码元速率为_____B，码元周期为_____ns(保留三位有效数字)。

示波器实测波形	
数据源	
汉明码编码后数据	

（2）参考例程软件仿真波形和示波器实测波形。

参数配置	数据类型：随机数据；采样率：30 720 000Hz；码元速率：15 360B；DA 输出：输出
软件仿真波形图	
数据源	
汉明码编码后数据	

分析结果：

由数据源图像可以得出：信息位 $a_6a_5a_4a_3$ 为_____，监督位 $a_2a_1a_0$ 为_____，故汉明码编码结果为_____。码元速率为_____B，码元周期为_____μs(保留三位有效数字)。

示波器实测波形	
数据源	
汉明码编码后数据	

（3）学生编程软件仿真波形和示波器实测波形。

软件仿真波形图	
汉明码编码数据	
汉明码解码数据	

分析结果：

信息位 $a_6a_5a_4a_3$ 为_____，监督位 $a_2a_1a_0$ 为_____，故汉明码编码结果为_____。汉明码编码后数据为_____，说明在编码过程中存在_____误码。若有误码，则误码位置为_____。

示波器实测波形	
汉明码编码数据	
汉明码解码数据	

2）循环编译码实验记录

（1）不同参数配置软件仿真波形和示波器实测波形。

参数配置	数据类型：10 交替数据；误码位置：0；采样率：30 720 000Hz；码元速率：1 536 000B；DA 输出：输出
软件仿真波形图	
数据源	

续表

参 数 配 置	数据类型：10 交替数据；误码位置：0；采样率：30 720 000 Hz；码元速率：1 536 000 B；DA 输出：输出
循环码编码后数据	
循环码解码后数据	

分析结果：

由数据源图像可以得出如下。

(1) 信息码为_____,对应的信息码多项式为_____,用 x^{n-k} 乘 $m(x)$，$x^{n-k}m(x)=$ _____。

(2) 用 $g(x)$ 除 $x^{n-k}m(x)$，得到商 $Q(x)$ 和余式 $r(x)$。本实验(7,4)循环码，生成多项式 $g(x)=$ _____,则 $\dfrac{x^{n-k}m(x)}{g(x)}=\dfrac{x^6+x^4}{x^3+x^2+1}=x^3+x^2+\dfrac{1}{x^3+x^2+1}$，即 $r(x)=$ _____。

(3) 编出的码组为 $A(x)=x^{n-k}m(x)+r(x)$，即 $A(x)=$ _____。

故循环码编码结果为_____。误码位置为 0，则循环码编码后数据为_____。码元速率为_____ B，码元周期为_____ ns(保留三位有效数字)。

示波器实测波形	
数据源	
循环码编码后数据	
参 数 配 置	数据类型：10 交替数据；误码位置：1；采样率：30 720 000 Hz；码元速率：1 536 000 Hz；DA 输出：不输出
软件仿真波形图	
数据源	
循环码编码后数据	
循环码解码后数据	

分析结果：

误码位置为 1，将第 1 个比特置反，则循环码编码后数据为_____。

参 数 配 置	数据类型：自定义数据(1001)；误码位置：2；采样率：30 720 000 Hz；码元速率：1 536 000 B；DA 输出：输出
软件仿真波形图	
数据源	
循环码编码后数据	
循环码解码后数据	

分析结果：

由数据源图像可以得出如下。

(1) 信息码为_____,对应的信息码多项式为_____,用 x^{n-k} 乘 $m(x)$，$x^{n-k}m(x)=$ _____。

(2) 用 $g(x)$ 除 $x^{n-k}m(x)$，得到商 $Q(x)$ 和余式 $r(x)$。本实验(7,4)循环码，生成多项式 $g(x)=$ _____,则 $\dfrac{x^{n-k}m(x)}{g(x)}=\dfrac{x^6+x^3}{x^3+x^2+1}=x^3+x^2+x+1+\dfrac{x+1}{x^3+x^2+1}$，即 $r(x)=$ _____。

(3) 编出的码组为 $A(x)=x^{n-k}m(x)+r(x)$，即 $A(x)=$ _____。

故循环码编码结果为_____。误码位置为 2，则循环码编码后数据为_____。码元速率为_____ B，码元周期为_____ ns(保留三位有效数字)。

续表

参 数 配 置	数据类型：自定义数据（1001）；误码位置：2；采样率：30 720 000 Hz；码元速率：1 536 000 B；DA 输出：输出
示波器实测波形	
数据源	
循环码编码后数据	

（2）参考例程软件仿真波形和示波器实测波形。

参 数 配 置	数据类型：随机数据；采样率：30 720 000 Hz；码元速率：1 536 000 B；DA 输出：输出
软件仿真波形图	
数据源	
循环码编码后数据	

分析结果：

由数据源图像可以得出如下。

（1）信息码为_____，对应的信息码多项式为_____，用 x^{n-k} 乘 $m(x)$，$x^{n-k}m(x)=$_____。

（2）用 $g(x)$ 除 $x^{n-k}m(x)$，得到商 $Q(x)$ 和余式 $r(x)$。本实验（7,4）循环码，生成多项式 $g(x)=$
_____，则 $\dfrac{x^{n-k}m(x)}{g(x)}=\dfrac{x^6+x^3}{r^3+x^2+1}=x^3+x^2+x+1+\dfrac{x+1}{x^3+x^2+1}$，即 $r(x)=$_____。

（3）编出的码组为 $A(x)=x^{n-k}m(x)+r(x)$，即 $A(x)=$_____。

循环码编码结果为_____。码元速率为_____B，码元周期为_____μs（保留三位有效数字）。

示波器实测波形	
数据源	
循环码编码后数据	

（3）学生编程软件仿真波形和示波器实测波形。

软件仿真波形图	
循环码编码数据	
循环码解码数据	

分析结果：

待解码数据为_____，即接收码组多项式 $B(x)=$_____，生成多项式 $g(x)=$_____，
$B(x)/g(x)=$_____，余项_____为 0，说明接收码组中_____误码。

示波器实测波形	
循环码编码数据	
循环码解码数据	

10.4.3　位同步实验（课题三）

1. 实验目的

（1）掌握位同步信号的原理。

（2）掌握滤波法位同步信号提取的原理和方法。

（3）掌握通过 MATLAB 编程滤波法位同步信号的提取。

2. 设备连接

与"模拟信号源实验"内容一致。

3. 通电启动

与"模拟信号源实验"内容一致。

4. 实验内容

（1）观测并记录不同参数配置软件仿真波形和示波器实测波形。

（2）读懂参考例程的程序，观察并记录软件仿真波形和示波器实测波形。

（3）根据学生编程的要求，现场编写 MATLAB 程序，观察并记录软件仿真波形和示波器实测波形。

5. 实验步骤

参考"模拟信号源实验"的相关内容。

6. 实验记录

（1）位同步软件仿真波形和示波器实测波形。

参 数 配 置	随机 bit 数据长度：10；采样率：30 720 000 Hz；码元速率：1 536 000 B；DA 输出：输出
软件仿真波形图	
CMI 编码后数据	
脉冲成形后数据	
经过平方器件后数据	
窄带滤波后数据	
位定时抽样脉冲	
示波器实测波形	
CMI 编码后数据	
位定时抽样脉冲	

分析结果：

由软件仿真波形可以看出：CMI 编码后的数据为_____。CMI 码按照_____的编码规则，故软件产生的随机数据为_____。

（2）参考例程软件仿真波形和示波器实测波形。

参 数 配 置	随机 bit 数据长度：100；采样率：30 720 000 Hz；码元速率：153 600 B；DA 输出：输出
软件仿真波形图	
bit 过采样后数据	
bit 脉冲成形后数据	
经过平方器件后数据	
窄带滤波后数据	
位定时抽样脉冲	
示波器实测波形	
眼图	

（3）学生编程软件仿真波形和示波器实测波形。

参 数 配 置	随机 bit 数据长度：100；采样率：30 720 000Hz；码元速率：153 600B；DA 输出：输出
软件仿真波形图	
bit 过采样后数据	
bit 脉冲成形后数据	
经过平方器件后数据	
窄带滤波后数据	
位定时抽样脉冲	
示波器实测波形	
眼图	

参 考 文 献

[1] 陈树新,尹玉富,石磊. 通信原理[M]. 北京：清华大学出版社,2020.
[2] 樊昌信,曹丽娜. 通信原理[M]. 7版. 北京：国防工业出版社,2012.
[3] 樊昌信. 通信原理教程[M]. 3版. 北京：电子工业出版社,2013.
[4] 张会生,陈树新. 现代通信系统原理[M]. 2版. 北京：高等教育出版社,2009.
[5] 陈树新. 通信系统建模与仿真教程[M]. 3版. 北京：电子工业出版社,2017.